"7·20"

抢险救援技术汇编

中国安能建设集团有限公司
中国安能集团第一工程局有限公司　　编著
中国电力企业联合会电力应急管理分会

U0283206

中国水利水电出版社
www.waterpub.com.cn
·北京·

内 容 提 要

2021年7月，河南郑州、焦作、新乡和洛阳等部分地区出现强降雨，郑州市城区多处严重内涝，城市交通、水电基础设施损毁严重；新乡、卫辉等地城镇、村庄部分被淹，人员受困；鹤壁市浚县卫河新镇镇河段突发决口险情。本书为2021年7月中国安能参加河南"7·20"抢险救援处置时形成的技术成果汇编，主要内容为依据本次抢险救援处置撰写的29篇技术论文，内容涵盖堤防水库、城市内涝、新装备应用等领域。另外，还收录了中国安能员工自2018年以来在国内知名期刊上发表的同类险情处置技术论文，共7篇。

本书汇编的技术成果来自应急救援一线，可供应急救援技术人员学习交流使用。

图书在版编目（CIP）数据

"7·20"抢险救援技术汇编 / 中国安能建设集团有限公司，中国安能集团第一工程局有限公司，中国电力企业联合会电力应急管理分会编著. —— 北京：中国水利水电出版社，2022.12
ISBN 978-7-5226-1321-5

Ⅰ. ①7… Ⅱ. ①中… ②中… ③中… Ⅲ. ①水灾—救援—科技成果—汇编—河南 Ⅳ. ①P426.616

中国国家版本馆CIP数据核字(2023)第015227号

书　　名	**"7·20"抢险救援技术汇编** "7·20" QIANGXIAN JIUYUAN JISHU HUIBIAN
作　　者	中国安能建设集团有限公司 中国安能集团第一工程局有限公司　　编著 中国电力企业联合会电力应急管理分会
出版发行	中国水利水电出版社 （北京市海淀区玉渊潭南路1号D座　100038） 网址：www.waterpub.com.cn E-mail：sales@mwr.gov.cn 电话：(010) 68545888（营销中心）
经　　售	北京科水图书销售有限公司 电话：(010) 68545874、63202643 全国各地新华书店和相关出版物销售网点
排　　版	中国水利水电出版社微机排版中心
印　　刷	天津嘉恒印务有限公司
规　　格	184mm×260mm　16开本　15.25印张　389千字　6插页
版　　次	2022年12月第1版　2022年12月第1次印刷
定　　价	**80.00元**

2021 年 7 月 20 日 17 时左右，郑州京广南路隧道遭洪水入侵，交通中断

2021 年 7 月 22 日，新乡多个村庄被洪水围困

　　2021 年 7 月 22 日，中国安能集团党委部署抗洪救灾基本指挥所会议现场

　　2021 年 7 月 22 日，中国安能集团总经理李跃平对抢险救灾提要求

　　2021 年 7 月 22 日，中国安能集团党委常委、副总经理周庆丰指导救灾

2021 年 7 月 22 日，河南省委副书记、省长王凯在一线指挥救灾

2021 年 7 月 22 日晚，河南省鹤壁市浚县新镇镇河段发生决堤

2021 年 7 月 23 日，中国安能抢险队员在京广隧道抢险中肩扛手拉，一刻不停

2021 年 7 月 23 日，在河南新乡抢险救援中动力舟桥显神威

2021 年 7 月 23 日，中国安能救援队在河南新乡紧张救援被困群众

　　2021 年 7 月 23 日，中国安能利用动力舟桥在河南省新乡市牛厂村、清水河村及附近村屯批量转移受灾群众

2021 年 7 月 23 日，京广南路隧道抽排水作业

　　2021年7月24日，国家防总秘书长、应急管理部副部长兼水利部副部长周学文到鹤壁指导救灾

　　2021年7月24日，中部战区政治委员朱生岭与中国安能集团党委书记、董事长周国平商讨抢险方案

2021 年 7 月 24 日，中国安能抢险队员由于长时间水中作业，双脚泡得肿胀

2021 年 7 月 24 日，中国安能抢险队员在大堤上重温入党誓词

2021 年 7 月 25 日，中国安能集团党委书记、董事长周国平在一线指挥救灾、慰问抢险人员

2021 年 7 月 25 日，紧张的鹤壁决口封堵作业现场

2021 年 7 月 25 日，河南省鹤壁市浚县新镇镇决口封堵现场，安全员有序指挥救援车辆通行

2021 年 7 月 25 日，鹤壁决口封堵夜间作业现场

2021 年 7 月 26 日 2 时 27 分，鹤壁决口成功合龙

2021 年 7 月 26 日，鹤壁决口封堵现场旌旗猎猎

2021 年 7 月 26 日，中国安能第一工程局有限公司抢险队员在鹤壁决口封堵现场合影

本 书 编 委 会

主编单位：中国安能建设集团有限公司

中国安能集团第一工程局有限公司

中国电力企业联合会电力应急管理分会

主　　任：郭建和

副 主 任：张利荣　王永平　王清敏　卢明安　唐洪军

委　　员：王平武　由淑明　王　昊　陈伯智　李春贵

王　志　赵志旋　刘其森　王建国　赵玉鄂

主　　编：李春贵

副 主 编：王　志　赵志旋　柴喜洲　边　防

参编人员（以汉语拼音为序）：

董　诏　郭　亮　胡丛亮　黄志驹　刘　刚

刘　琪　柳　欢　覃柏钧　秦夏辉　瞿松林

唐荣泽　王　健　王　茂　王　庆　王维伟

王文静　张　晨　张其勇　张文超　朱丽莉

卓战伟

前　言

　　2021 年 7 月中旬，河南郑州、焦作、新乡、洛阳等部分地区出现强降雨，郑州连续三天强降雨达 617.1mm，单日降水量和小时降水量均突破自 1951 年郑州建气象站以来的历史极值。城区多处严重内涝，城市交通、水电基础设施损毁严重；新乡、卫辉等地城镇、村庄部分被淹，人员受困；鹤壁市浚县卫河新镇镇河段突发决口险情。

　　灾情发生后，中国安能集团党委坚决贯彻习近平总书记防汛救灾重要指示精神，第一时间作出部署，立即启动应急响应机制，迅速派出灾情侦测先遣组、集团总部现场指导组；根据应急管理部指令，紧急抽调 3 个工程局、7 个分公司、4 个应急管理部工程救援基地、2 个省级救援基地和山西垣曲、西藏格拉管线、安徽中河水库、安徽芜湖等项目部 434 名专业抢险骨干、149 台（套）应急救援装备，分别从北京、河北、广西、贵州、安徽等 12 省（自治区、直辖市）20 个方向驰援灾区，持续奋战 14 天，累计调用人员 6076 人次、装备 2086 台次，圆满完成郑州京广快速路隧道内涝排水、新乡被困群众搜救转移、鹤壁卫河新镇镇决口封堵、鹤壁卫河康庄村分洪堤防修复、开封焦作段黄河大堤应急备勤等任务，展现了中国安能集团专业的救援能力、顽强的战斗作风和精良的装备实力，体现了"铁心向党、铁肩担当、铁胆攻坚、铁骨奋斗"的水电铁军精神，赢得各级政府和人民群众的一致好评。

　　为进一步总结好此次抗洪抢险实战经验，为广大读者提供学习借鉴，中国安能集团第一工程局有限公司在中国安能指导下，广泛收集、整理本次抢险救援相关论文，并认真组织统筹、会稿和审稿，汇编成书。本书共选用论文 36 篇，一部分来源于广大员工已在《水利水电技术》《人民黄河》《水利水电快报》等期刊发表的论文，另一部分来源于员工新撰写的论文，文章涉及堤防水库、城市内涝、新装备应用等领域的抢险救援技术，多数是对重大灾害抢险救援实际的分析与总结，具有较强的参考借鉴作用。相信书籍的出版有助于抢险救援技战法理论研究的巩固拓展，有助于抢险救援战斗力的持续提升。

本书在策划、组稿、编辑和出版过程中，得到了许多领导、专家和学者的热情支持与帮助，得到了各篇文章作者的大力配合，在此一并致以最诚挚的谢意！

由于我们水平有限，加之时间紧张，书中难免有不足之处，敬请各位读者批评指正，以便进一步修改和完善。

本书编委会

2022 年 12 月

目　录

前言

一、综　合　篇

基于新形势信息化条件下自然灾害工程应急救援力量建设的几点思考……… 郭建和（3）

河南"7·20"特大暴雨重大险情处置关键技术措施 ……………… 张利荣　庞林祥（8）

我国北方地区防汛救灾工作存在的薄弱环节及对策措施研究……… 庞林祥　张利荣（16）

中国安能参加河南"7·20"特大洪涝灾害抢险救援实战案例分析与思考 … 张久权（25）

河南省"21·7"暴雨洪水抗洪抢险实践与启示 ……………… 王　健（31）

工程救援施工技术在自然灾害应急救援中的应用分析 ……………… 唐荣泽（38）

智能机器人在抢险救灾中的应用分析 …………………………… 高栋兴（49）

河南暴雨灾害抢险后勤保障工作的几点思考 …………………… 杨占坡（54）

从河南"7·20"抗洪抢险看如何做好融媒体时代应急救援新闻宣传工作 … 廖志斌（58）

防汛抢险技术改进措施研究 ……………………………… 王维伟　叶　飞（64）

浅谈城市轨道交通应急救援体系建设 …………………………… 叶浩然（70）

对中国安能应急救援队伍建设的思考 …………………………… 李用祥（75）

河南"7·20"抗洪抢险处置措施及高精设备应用研究 … 高栋兴　张裕汉　万施霖（79）

河南"7·20"洪灾中应急救援队伍遂行救援任务经验分析 ……… 卢明全（86）

无人机遥感技术在抢险救援行动中的应用 ……………………… 崔中国（92）

浅谈堤坝脱坡险情应急处置技术 ……… 徐志鹏　郭　亮　邓　昱　姚冬杰（96）

浅谈精细化模块编组在抢险救援中的运用 ……………… 王国强　林立生（103）

浅谈洪涝灾害抢险装备配置及保障措施 ……………………… 郭　亮　王　昊（108）

二、内　涝　抽　排　篇

子母式龙吸水排水车在城市防洪减灾中的应用 ………………… 赵玉鄂（115）

龙吸水排水车参与救援的实用性研究 …………………… 江永龙　熊　帅（122）

暴雨天气下城市地下隧道大面积积水排涝抢险对策研究 ……………… 何海声（126）

浅谈城市隧道防洪度汛措施 ……………………………………… 邓　昱（134）

浅谈大型排涝设备在城市内涝中的战法应用 ……………… 廖　岩　莫守平（140）

三、决 口 封 堵 篇

河南鹤壁浚县卫河河堤决口封堵技术 ………… 柳　欢　张陶陶　王晓龙（151）

浅谈卫河决口封堵处置的几点经验 ……………………………… 李法乾（155）

无人船测量技术在决口封堵中的应用 …………………………… 王彦龙（160）

堤防决口封堵处置方法探究 ……………………………………… 姚冬杰（170）

四、搜 救 转 移 篇

浅析动力舟桥在应急抢险救援中的应用 ………… 纪海瑞　王文波　刘　宁（179）

动力舟桥在特大洪涝灾害抢险中的应用研究 …………………… 陈伯智（183）

五、同 类 险 情 处 置 篇

昌江决口封堵的组织与管理 ………… 周庆丰　何海声　陶　维　陈常高（193）

水利水电设施险情处置研究与实践 ……………………………… 由淑明（200）

七里河堤坝填筑及河道扩宽抢修技术 ………… 张陶陶　王舜立　姜长录（208）

北京地区自然灾害救援中的道路抢通施工 ……………… 康进辉　王洪新（213）

中洲圩决口封堵抢险方案及关键技术措施 ……………… 范思坚　汪熙平（218）

福建闽清抢险装备汛期驻防技法综述 …………………………… 秦　宇（225）

城市内涝灾害应急救援策略分析 ………………………………… 程占化（232）

一、综合篇

基于新形势信息化条件下自然灾害工程应急救援力量建设的几点思考

郭建和

（中国安能建设集团有限公司　北京　100055）

【摘　要】　在全面推进国家应急管理体系和治理能力现代化的新形势下，现有的自然灾害工程应急救援力量尚不能完全适应国家科技信息化发展大势要求，因此迫切需要加强基于信息化条件下自然灾害工程应急救援力量建设。笔者结合国内应急救援力量建设现状和国外应急管理有益做法，提出自己的思路和建议：①通过积极纳入应急管理体系、融入信息资源共享平台、建立基于影像地图指挥系统等强化应急救援体系建设；②通过数据支撑、精确推演、模型试验等提升科学决策能力；③通过强化特种能力培养、特种技能支撑、特种手段保障等提升特种处置能力。

【关键词】　自然灾害；应急救援力量；建设；信息化条件；新形势

1　应急救援力量建设现状

应急管理是国家治理体系和治理能力的重要组成部分，承担着防范化解重大安全风险、及时应对处置各类灾害事故的重要职责，担负保护人民群众生命财产安全、维护社会稳定的重要使命[1]。在全面推进国家治理体系和治理能力现代化的新形势下，我国的自然灾害工程应急力量建设呈稳步发展态势，如：在中国安能建设集团有限公司（以下简称"中国安能"）挂牌成立了应急管理部自然灾害工程应急救援中心，并组建完成唐山、常州、武汉、成都、贵阳、厦门等6个自然灾害工程救援基地；另外，正在筹建长春、深圳、西安等3个自然灾害工程救援基地，以应对国内突发的重大自然灾害。近年来，这些自然灾害工程应急救援力量出色地完成了金沙江白格堰塞湖除险、鄱阳圩堤决口封堵、河南特大暴雨抢险等七十多起重大救援任务，发挥了极其关键作用，但也暴露出了不少矛盾和问题，如：应急救援力量总体规模较小，难以同时应对多点、多方向的重大险情；应急救援体制机制不畅；应急救援装备技术含量不高、应急救援人员的能力参差不齐等。由此可见，当前的应急救援力量尚不能完全适应国家科技信息化发展大势，因此，迫切需要加强基于科技信息化发展的应急救援力量建设。

2　国外应急管理有益做法

目前，国外一些发达国家在应急管理上已摸索出并形成一套完整、成熟的紧急救援机制[2]，其中的一些做法经实践证明能有效地减少和控制灾害中的人员伤亡和财产损失。

（1）设立了政府统一指挥的应急救援协调机构。如：美国于1967年设立"911"紧急救助服务系统，实现了统一接警；后为加强国家灾害突发事件管理，于1979年成立由总统直接领导的"联邦紧急事务管理署"；2003年基于"9·11"恐怖事件后对反恐紧急事件处理的重视又成立国土安全部，联邦紧急事务管理署作为其下辖的22个部门之一，统管全国的防灾救灾工作[3]。

（2）构建了功能强大、反应迅速的信息报告体系。如：日本设有内阁情报中心，负责国内外情报收集和整理；同时，为了强化中央防灾无线通信系统，建立了中央与地方政府之间的紧急联络通信网，包括中央防灾无线网、市街区防灾行政无线网、防灾相互通信专用无线网等。

（3）建立了集约高效的大灾应急机制。如在出现紧急状态时，俄罗斯联邦政府会迅速启动紧急状态预案，以危机控制中心作为指挥中心进行统一协调和指挥，各跨部门委员会的组织系统各司其职，做好抢险救援、应急资源调动、信息收集、预测与评估、适时开展国际合作等工作，必要时派出航空部门配合处置重大灾害。

（4）组建了装备精良的应急救援队伍。如：日本政府的应急救援机动力量以消防队为中坚力量；据统计，2005年，消防救助队共有94万人，其数量是警察人数的4倍，并配有8架专用直升机；巨灾发生时，消防队可调度全国先进设备、人力物力资源进入灾区救灾、灭火和救助等行动。

3 应急救援力量建设思路和建议

3.1 着眼"统"，强化应急救援体系建设

将新组建的自然灾害工程应急救援力量纳入各省份的应急管理体系，实施集中统一领导是新时代形势发展所需。要发挥好这些应急救援力量自身军事化指挥体系顺畅、高效的优势，着力加强应急救援体系建设，提升应急救援能力。

3.1.1 积极纳入国家应急管理体系

新组建的自然灾害工程应急救援力量现已普遍纳入各省份的应急救援体系，构建了联席会议、联合演练、信息共享、协同指挥等应急联动机制，初步完成应急救援平台搭建，优化应急救援力量布局。但也应客观分析这些应急救援力量在建设初期履行职能使命的发展现状，充分认识其作为专业应急救援队伍力量建设的重要地位和作用，理顺指挥关系，建立协同应急指挥链条，打造既能应急、又能应战的专业队伍，形成真正统一指挥、专常兼备、反应灵敏、上下联动、平战结合的应急管理体制[4]。

3.1.2 加快接入信息资源共享平台

习近平在中央政治局第十九次集体学习时指出，要适应科技信息化发展大势，以信息化推进应急管理现代化，提高监测预警能力、监管执法能力、辅助指挥决策能力、救援实战能力和社会动员能力[5]。其关键在于是否能够全面实现信息系统和数据资源整合共享。当前，推进数字化城市建设，大数据平台在公安、交通、水利、教育、气象、住建等行业领域得到广泛应用。建设自然灾害工程应急救援力量应积极推进融入大数据共享服务平台搭设，建立能够自主筛选甄别自然灾害、事故灾难、公共卫生和社会安全事件等不同类型

突发事件的监测、预警共享公用平台[6]。同时，要接入全国应急管理信息平台，实现指挥体系实时融合、信息数据实时分享、灾情态势实时研判、驻训练兵实时保障、军地预案实时演练，确保遇有灾情，能够及时掌握、及时到位、及时救援。如在河南郑州"7·20"特大暴雨灾害抗洪抢险中，政府应急指挥中心通过手机短信、网络媒体、新闻宣传等多种渠道，发布求助方式，搭建信息共享平台，为第一时间获取灾情、及时成功应对各类灾害事件发挥了至关重要的作用。

3.1.3 建设基于影像地图的指挥系统

（1）在系统平台运用上，利用中国安能抢险救援专业计算软件、绘图软件、灾害模型软件等嵌入手段，有效建立并整合3D地理系统、人口数据系统、水文气象预报系统、交通实时路况系统、移动视频语音系统、预测预警系统、信息发布系统等，获取基于中国安能总部信息系统的专业模块影像，实现应急指挥中心对自然灾害事件现场的实时指挥。

（2）在空中平台运用上，依托无人机、浮空平台、卫星资源等航拍手段，构建具备无线网络通信能力、数据分析与处理能力、自主决策能力的智能节点硬件平台，与地面通信指挥车、便携式短波电台和应急指挥中心指挥系统等地面节点终端组网，获取任务区域整体概略影像。

（3）在地面平台运用上，利用三维激光扫描仪、自动全站仪、地质雷达测深仪等量绘手段，针对泥石流、山体滑坡、堤坝决口等不同险情，快速扫描被测对象，获取高精度、高分辨率的数字地形模型和有关影像数据，为科学决策提供精准的数据信息支撑。

（4）在水上平台运用上，利用水上雷达测绘仪、水下超声波地形测绘仪、水下机器人、流速仪、水下测绘艇等探测手段，施测水位、流速和流量的实时数据，获取水面或水下实时变量影像。

3.2 着眼"判"，提升科学决策能力

习近平主席强调，将来打仗精确性要求更加突出，在作战筹划中不能大而化之，要把在什么时机、什么地域、什么情况下，使用什么力量、采取什么方式、谁来组织指挥、怎么搞好协同等问题，搞得很具体很精准[7]。这就要求，在建设自然灾害工程应急救援力量时，须提高精细筹划、精准分析、精确决策的能力，而精确的决策主要基于以下三点。

3.2.1 数据支撑

在大数据环境下，数据以声音、影像、图像等多种形式呈现，逐步改变传统决策分析一味追求"为什么、是什么"。第一次世界大战"波斯猫的故事"中，德军通过"波斯猫-高级指挥官-指挥所"三者的关联性，概略判断出法军指挥所的位置，并成功斩首。这揭示的就是关联性对数据价值挖掘的极端重要性。建设自然灾害工程应急救援力量，就应建立与抢险救援联系紧密的相关应急救援数据库，构建以"灾害模型库、机动投送库、地理信息库、应急能力库、人才队伍库、装备信息库、技术指导库、战法战例库、综合保障库和指挥决策辅助计算系统"为构架的"九库一系统"辅助决策平台，为抢险救援科学决策提供基本数据和作战计算依据。指挥员要善于利用大数据、云计算进行快速精确决策，在平时的训练、管理、实战和科研中，通过全数据关联分析，将水文、气象、地形地貌、应急预案、经典案例、应急物资等各种信息都变成数据，依靠海量信息的相关性分析，来实现精准指挥决策。

3.2.2 精确推演

指挥员决策过程一定是定性与定量计算分析的过程。在一些自然灾害工程抢险决策计算中，由于缺乏数据支撑、软件支撑和平台支撑，其精确性、经济性还有待提高。因此，可借鉴国防大学兵棋推演系统模式，利用模拟手段进行分析，以推演数据为中心，开发应急救援兵棋推演软件，进行桌面推演、实兵演习、网上对抗等指挥作业。如以河南鹤壁卫河决口封堵险情处置为模型，建立以决口口门宽度、水位、流速、流量和堤坝类型为基础数据库的情景，依托智能化软件系统，模拟研究堤头稳固方法、拟制封堵方案、确定封堵时间和技术、人装编配、封堵材料选择等具体内容。通过精确推演，研究抢险技术应用，提供精确决策平台，不断提高抢险救援的科学性。

3.2.3 模型实验

当前，由于缺乏针对性训练，遂行应急救援任务时往往带有一定的盲目性，对险情危害的认识缺乏理论性、科学性，仅凭传统经验、靠探索实践处置各种灾害事件已满足不了新形式发展需要。因此，要结合常见抢险类型，建立各种灾害模型实验室，有针对性地开展试验研究。如建立大型室内水力水电灾害模型实验室，可仿真各大江大河水力学指标，建立各种类型水电站大坝和水工建筑物模型，模拟在恶劣自然灾害、恐怖袭击以及战争条件下各种水工建筑物遭受不同程度破坏的情形。通过模型试验，摸清水工建筑物遭受破坏后的险情发展趋势及其危害，掌握土石坝管涌、渗漏、决口、混凝土坝开裂等各种险情的处置方法、措施及效果，为精确指挥、高效指挥、科学指挥提供最直接、最逼真、最准确的数据和技术支撑。

3.3 着眼"新"，提升特种处置能力

习近平强调，要强化应急救援队伍战斗力建设，抓紧补短板、强弱项，提高各类灾害事故救援能力。想要成为自然灾害工程救援领域高精专队伍，必须要敢于探索、敢于创新、敢于突破，真正具备专业水准高、装备技术精、实战能力强且不可替代的实力。

3.3.1 具备特种能力

要打造国内一流、世界领先的自然灾害工程应急救援力量，首先，必须具备自然灾害工程应急救援行业领域独特地位作用的编制应急预案和处置方案的能力；其次，在指挥协调、战法研究、战术演练等方面可效仿军队特战分队的建设模式，依托救援基地力量，重点打造不同任务区域、不同专业类别的特种分队，每个基地保持一定规模数量的应对全灾种的常备应急力量；再次，要坚持平战结合，按照"一基两翼"战略，把应急救援和工程建设有机结合起来，采取以工代训、岗位轮训、常备驻训方式，不断提升救援队员技能水平、专业分队协同水平，实现双促进、双驱动；最后，要配备数字化、信息化、专业化、便携化、机动化的特种装备，使其具备全时战备、快速反应、一专多能、作风超强特种能力，让其完成情报侦察、形势初判、任务抢争、先期处置等任务，将其用在最复杂、最危险、最紧急、最艰难、最关注的险仗恶仗上，打造应急救援的尖刀和拳头力量[8]。

3.3.2 拥有特种装备

按照"任务牵引、实战急需、适情实用"的原则，通过联合、引进、购置、改良、租用等途径，开展新装备、新技术、新材料、新战法的研究运用。比如，针对暴雨多、雨量大、时间长的地域，可研究驱散云雨负压的"破云弹"，从源头上降低暴雨强度、频度；针对受地形限制，机械装备一时无法到达的堰塞湖，可采用无人机空投爆破装置，实现定

位安置、多点布设、遥控爆破；针对战争或地震中水电站闸门或管道受损无法运转问题，可采用聚能切割爆破技术，实现对水工建筑物的精准切割。

3.3.3　具备特种手段

自然灾害工程应急救援力量在建设初期受财政预算影响，每年配置的应急救援主战装备数量难以满足大规模、多方向任务需求；受力量部署影响，执行任务难以就近用兵、现地保障。为此，应充分发挥政府优势、企业优势、网络优势，实现军民融合创新发展。比如，针对抢险初期自有装备无法到达现场和特种装备不足问题，建立与地方政府和装备厂家"互联网＋救援装备"智能 App 管理平台，通过卫星定位系统，准确掌握事发地域及周边救援装备的型号、类别、数量，遇有任务，实现远程申请、多方联动、就近调度；还可利用现代物流和物联网技术，联合地方研发自动化野战炊事单元、模块化物资给养单元、集约化油料卫勤单元、远程化配送监控单元、智能化车辆防撞限速单元等器材设备，提高精确保障、及时保障、多点保障、持续保障等现代化后勤保障水平。

4　结语

大力加强应急管理体系和应急救援能力建设，为全面推进新时代国家治理提供坚实的安全保障，是推进国家治理体系和治理能力现代化的必然要求。在此新形势下，加强基于信息化条件下的自然灾害工程应急救援力量建设的需要十分迫切，可考虑通过积极纳入应急管理体系、融入信息资源共享平台、建立基于影像地图指挥系统等手段强化应急救援体系建设，通过数据支撑、精确推演、模型实验等手段提升自然灾害工程应急救援力量的科学决策能力，通过强化特种能力培养、特种装备支撑、特种手段保障等手段提升自然灾害工程应急救援力量的特种处置能力。

参考文献

[1]　新华网. 习近平在中央政治局第十九次集体学习时强调 充分发挥我国应急管理体系特色和优势 积极推进我国应急管理体系和能力现代化［EB/OL］.（2019－11－30）［2022－5－22］. http：// www. xinhuanet. com/politics/leaders/2019－11/30/c_1125292909. htm.

[2]　新华社. 党的十九届四中全会《决定》（全文）［EB/OL］.（2019－11－05）［2022－5－22］. http：// china. huanqiu. com/article/9CaKrnKnC4J.

[3]　魏捍东，刘建国. 构建我国社会应急救援力量体系的思考［J］. 武警学院学报，2008，24（2）：16－21.

[4]　搜狐. 收藏！中共雅安市委关于制定雅安市国民经济和社会发展第十四个五年规划和二〇三五年远景目标的建议［EB/OL］.（2021－1－6）［2022－5－22］. https：//www. sohu. com/a/442927586_ 120214231.

[5]　蔡家林，杜文广，王兴忠，等. 数字应急的概念与体系［J］. 中国应急管理，2020（1）：46－48.

[6]　张颖，曹岑. 互联网在政府信息公开中的影响及政府应对策略［J］. 信息化建设，2008（7）：11－13.

[7]　郭建和. 紧盯"四队"建设目标 建强核心救援能力［J］. 四川水力发电，2016，35（4）：4－5.

[8]　红网时刻. 李大剑接受湖南日报专访：防范化解安全风险 在大战大考中勇担当［EB/OL］.（2021－12－28）［2022－5－18］. http：//moment. rednet. cn/pc/content/2021/12/28/10687113. html.

（原载于《红水河》2022 年第 5 期）

河南"7·20"特大暴雨重大险情处置关键技术措施

张利荣　庞林祥

（中国安能建设集团有限公司　北京　100055）

【摘　要】　在 2021 年 7 月河南特大暴雨抢险救援中，中国安能充分发挥专业优势，创新采用动力舟桥救援转移新乡洪水受困群众，采取多型大功率排水车"多面布点、梯次接力"强排京广隧道积水，采用"右岸裹头抢护、左岸单戗立堵"封堵卫河决口，采取在坝体右岸开挖泄流槽紧急泄流解除郭家嘴水库溃坝险情，完成了所承担的重大险情处置任务。科学方案、专业队伍和先进装备是抢险救援技术制胜的关键因素，提出了强化洪涝灾害抢险救援能力一是要加强灾害科学与工程的基础研究、二是要建强抢险救援专业队伍、三是要研制配发先进抢险装备。

【关键词】　抢险救援；人员搜救；决口封堵；排涝；溃坝险情；中国安能；河南"7·20"特大暴雨

0　引言

2021 年 7 月 17—23 日，河南省中北部遭遇历史罕见特大暴雨，导致郑州、新乡、鹤壁等地发生严重洪涝灾害，城区严重内涝，交通大面积瘫痪；部分城镇、村庄被淹，人员受困；水库出现险情、堤防发生决口，人民群众生命财产安全受到严重威胁。暴雨导致的洪涝灾害是即发式突发事件，快速救援能较大程度减少灾害损失[3]；各级政府启动应急响应机制，中国安能充分发挥了工程救援国家队、专业队的优势，按照应急管理部、国务院国资委部署，出色完成了新乡受困群众转移、郑州京广隧道等城区排涝、鹤壁卫河决口封堵、郭家嘴水库溃坝险情处置等重大任务。本文从技术视角，总结分析这次抢险救援主要采取的关键技术措施，以期为类似灾害抢险救援提供借鉴参考。

1　特大暴雨灾害及抢险救援基本情况[1-2]

（1）暴雨过程。17—18 日降雨主要发生在河南北部（焦作、新乡、鹤壁、安阳等地）；19—20 日暴雨中心南移至郑州，发生长历时特大暴雨；21—22 日暴雨中心再次北移，23 日逐渐减弱结束。过程累计面雨量鹤壁最大为 589mm、郑州次之为 534mm、新乡第三为 512mm；过程点雨量鹤壁科创中心气象站最大为 1122.6mm、郑州新密市白寨气象站次之为 993.1mm；小时最强点雨量郑州最大，发生在 20 日 16—17 时（郑州国家气象站 201.9mm），鹤壁、新乡晚一天左右，分别发生在 21 日 14—15 时（120.5mm）和

20—21时（114.7mm）。

（2）灾害损失。特大暴雨导致河南中北部地区的严重洪涝灾害，12条主要河流洪水超警戒水位以上，卫河和共产主义渠新乡、鹤壁段发生多处决口，卫辉市城区受淹长达7天。全省共有1478.6万人受灾，倒塌房屋89001间，农作物受灾面积1635.6万亩。全省因灾直接经济损失1200.6亿元、死亡失踪398人，其中郑州市直接经济损失409亿元、死亡失踪380人。

（3）应急行动。灾情发生后，党中央、国务院高度重视，中国安能立即启动应急响应机制，第一时间机动驰援灾区，按照应急管理部、国务院国资委的工作部署，紧急从3个工程局、6个工程救援基地抽调500余名专业抢险骨干、150余台（套）应急救援装备，累计动用6076人次、装备2086台次，主动承担重大险情处置任务，先后完成郑州二七区郭家嘴水库排险、新乡被困群众搜救转移、鹤壁卫河彭庄村决口封堵、鹤壁卫河康庄村分洪堤防修复、京广快速路隧道内涝排水、开封焦作段黄河大堤应急备勤等重大抢险救援任务。经过半个多月的艰苦鏖战，累计完成转移被困群众2000余人、紧急抽排水1095.06万 m^3、开挖泄洪槽140m、封堵决口1处、修筑道路500m、修复分洪堤160m等抢险任务，充分彰显了工程救援国家队、专业队的担当。

2 重大险情抢险救援关键技术

2.1 新乡受困群众转移

2.1.1 受困群众情况

受强降雨影响，新乡市境内卫河及共产主义渠全线水位暴涨，新乡市107个乡（镇）受灾严重，其中新乡市前稻香村、后稻香村发生严重内涝，积水达3～4m，水几乎将全村淹没，"房子被淹得只剩下房顶"[4]，3000余群众站在平房顶上、楼顶上、树上，随时面临房屋垮塌、树木倒塌落水危险，紧急等待救援，见图1。

2.1.2 群众转移关键技术

水域人员救援转移传统采用冲锋舟，但冲锋舟单次救援转移约6人；行驶时波浪大，加之水域条件复杂，存在杂物缠绕螺旋桨风险，安全性较低。中国安能创新采用动力舟桥救援转移受困群众，由于动力舟桥体型大、载员多、稳性好、效率高，被网友誉为"救援航母"。

（1）组拼动力舟桥。根据现场水域条件（水深2～4m、转移距离约1000m、水面宽度大于50m），能够满足动力舟桥运行

图1　新乡市前稻香村、后稻香村被洪水淹没

条件。动力舟桥选择中国安能现有的HZFQ80型动力舟桥，按照3个河中舟、1个岸边舟进行组合拼装。动力舟桥分组由运载汽车运输至临时码头附近，依次解除绑定装置后系缆入水，牵引靠岸后进行组拼。动力舟桥连接完成以后，长40m、宽8m、行车道宽5m，总承载力65t，行驶速度10.8km/h，配备操作手6人，每次转移人数最多可达500余人。

为了满足动力周桥组装和临时码头停靠要求，对抢险周边水域环境、交通条件（方便人员下船以后的陆路转移）进行了勘察，确定顿坊店乡牛场村共产主义桥附近为动力舟桥组装、停靠点，该位置便于舟桥的运输进场和人员的转移，水深约 1.2m 满足动力舟桥行动、停靠条件。

（2）舟艇接力配合。采取"分片负责、舟艇接力、搜转配合"的技术方案进行转移，即组成两个动力舟桥转移分队，分前稻香村和后稻香村进行转移；对于水深不足、狭窄巷道、分散的房屋等动力舟桥不能到达的部位，采用冲锋舟、自扶正救生艇、橡皮艇等协同配合使用，开展人员搜救。

（3）分区分片搜救。7月22日约7时，舟桥一分队、二分队分别开展前稻香村和后稻香村两个区域的人员转移工作。动力舟桥行动至受困点，临时停泊安全后，由救生艇接近受困点，分片区搜索转移受困群众，满员或者更换搜索点时，及时将人员转移至动力舟桥，完成片区搜索后，舟桥及救生艇转移至新的片区搜索点开展搜救。舟桥按照满员 450 人控制，达到满员或转移至较远搜救点时，先将人员转移至临时停靠码头，由当地政府组织安置。经过 5h 紧急转移，成功将全部受灾群众转移至安全地带，见图 2。

2.2 郑州京广隧道积水抽排

2.2.1 隧道淹没情况

京广隧道是郑州市较长的地下城市交通隧道，京广南路隧道、北路隧道长约 4km，单孔断面面积 69.53m²，可汇集总雨水量约 55.6 万 m³，地面与隧道底板最大高度差达 9m，采用泵站抽排的方式排除隧道积水。7月20日16—17时，京广隧道所处区域遭到最强烈暴雨，1h 降雨量达 201.9mm，超过我国陆地小时降雨量极值。极强的短时降雨，使大量行驶至隧道内的车辆因进水熄火停滞，同时隧洞内大量照明、监控、消防等设施被水淹没，灾情非常严重，见图 3。

图 2　人员安全转移　　　　　　　图 3　京广北路隧道被淹

2.2.2 紧急抽排关键技术

针对郑州城区排涝点多、排涝量大、排涝装备紧缺的情况，同时京广隧道排水口少且远、抽排任务繁重等特点，经研究，中国安能确定采取多型大功率排水车"多面布点、梯次接力"的技术方案进行强排，即组织多支力量、多点位架设抽排设备进行抽排，对于受高程、距离影响不能一次抽排的点位，架设设备进行接力抽排。京广路隧道紧急抽排主要资源配置见表1。

表1 京广路隧道紧急抽排主要资源配置表

序号	任务地点	投入人员	装备数量	装备型号	参　数
1	郑州站西广场（京广北路隧道北侧）	36	3	大功率排水车（子母3000型）	排水量3000m³/h，扬程15m
			2	大功率排水车（垂直1500型）	排水量1500m³/h，扬程17m
			1	大功率排水车（子母1000型）	排水量1000m³/h，扬程22m
2	京广北路隧道南侧	21	2	大功率排水车（DA5000型）	排水量5×1000m³/h
			4	大功率排水车（子母3000型）	排水量3000m³/h，扬程15m
			2	大功率排水车（垂直1500型）	排水量1500m³/h，扬程17m
		6	1	大功率排水车（垂直1500型）	排水量1500m³/h，扬程17m
3	京广南路隧道北侧	6	1	大功率排水车（DA5000型）	排水量5×1000m³/h
		12	2	大功率排水车（子母3000型）	排水量3000m³/h，扬程15m
		6	1	大功率排水车（垂直3000型）	排水量3000m³/h，扬程15m
合计		87	19		

（1）分组连续抽排。将1名驾驶员、2名操作员编为一组，在京广南北隧道布置子母式、垂直式不同型号的排水泵车，两组24h轮班，换人机不歇，24h连续抽排水。

（2）多点面同时作业。结合现场抽水量大、作业面广、单通道窄等实际，难以集中多台设备在同一作业面同时开展抢险作业，采用将人员装备分别配置于隧道进出口引坡段和镂空段，同时展开抽排作业，提升排水效率，见图4。

（a）隧道进口　　　　　　　　　　　　　　　（b）隧道出口

图4　隧道进出口同步昼夜抽排

（3）多机联动抽排。抽排作业后期，排水设备深入隧道，距路面排水口距离过长，受设备扬程和排水管长度制约，单台设备难以将积水排至隧道外部，采用多机联动、梯次接力、开挖排水沟等方法，降低抽排高差、减少排水距离，实现快速排涝。经过100h的紧急抽排，排水约560余万m³，为尽快恢复郑州城区交通大动脉创造了条件。

2.3 鹤壁卫河决口封堵

2.3.1 决口险情情况

图 5 决口现场情况

8月22日17时，鹤壁市浚县新镇镇卫河河堤左岸出现渗漏险情[5]，随着水位迅速上涨，22时河堤突发决口，23日凌晨3时决口扩宽至30m，之后决口宽度稳定在40m，造成周边16个村庄、大量农田受灾，严重威胁人民群众生命财产安全，决口现场情况如图5所示。决口河堤身为均质土堤，堤顶宽7m、底宽25m、高4m，迎水面坡比1∶4.5，背水面坡比1∶1，堤顶高程49.0m，如图6所示。龙口流速为2.12～3.0m/s，平均水深为2.7m，流量为127m³/s。

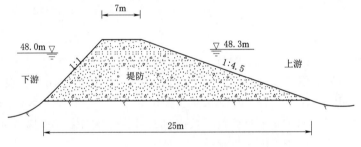

图 6 决口断面

2.3.2 快速封堵关键技术

根据现场道路、料源、水文、场地等条件，结合中国安能决口封堵经验[6-7]，经研究确定采用"右岸裹头抢护、左岸单戗立堵"的封堵技术方案。

（1）封堵准备。为满足自卸车双向通行要求，利用反铲1台、装载机1台、推土机1台对堤顶道路进行修整拓宽，对损毁塌陷部位进行挖出换填。堤防沿线每隔30m设置岗哨，指挥交通，禁止无关人员进入，确保道路顺畅。右岸车辆无法通行，安装动力舟桥，搭设临时码头，负责救援人员、反铲、推土机、钢筋网、沙袋、石料等转运。组织140余辆自卸汽车不间断从50km外运输封堵材料，主要包括3万 m³ 块石料、0.16万 m³ 反滤料，1.28万 m³ 黏土、2000片钢筋网片。挖掘机配合人员制作钢筋石笼，6～7个钢筋石笼为一串，放置于决口附近。

（2）裹头抢护。决口右岸用挖掘机按1∶3削坡减压，顶部高于水面约1.5m；挖掘机每隔30cm将钢管打入坡脚迎水面进行固脚，挖掘机挑放钢筋石笼至坡脚进行压固，并同步抛填混凝土预制板、石块、沙袋等，确保右岸裹头稳定。决口左岸堤头直接用自卸车抛填40～80cm的块石，推土机辅助推平。

（3）戗堤进占。从左岸开始抛填，以自卸车卸料、推土机快速推平的方式推进，形成高于水面1m、宽约9m的宽戗堤，分散水流落差，改善决口水力条件，降低决口封堵难度。进占过程中，因决口缩窄，水流抬高，流速增大，石料流失严重，为确保进占效率，将满载自卸车顶部封闭后由挖机沿迎水面直接推入决口沉底，降低水力落差，持续大块石抛填，确保了戗堤稳定，左岸单戗进占见图7。

（4）决口合龙。用推土机、挖掘机等装备将堤头平台拓宽至20m、长30m，满足2台自卸车同时卸料要求，进行连续不间断协调进占。同时根据水流条件，及时采取抛填混凝土块体、隔离墩、预制板、钢筋石笼等方式确保临时戗堤稳定，实现决口的逐步合龙。经过超过70h的连续作战，决口顺利合龙。

（5）加高培厚及防渗闭气。合龙后，以堤轴线为中心，测量确定填筑边线，分别向两侧拓宽至填筑边线。水下部分一次性抛填，水上部分由自卸车卸块石料至拓宽平台边线，挖机配合人工修整，形成高出水面高程1m的复堤平台。迎水面抛填黏土，反铲修坡压实；高出水面后，采用分层填筑压实，层厚30cm，振动碾压实，反铲修坡。之后外侧填筑一层反滤料、石渣料。

2.4 郭家嘴水库溃坝险情处置

2.4.1 溃坝险情情况

7月20日，受极端持续强降雨影响，郑州市二七区郭家嘴水库因溢洪道被施工临时便道堵塞而发生漫顶重大险情[8-9]，库水位高于坝顶0.3m，部分坝坡出现塌方，存在溃坝风险，见图8。威胁郑州市大学路以西、南四环以北、西四环以东等约11万名群众的生命财产安全，同时影响南水北调中线工程的顺利运行。情况非常紧急，需要采取紧急措施，解除风险。

图7 左岸单戗进占

图8 郭家嘴水库溃坝险情

2.4.2 溃坝险情紧急处置技术

随着水位不断上涨，水库随时都有溃坝的可能。根据机械设备能到达的交通条件，便于机械开挖作业的实际情况，中国安能借鉴堰塞湖险情处置技术，采取在坝体两岸开挖泄流槽紧急泄流的方式[10-11]，实现泄流降低水位，快速解除险情。

（1）泄流槽紧急开挖。选择在坝体左、右两岸地势较低处开挖泄流槽，最大限度降低开挖量，加快水流下泄速度。开挖按照"自上而下分层开挖""由远及近、先下游再上游""粗挖由下至上、清理由上至下"的顺序进行。在泄流渠沿轴线方向分区、分段、分层布置推、挖装施工设备，避免相互之间的干扰影响。经过投入10余台（套）装备、分点连续开挖，经过约12h连续奋战，泄流槽开挖形成。

（2）控制性泄流。完成进口段的开挖，泄流槽即开始泄流。泄流过程中，控制最大下泄流量不超过30m³/s，防止因下泄速度过快引发库岸滑坡。泄流过程中，安排专门设备进行泄流渠疏导，避免泄流渠发生坍塌堵塞下泄通道。经过约5h的紧急泄流，水位从最高时的163.5m下降至153m，处于警戒水位线159m之下，接近死水位，水流继续下泄，水库溃坝险情解除。

3 洪涝灾害抢险救援技术制胜的关键因素

从技术视角总结中国安能此次重大抢险任务，有如下经验和启示。

（1）科学方案是抢险制胜关键。此次暴雨洪涝灾害抢险救援，中国安能针对不同的灾险情况，科学制定了不同的技术方案。创新采用动力舟桥救援转移洪水受困群众，并配合小型水上救援设备，最大限度提升了人员转移速度。京广隧洞积水抽排采取多点连续作业的方式，为隧洞恢复通车赢得了时间。卫河决口封堵，针对现场水文、地质、交通条件制订方案，在任务十分艰巨的情况下完成了抢险任务。

（2）专业队伍是抢险制胜基础。中国安能是工程救援的专业队伍，指挥员、工程师、操作手都具备过硬的技能，抢险救援经验丰富[12]。如动力舟桥曾在2020年鄱阳县昌江圩堤决口封堵等抢险中使用，才有此次创新用于救援转移洪水受困群众。郭家嘴水库水位快速上涨，传统加高子堤方案难以奏效，中国安能基于堰塞湖处置经验，采用简洁实用的开槽泄流方式，快速解除险情。面对卫河决口湍急水流，现场抢险作业人员凭着过硬的技能日夜连续作战，提前完成了决口封堵任务。

（3）先进装备是抢险制胜利器。动力舟桥、大功率排水车、自扶正救生艇、无人侦测船、单波束测深仪、声学多普勒流速仪等抢险装备，都是中国安能近几年配置的先进抢险装备。此次投入2艘动力舟桥，不仅在救援转移洪水受困群众中立了大功，也在决口封堵中解决了重型装备、封堵物料涉水运输难题。大功率排水车于7月21日凌晨快速到达郑州，并立即投入京广路隧道排涝。无人侦测船搭载单波束测深仪快速生成决口断面，为科学制订决口方案提供可靠依据。大量先进救援装备的投入使用，不仅加快了施救效率，也增加了救援队员的安全系数。

4 结语

河南特大暴雨是一场覆盖范围广、险情种类多、救援难度大的重大自然灾害，中国安能充分发挥了抢险救援的专业优势，创新采用动力舟桥救援转移新乡洪水受困群众，采取多型大功率排水车"多面布点、梯次接力"强排京广隧道积水，采用"右岸裹头抢护、左岸单戗立堵"封堵卫河决口，采取在坝体右岸开挖泄流槽紧急泄流解除郭家嘴水库溃坝险情，出色地完成了所承担的重大险情处置任务。

洪涝灾害是我国最为多发的自然灾害，为提高洪涝灾害抢险救援能力，①要加强灾害科学与工程的基础研究，开展关键技术创新，提升抢险救援科技含量；②要建强抢险救援专业队伍，合理构建队伍布局，形成专业精、能力强、全覆盖的力量体系；③要研制配发先进抢险装备，提升抢险救援效率和安全保障水平。

参考文献

［1］ 国务院灾害调查组. 河南郑州 "7·20" 特大暴雨灾害调查报告 ［R］. 2022.

［2］ 中国安能建设集团有限公司. 中国安能参与河南抗洪抢险情况总结 ［R］. 2021.

［3］ 张利荣, 刘祥恒. 基于突发事件爆发时间特性的应急救援策略研究 ［J］. 水利水电技术, 2011, 42 (9)：16 - 19.

［4］ 吴泽斌, 万海斌. 2021 年河南郑州山区 4 市 "7·20" 特大暴雨灾害简析 ［J］. 中国防汛抗旱, 2022, 32 (3)：27 - 31.

［5］ 耿明全. 2021 年 7 月卫河浚县彭村堤防堵口的启示 ［J］. 人民黄河, 2021, 43 (9)：59 - 63.

［6］ 张利荣, 严匡柠, 张海英. 唱凯堤决口封堵抢险方案及关键技术措施 ［J］. 施工技术, 2014, 43 (12)：26 - 28, 83.

［7］ 周庆丰, 何海声, 陶维, 等. 昌江河决口封堵的组织与管理 ［J］. 水利水电技术, 2021, 52 (S1)：205 - 209.

［8］ 程晓陶. 2021 年郑州 "7·20" 特大暴雨洪涝灾害郭家咀水库案例的教训与反思 ［J］. 中国防汛抗旱, 2022, 32 (3)：32 - 36.

［9］ 董永立. 对郭家咀水库大坝漫而未溃的思考 ［J］. 水利规划与设计, 2022 (1)：81 - 84.

［10］ 张利荣, 齐建飞. 堰塞湖风险动态评估模型研究与应用——浙江苏村堰塞湖风险评估实践 ［J］. 中国防汛抗旱, 2018, 28 (4)：38 - 43.

［11］ 齐建飞, 张利荣. 浙江苏村堰塞湖抢险处置方案与成效 ［J］. 中国防汛抗旱, 2017, 25 (3)：47 - 50.

［12］ 张利荣, 杨涛. 抢险救援专业部队的专业技术能力 ［J］. 水利水电技术, 2015, 46 (5)：1 - 4, 11.

（原载于《中国防汛抗旱 2022 年第 4 期》）

我国北方地区防汛救灾工作存在的薄弱环节及对策措施研究

庞林祥　张利荣

（中国安能建设集团有限公司　北京　100055）

【摘　要】　我国北方地区洪涝灾害多发频发，为提高防汛救灾的效能，本文先从地形、地貌、气候等特点出发，分析了我国北方地区的洪涝灾害特点，再从防汛救灾工作机制、防汛救灾能力建设、水利防汛基础设施等 4 个方面深入研究了北方地区防汛救灾工作存在的问题和不足，指出了防汛预案不健全、防汛救灾意识弱、专业救援力量不足、病险库坝较多且年久失修、城市现有防洪排涝能力不足等多方面具体问题。针对存在的问题，从开展防汛救灾调查研究、加强防汛救灾力量建设、加快提升防汛救灾保障能力、规划建设高质量的水利基础设施等方面，提出完善预警预案、加强专业救援队伍建设、提高社会防汛救灾能力、搞好防汛物资储运、开展城市防洪排涝问题整治等多项综合治理措施，对于提升北方地区防汛救灾工作水平具有借鉴意义。

【关键词】　防汛救灾；应急救援力量；防洪排涝能力；应急物资储运

0　引言

防汛救灾关系人民生命财产安全，关系粮食安全、经济安全、社会安全、国家安全。习近平总书记对防汛救灾工作高度重视，多次作出重要指示批示。受全球气候变暖等影响，我国北方地区洪涝灾害呈多发趋势[1-2]，引发巨大灾损。如 2012 年 7 月 21 日的北京特大暴雨、2016 年 7 月 19 日河北邢台暴雨和 2021 年 7 月 20 日的河南大暴雨，都造成重大人员伤亡和经济损失，引起社会高度关注，成为影响北方地区可持续发生的严重障碍，暴露出部分地区防汛救灾工作存在短板，亟须深入研究，找出问题原因和应对之策，尽快加以解决，防止类似灾害再次发生。我国很多学者围绕防汛救灾工作，开展了大量研究。于磊等[3] 提出加快应急管理体制改革，压缩应急管理层级，提高应急反应能力；韩昌宪[4] 提出，优化现有防汛抗旱指挥体系，积极适应新应急管理体制要求；彭碧波等[5] 研究了我国应急救援力量的建设存在的问题，建议要军民融合加快应急力量建设；王心甲[6] 研究了社会救援力量建设的有关问题，提出要打造一支适应新时代要求的高素质社会化救援队伍；魏捍东等[7] 研究建立一支常态化的应急救援主体力量和若干专业力量；杨华等[8] 提出要统筹推进社会应急力量的建设与发展；辜勇[9] 和张文峰[10] 研究了应急物质的储备管理问题；邓卫东[11] 分析了北京地区下凹桥区（隧道）防洪涝问题。

北方大部分地区相比南方，地势平缓，河流流速慢，降雨相对集中，降雨过程中容易形成短时积水。随着城市的加速建设，积水下渗通道减少，地表径流时间缩短，河流行洪、滞蓄洪区被大量侵占[12-14]，在暴雨增多的情况下，积水排泄难度加大，降雨与地面积水的快速排泄平衡被打破[15]，不断出现北方城市被淹的情况[16-17]。相比南方常态化的洪水，北方地区洪水的成灾率更高。解决北方地区防汛救灾问题，必须进行系统治理，统筹政府、企业、社会、家庭、个人等全部社会力量，采用综合手段，从政策机制、法规制度标准、应急救援力量建设等各方面综合实策才能见效，单方面研究解决办法只能解决局部地区、个别问题。关于北方地区防汛救灾综合治理问题，目前国内缺乏系统深入研究。本文基于北方地区的地形、气候等特点，分析北方地区洪涝灾害特点，并结合中国安能集团长期防汛救灾实战经验，从政策机制、应急管理、救援力量、全民教育等多方面，以及政府、企业、个人等多层次深入研究了北方地区防汛救灾工作存在的问题和不足，提出了针对性的解决措施，以期为加快北方地区防汛救灾能力建设提供参考。

1　我国北方地区洪涝灾害特点分析

北方地区是指我国秦岭—淮河一线以北，包括华北、东北、西北及河南、山东、江苏北部、安徽北部，涵盖了黄河、淮河、海河、辽河和松花江等流域，地域广大、水系复杂。相比南方经常性、规律性、大范围的洪涝灾害，北方地区受地理及气候特征影响，洪涝灾害具有以下特征。

1.1　灾害季节性明显，超历史纪录情况逐渐增多

受季风气候、地形地貌影响，我国雨带每年从南向北移动，一般而言，到"七下八上"，雨带会从长江流域北移到华北、东北，北方进入主汛期。北方降水主要集中在7—8月，且多暴雨，此时河水暴涨，河流易泛滥成灾。21世纪以来，北方地区"七下八上"的雨带规律被打破，北方许多地方7月中上旬就"入汛"，雨季开始时间偏早，结束时间晚，降雨期拉长，总体雨量偏大；同时多地降雨历史纪录被打破，如北京"7·21"特大暴雨，降雨总量之多、强度之大、历时之长、局部洪水之巨均是历史罕见[18]；2021年从7月17日开始的河南省降雨，多个市县的降雨也超过历史纪录。

1.2　洪涝灾害发生频率相对较低，地域变化大

我国北方地区的降雨主要受季风影响，正常年份暴雨进退有序，在同一区域停滞时间有限，不致在某一区域形成较强暴雨引发洪涝灾害。随着异常天气的多发，季风进入北方以后，经常在某一区域停滞，形成短时强降雨，造成城市被淹。因此，北方地区洪涝灾害的发生具有明显的地域性，经常是"打一枪换一个地方"，同一区域两次洪水时间间隔较长[19]。同时，相比近年来南方常态化的洪涝灾害，北方地区汛期相对较短，降雨相对较少，发生洪涝灾害的频率较低。

1.3　洪涝灾害突发性较强，损失不断增加

与南方河流相比，北方河流的水系、水文有其独特之处。大部分北方河流为季节性河流，甚至是干河，人为因素干扰多，河流下垫面变化大，一旦发生洪水，影响范围广。一些河流源短流急，洪水流速快、来势猛，传播时间短，短时间之内采取有效应对措施难度大。如海河流域部分山地与平原的丘陵过渡带短，仅10～15km，从山区降雨到河道出山

口出现洪水，预见期一般 1~2 天，短的仅几个小时，给洪水预报带来很大的难度，在短时强降雨下难以及时采取避险措施。在北方地区不断出现超历史纪录暴雨的影响下，洪涝灾害损失出现了从南方向北方转移的态势[20]。据相关统计，2009—2018 年，北方地区洪涝灾害受灾人数、死亡人数、直接经济损失年均值分别占全国的 18.33%、41.43%、37.36%，且呈逐步增多的趋势[21]。仅 2012 年 7 月 21 日的北京特大暴雨，就造成 190 多万人受灾，经济损失超过 100 亿元。

2 我国北方地区防汛救灾工作存在的薄弱环节

北方地区由于洪涝灾害年际差异大，造成防汛救灾意识淡化，防汛应急能力弱化，防汛设施设备老化，加之城乡建设大发展防洪排涝建设本身存在不足，一旦遭遇超过设防标准洪水，防汛救灾问题暴露无遗。同时，在城市大发展大建设过程中，部分地区对防汛工作重视不够，没有很好地将防涝、排涝贯穿于城市和基础设施规划、建设、运行、管理各环节，城市排水防涝设施短板突出，水利、电力、市政等基础设施防灾等级不高，应急预案体系不够完善，应急响应不够及时有力，应对洪涝灾害的能力较弱。在防汛救灾工作体制机制、防汛救灾能力建设、水利防汛基础设施建设等方面还存在薄弱环节。

2.1 防汛救灾工作体制机制亟须完善

2.1.1 法规标准不够健全

我国围绕灾害防治立法做了大量工作，相继制定了《中华人民共和国突发事件应对法》《中华人民共和国防洪法》《中华人民共和国防震减灾法》等法律法规，但没有灾害防治综合性法律法规，且现有法律法规主要是基于之前"九龙治水"管理体制制定的，彼此间条块分割、缺乏有效衔接，部分存在交叉重叠，全过程、各环节的防灾减灾救灾工作难以兼顾，脱节现象比较明显。同时，《防洪标准》《城市防洪工程设计规范》依据保护区常住人口数量将城市划分为四类：小于 20 万人、20 万~50 万人、50 万~150 万人、150 万人以上，并以此确定防洪工程等级，与《国务院关于调整城市规模划分标准的通知》明确的城市规模划分标准差距较大。《城市防洪工程设计规范》中，最高等级的Ⅰ等城市防洪工程，其涝水设计标准为不小于 20 年一遇洪水，随着城市扩展，地面硬化增加，水域面积减少，排涝能力不足，原有的涝水设计标准已不适应城市防洪需要，导致经常发生内涝。

2.1.2 防汛救灾管理体制协同不够顺畅

2018 年党和国家机构改革后，国家应急管理能力大幅提升，统一指挥、专常兼备、反应灵敏、上下联动、平战结合的中国特色应急管理体制基本形成。但灾害防、减、救、治分割式管理格局还未完全改变，统一领导、综合协调、分类管理、分级负责、属地管理的治理体系还处于磨合阶段，改革的综合效能没有得到完全发挥，发生事故以后一定程度存在重救援轻防治、头痛医头脚痛医脚的问题，灾害中相关部门和地方之间还缺乏协同性与联动性。加之北方地区洪灾偏少，地方政府应对洪涝灾害的敏感性和经验相对欠缺，应急响应行动迟缓，灾害中相关部门之间协同性联动性不够，特别在乡镇抢险一线问题比较明显。

2.2 防汛救灾能力建设有待加强

2.2.1 防汛救灾重视程度不够，应急准备不充分

由"年年防汛不见汛"而产生的松懈麻痹心理在北方地区较为常见。部分防汛抗旱机构对大灾巨灾预判不足，重视程度不够，造成防汛监测预报体系不完善、信息预警精准度不高、预警发布手段方式滞后，以及预警措施执行力度不够等问题；编制的应急预案因多数未经过实战检验，存在有的预案脱离实际、科学性不够，有的过于笼统、操作性不强，有的演练不够、实战性不好等问题。由于防汛工作不受重视，防汛责任人流动性较大，专业人员较少，关键时候懂技术、懂专业的人才稀缺。部分行政机构领导缺乏防汛救灾专项培训，对应急资源底数不清，指挥经验欠缺，应急情况下仓促应对、响应不畅，甚至束手无策。同时，由于常年没有洪灾，缺乏系统有效的全民防汛救灾宣传教育培训，北方地区民众防汛救灾意识普遍淡薄，应对洪灾的知识和技能较弱，紧急情况下的自救互救能力不强。

2.2.2 防汛救灾专业力量不足，实战经验少

应急管理部委托中国安能在北方地区规划了3个自然灾害工程救援基地，目前只有唐山基地初步建成，长春、西安基地还未启动建设，东北、西北地区国家级防汛救灾专业力量基本空白。流域管理机构中只有水利部黄河水利委员会、水利部海河水利委员会等单位建立了专职抢险队伍，部分省份依托水利、建筑、矿山等企业建立了兼职队伍，这些队伍所配装备多以冲锋舟、橡皮艇、便携式帐篷等转移安置类为主，少数配备了挖掘机、推土机、运输车等处置类装备，整体机动性差，专业能力不强，装备配备不足，在重大洪涝灾害中发挥的作用非常有限。无论是2010年甘肃舟曲泥石流抢险，还是2016年河北邢台洪灾抢险，以及2021年的河南洪灾抢险，属地和区域性救援力量不足的情况非常突出，远距离调动力量、跨区救援的情况依然存在。同时，北方地区的防汛抢险队伍多数没有防大汛、抢大险、救大灾的经历，实战经验少，承担"急难险重"任务的经验不足。

2.2.3 防汛物资储备缺乏制度约束，需求差距大

受经济发展和观念意识影响，应急物资储备库分布上呈现出东多西少、南多北少的特点，方式上过度依赖政府，市场储备、企业储备、社会机构储备及家庭储备欠缺，品类数量上生活救生物资多、专业处置装备物资少，调配管理上预测预判、管理更新、维护保养、应急调运还不足，用管脱节问题比较明显。2021年河南暴雨抢险期间，郑州地区大型水上运输、大功率抽排等设备紧缺，紧急情况下中国安能从武汉、南昌等6个救援基地调运了8节动力舟桥、23台大功率排水车、2台水陆两栖全地形救援车和其他130余台专业装备快速驰援，及时解决了专业救援装备不足的问题。

2.3 水利防汛基础设施欠账较多

2.3.1 乡村水利防汛基础设施薄弱

无论是2016年的邢台暴雨，还是2017年7月的河南大暴雨，受灾最为严重的都是周边乡村。这些区域的政府防汛管理相对薄弱、防洪规划建设不够系统、降雨排泄通道和紧急抽排设备不健全、路面积水多是随地自流，一旦发生超强短时降雨，容易形成不受约束的洪流，破坏力极强。加之农村自建房屋防涝标准不高，容易在洪水的冲击下坍塌，加重洪灾。同时，部分地区的无序开发也加剧了洪灾损失，如河南省荥阳市就因矿山开发，长

期炸山导致山体松动，2017 年 7 月大暴雨期间诱发山体滑坡和泥石流，造成 10 余人遇难，大量房屋、农田被毁。

2.3.2 病险库坝较多，年久失修

北方地区有水库 7000 余座，中小型水库占比 95％以上，多数修建于 20 世纪 50—70 年代[22]，年久失修，带病运行的情况比较突出，调蓄洪水的能力有限，一旦遭遇超标准洪水容易发生溃坝险情，威胁下游人民生命财产安全。堤防设防标准普遍较低，多数堤坝常年没有经受洪水的考验，质量缺陷较多，在高水位状态下容易产生漫堤、溃决等重大险情，抵御洪水能力不强。

2.3.3 行洪、蓄滞洪区被大量侵占

在城乡大发展大建设中，由于统筹规划及管控问题，大量行洪、蓄滞洪区被种植农作物、修建建筑，甚至还修建了铁路、高速公路、国家级大型工业企业等，大幅压减了河道的自我调洪能力，加剧了洪涝灾害损失。海河流域的部分蓄滞泄洪区域修建了京广铁路、京深高速公路等，防汛的蓄滞泄洪区域需要和经济发展之间"淹不起、还得淹"的矛盾较为突出。

2.4 "看海模式"成为一种新的城市病

很多城市缺乏防洪排涝长远科学规划，没有像雄安新区那样的防洪排涝专项规划，规划的前瞻性、科学性、系统性不强，设防标准不高，与城市长远发展的协同性差；即使有规划，也难一张蓝图绘到底。同时，城市地面硬化比例逐年上升，部分行洪排水设施只是简单随城区扩大延伸，引发行洪排涝能力严重不足，部分设施关键时刻失效，应急保障措施也跟不上，引发灾害升级。下穿式立交、地下商场停车场、地下交通等地下空间较大规模开发，成为城市的新凹地，但防汛标准不够高。2017 年 7 月的河南特大暴雨，郑州城区的地下空间就是重灾区之一，造成 30 余人死亡，经济损失数十亿元，成为防汛痛点。

3 加强北方地区防汛救灾工作的对策措施

针对我国北方地区防汛救灾工作存在的以上薄弱环节，从以下 5 方面提出了对策措施。

3.1 开展北方地区防汛救灾调查研究

围绕北方地区洪涝灾害分布，历史发生情况、主要城市人口、建筑、基础设施、公共服务系统、产业分布、资源和环境、灾害防治及应急救援能力等方面开展全面普查，准确掌握洪涝灾害现状和演化趋势。针对北方地区洪涝灾害的新情况、新问题，在国家层面进行专项课题研究，分析研究北方地区汛情雨情、致灾特点及其演化；研究城乡基础设施防汛抗灾能力，以及预测预警、应急响应、救援能力等的提升对策。

3.2 加快建立科学高效的灾害防治管理体系

3.2.1 健全综合防灾减灾救灾法律法规

着眼推进应急管理体系和能力现代化，借鉴国外先进经验，制定一部具有中国特色的集灾前预防、灾害应对以及灾后重建于一体的自然灾害防治法规。出台相关地方法规，构建完备的多层次灾害防治法律法规体系，提高依法防灾减灾救灾的协同共治效能。统筹城市等级划分标准与城市基础设施建设、灾害风险防范等级划分标准，研究提高城市内涝设

防标准，提升城市水利工程和海绵城市建设水平，建立台风等极端气象灾害设防标准、灾害应对能力评估标准。

3.2.2 完善自然灾害防治管理体制

推动灾害防治工作重心由末端救灾向前端防灾减灾转变。以集中统一、高效有力为目标，进一步强化国家层面和地方各级防灾减灾委员会职能，形成统一领导、分级管理、属地为主、社会参与的防灾减灾救灾管理新格局，提升灾害防治综合效能。统筹区域流域生态治理和基础设施建设，统筹资源利用和防灾减灾，将自然灾害防范设施与城乡建设同步规划、建设和管理，加快构建城市排水防涝工程体系，完善城市安全、洪涝灾害风险评估体系，切实增强城市应对洪涝灾害的韧性。

3.3 全面加强防汛救灾力量建设

3.3.1 健全完善应急响应机制

建立完善洪涝灾害信息监测预警平台，整合甄别政府和民间各种相关信息，依托现代通信手段，及时向特定人群发送有效预警信息。修订完善应急救援预案，明确应急处置流程和各参与单位职责，加强演训演练，提高灾害应急响应水平和反应速度。加强自然灾害预报预警，加强城市重要基础设施安全防护工作，出现极端天气等非常情况，坚决依规依案即时启动应急响应，该关停的关停，该警戒的警戒，采取一切必要措施，尽最大可能保护人民群众生命财产安全。

3.3.2 加强防汛救灾专业队伍建设

采取专兼职结合的方式，充分发挥中国安能等专业队伍在自然灾害救援方面的独特优势，国家层面给予队伍建设相关政策支持，打造自然灾害工程应急救援拳头力量，平时参与防灾减灾等工程建设，以工练兵、提升能力，急时参加抢险救援，履行国家队专业队职责使命。统筹中央企业自然灾害应急救援力量建设，统一组织培训演练、调配物资设备、指挥救援行动，打造自然灾害应急救援专业力量。加大社会应急力量建设指导力度，出台相关政策文件，规范引导社会应急力量，有序参与自然灾害救援。以城市群为基础，整合各城市自有市政、交通、水利、电力等救援力量，建设区域性专业救援队伍。

3.3.3 加快提高全社会防汛救灾能力

依托国家应急指挥中心和自然灾害工程救援基地，对政府、企事业单位的应急管理人员进行轮训，提升科学应对灾害的能力素质。依托职业院校和企业设立专业培训机构，对各级从业人员开展应急专业技能培训，特别是客运车辆驾驶员、安全员、车长等关键岗位人员必须经培训取得相应资格，授予临机处置权，成为能力素质过硬的"第一响应人"。发挥社区、村委会社会治理"最后一公里"的优势，平时组织开展防灾减灾宣传；遇灾时，组织党员干部、有生力量参与救援，负责应急物资发放，引导市民自救互救。

3.4 科学统筹防汛救灾协同工作

3.4.1 统筹政军企社联动

深入贯彻防灾减灾救灾"两个坚持、三个转变"的理念，完善军地防汛救灾协调联动机制，健全国资央企和社会力量参与防灾减灾救灾机制，构建多方参与的社会化防灾减灾救灾格局。在灾情信息、救援力量、救灾物资等方面建立多方协同联动机制，统筹多方防汛救灾力量建设使用，在发生重特大灾害时，快速调集力量装备跨区支援。如2021年的河南防汛救灾，以央企为主的外省救援队伍发挥了重要作用，中国安能从武汉、南昌等地抽组精干力量，携带动力舟桥、大功率排水车等专业装备快速到达，出色完成卫河决口封堵、郑州城区排涝、新乡受困群众转移、郭家嘴水库除险等关键任务。

3.4.2 统筹环境治理与防汛减灾

秉持系统观念，协同推进洪涝灾害治理与生态环境治理，制定区域防汛减灾规划和建设计划，坚持农村与城市、上游与下游、左岸与右岸协同建设。建立工程建设与灾害防治联动机制，以政府为主导，采取"计划＋市场"的方式加快推进。

3.5 加快提升防汛救灾保障能力

3.5.1 完善预警预案管理

建立健全防汛监测预报体系，实现预警雨情、汛情和措施的精准化。利用一切媒体渠道和行政手段，确保预警信息快速传送到各部门、关键人员和人民群众手中。因地制宜进行预案设计，加强预案训练演练，强化预案的协调性与配套性。依托防汛救灾专业队伍，快速搭设野战指挥场所和办公设施，建立指挥通信体系，提供救援专业方案和专家决策辅助系统，保障前沿联合指挥机构科学决策和指挥顺畅。

3.5.2 提高防汛物资储运能力

树立应急救援物资储备战略观，借鉴粮食、石油等战略物资储备经验，优化完善应急抢险物资储备网点，建立国储、商储相结合的建设、管理、配运一体化储建管模式。加强应急物资储备战略供需分析，实施需求动态化评估，基于评估结果开展标准化采购、储备、运输、发放等。针对不同的应急物资特性，实施更加有效、有序、有力的管理，确保应急物资时刻处于良好备用状态。借助现代科技信息手段，建立健全集物资信息更新、储备预警、需求发布、资源匹配、物资追踪及信息反馈等功能为一体的智慧化管理平台，强化应急物资的日常管理，提高紧急情况下的调配能力。建立应急物资物流体系，设立绿色快速通道，提升应急物资配送效率。

3.6 规划建设高质量的水利基础设施

3.6.1 探索推进平安水利、生态水利、智慧水利建设

坚持"节水优先、空间均衡、系统治理、两手发力"的治水思路，全面查清北方地区水系、水利设施底数，应用现代技术构建数据化、网络化、智能化的数字孪生水系统，实时动态监测江河湖泊库、积雪冰川地下水、雨情雪情汛情及水利设施运行、水质水生态等状态，建立洪涝风险动态预判与智能跟踪系统，提升智慧化水平，为防洪减灾、生态环保和区域高质量发展提供科技支撑。

3.6.2 进一步提高城乡防洪排涝能力

借鉴苏州、宁波等城市的经验，构建融蓄水供水、节水治污、防洪排涝与水资源、水安全、水循环、水景观、水生态等于一体的城市水系工程，提高城市应对防洪减灾的韧性，保障城市发展和安全需要。将乡村水利设施建设纳入乡村振兴战略，加快补齐水利设施建设短板，提高乡村防洪减灾能力。建立防汛薄弱区域的强化管理机制，提高应对洪涝灾害能力，防范小地方出大灾。

3.6.3 开展防洪排涝问题专项整治

建立防洪排涝专项规划制度，科学评估城乡现有防洪排涝能力，加快防洪排涝设施补

短板、提能力建设。启动行洪、蓄滞洪区重新划定工作，坚决有序清退各类违法违规侵占，还地于水，恢复河流自然状态。提高城市地下空间等关键设施的防洪设防标准，进行防洪排涝专项改造，切实提升防洪排涝能力。

4 小结与讨论

本文基于我国北方地区特有的地形、气候等特点，结合 2017 年来发生的几起严重洪涝灾害，分析了北方地区防汛救灾工作存在的薄弱环节，研究提出了相应对策措施。

（1）防汛救灾工作机制存在信息预警不到位、防汛预案不健全、救灾协同不畅等问题，需要从加强预警信息系统建设、完善预警预案管理、加强抢险现场组织指挥保障、统筹政军企社联动等方面进行解决。

（2）防汛救灾能力建设存在干部群众思想上重视不够、防灾意识弱，防汛救灾专业力量严重不足、实战经验少，防汛物资储备缺乏制度约束、需求差距大等问题，需要从加快提高社会防汛救灾能力、健全完善应急响应机制、加强防汛救灾专业队伍建设、提高防汛物资储运能力等方面加以解决。

（3）水利防汛基础设施存在需要从探索推进平安水利、生态水利、智慧水利建设，加强推进病险库坝治理工作，统筹环境治理与防汛减灾，解决行洪、蓄滞洪区划定、清退、管理等问题加以解决。

（4）北方部分特大、超大城市存在防洪排涝缺乏长远科学规划、现有防洪排涝设施能力不足、城市地下空间成为防汛痛点等问题，需要从进一步提高城乡防洪排涝能力、开展防洪排涝问题专项整治等。

参考文献

［1］ 蔡敏，丁裕国，江志红. 我国东部极端降水时空分布及其概率特征［J］. 高原气象，2007（2）：309－318.

［2］ 方国华，戚核帅，闻昕，等. 气候变化条件下 21 世纪中国九大流域极端月降水量时空演变分析［J］. 自然灾害学报，2016，25（2）：15－25.

［3］ 于磊，郑海平，王慧锦，等. 完善公共安全应急管理体制机制的对策建议［J］. 中国管理信息化，2018，21（1）：167－168.

［4］ 韩昌宪. 新应急管理体制下优化防汛抗旱指挥体系和工作运行机制的思考［J］. 中国机构改革与管理，2020（3）：9－11.

［5］ 彭碧波，郑静晨. 我国应急管理部成立后应急救援力量体系建设与发展研究［J］. 中国应急救援，2018（6）：4－8.

［6］ 王心甲. 社会应急救援力量建设探析——以福建省为例［J］. 安全与健康，2020（2）：46－49.

［7］ 魏捍东，刘建国. 构建我国社会应急救援力量体系的思考［J］. 武警学院学报，2008，24（2）：16－21.

［8］ 杨华，李国辉. 统筹推动社会应急救援力量发展若干思考［J］. 消防与应急救援，2020，39（6）：839－839.

［9］ 辜勇. 面向重大突发事件的区域应急物资储备与调度研究［D］. 武汉：武汉理工大学，2009.

［10］ 张文峰. 应急物资储备模式及其储备量研究［D］. 北京：北京交通大学，2010.

[11] 邓卫东. 北京地区下凹桥区（隧道）防洪涝设计要点 [J]. 城市道桥与防洪，2018 (9)：63-66.

[12] 葛怡，史培军，周俊华，等. 土地利用变化驱动下的上海市区水灾灾情模拟 [J]. 自然灾害学报，2003，12 (3)：25-30.

[13] 郑璟，方伟华，史培军，等. 快速城市化地区土地利用变化对流域水文过程影响的模拟研究——以深圳市布吉河流域为例 [J]. 自然资源学报，2009，24 (9)：1560-1572.

[14] 袁艺，史培军，刘颖慧，等. 土地利用变化对城市洪涝灾害的影响 [J]. 自然灾害学报，2003，12 (3)：6-13.

[15] 彭建，魏海，武文欢，等. 基于土地利用变化情景的城市暴雨洪涝灾害风险评估——以深圳市茅洲河流域为例 [J]. 生态学报，2018，38 (11)：3741-3755.

[16] 孔锋，王一飞，吕丽莉，等. 北京"7·21"特大暴雨洪涝特征与成因及对策建议 [J]. 人民长江，2018，48 (增刊1)：15-19.

[17] 张升堂，郭建斌，高宗军，等. 济南"7·18"城市暴雨洪水分析 [J]. 人民黄河，2010，32 (2)：30-31.

[18] 孙继松，何娜，王国荣，等. "7·21"北京大暴雨系统的结构演变特征及成因初探 [J]. 暴雨灾害，2012，31 (3)：218-225.

[19] 郝振纯，苏振宽. 土地利用变化对海河流域典型区域的径流影响 [J]. 水科学进展，2015，26 (4)：491-499.

[20] 万金红，张葆蔚，刘建刚，等. 1950—2013年我国洪涝灾情时空特征分析 [J]. 灾害学，2016，31 (2)：63-68.

[21] 周月华，彭涛，史瑞琴. 我国暴雨洪涝灾害风险评估研究进展 [J]. 暴雨灾害，2019，38 (5)：494-501.

[22] 具家琪. 基于数值模拟的中小型水库底层增氧对水温分层及沉积物搅动的影响分析 [D]. 广州：华南理工大学，2020.

（原载于《水利水电技术（中英文）》2022年第S1期）

中国安能参加河南"7·20"特大洪涝灾害抢险救援实战案例分析与思考

张久权

（中国安能集团第一工程局有限公司 广西南宁 530200）

【摘　要】 2021年7月中旬，因持续性强降水天气，河南发生"7·20"特大洪涝灾害，造成重大人员伤亡和财产损失，中国安能作为应急救援国家队，第一时间作出应急响应，快速组织救援力量抵达现场展开救援工作。针对本次洪涝灾害存在雨情特殊、灾情特殊和地域特殊等特点，以及救援队伍所面临的快速到位、同步救援、抢险能力和安全风险等考验，中国安能利用自身科学完备的应急组织指挥、专业高效的应急救援能力和优势明显的思想政治等组织抢险救援，成功处置了水库排险、决口封堵、城市排涝等灾情，并从中所获得几点启示，可为今后处置同类型灾情提供借鉴。

【关键词】 中国安能；河南"7·20"特大洪涝灾害；抢险救援

0　引言

2021年7月中旬，河南出现持续性强降水天气，全省大部分地区出现暴雨、大暴雨及特大暴雨，尤其是郑州"7·20"特大暴雨，造成重大人员伤亡和财产损失。郑州"7·20"特大暴雨灾情发生后，中国安能第一时间作出紧急部署，启动应急响应机制，快速出击，用最短时间抵达救援一线，相继在河南郑州、开封、新乡、鹤壁等地，接连打赢水库排险、决口封堵、城市排涝等大仗硬仗，在这场罕见的河南特大洪涝灾害抢险救援中，交出了一份彰显安能特色、展现安能担当的优异答卷。2021年11月6日，中国安能被应急管理部表彰为"全国应急管理系统先进集体"。

1　灾情的特点和面对的考验

2021年7月17日以来，河南多地出现强降雨，单日降水量和小时降水量均突破60年的历史极值，城市、村镇发生严重洪涝灾害，人民群众生命财产安全受到严重威胁。

1.1　灾情的特点

1.1.1　雨情特殊

郑州多年平均年降水量为640.8mm，而7月17日20时至20日20时，3天的降雨量达617.1mm，24h最大降雨量达457.5mm，小时最大降雨量达201.9mm，超过我国陆地小时降雨量极值。其中，河南郑州、新乡、开封、周口、洛阳等地共有10个国家级气象观测站，日雨量突破有气象纪录以来的历史极值[1]。

1.1.2 灾情特殊

内涝、溃坝、决口、疫情等多种灾情叠加。此次特大洪涝灾害致 302 人遇难和 50 人失踪；1453 万余人受灾；倒塌房屋 30616 户 89001 间；农作物受灾面积 1635.6 万亩，成灾面积 872.3 万亩，绝收面积 380.2 万亩；7 月 30 日发现 1 例核酸初筛阳性，从二七区逐步扩大封控范围。2021 年 9 月 7 日，银保监会发言人在答记者问中披露了河南郑州"7·20"特大暴雨的保险理赔情况，初步估损 124 亿元。

1.1.3 地域特殊

从城市到乡村、从一域到多地。涉及 150 个县市 1663 个乡镇，新乡、卫辉、鹤壁等地农村受灾最为严重。从 7 月 21 日至 30 日，河南省已经相继启用了崔家桥、广润坡、良相坡、共渠西、长虹渠、柳围坡、白寺坡、小滩坡 8 座蓄滞洪区，累计转移人口 40.46 万人，涉及人口多。蓄滞洪区涉及安阳市的安阳县、汤阴县、内黄县、文峰区，鹤壁市的浚县、淇县，新乡市的卫辉市、滑县，影响范围广。

1.2 面临的考验

(1) 距离远、对快速到位的考验。最远从广西和贵州调动了特种装备，摩托化机动距离长达 1700km。

(2) 地域广、对同步救援的考验。7 天时间在郑州、新乡、卫辉、焦作、开封、鹤壁等 6 个地域同时展开救援。

(3) 灾种全、对抢险能力的考验。要及时处置暴雨灾害带来的水库险情、群众被困、河堤决口、修复堤防、内涝排水、黄河大堤备勤等多种灾情。

(4) 规模大、对安全风险的考验。大型装备多、危险情况多、救援强度高；434 名专业抢险骨干、149 台（套）应急救援装备、连续 14 天高强度救援，动力舟桥第一次在洪水中使用、决口封堵上千人员装备在狭窄作业面交叉作业；尤其是救援后期，300 多人在抢险区域也是郑州疫情高风险区域，安全压力巨大。

2 抢险成功的经验总结

中国安能坚决贯彻习近平总书记指示批示，闻灾而动、向险而行，第一时间从 12 省份 20 个方向抽组 434 名抢险队员、139 台（套）装备，在郑州、新乡、鹤壁、开封、焦作 5 个方向，连续完成城市排涝、水库除险、群众转移、决口封堵、应急备勤等任务，累计转移被困群众 1491 人、抽排量达 1095 万 m^3、开挖泄洪槽 140m、封堵决口 60.8m、修复分洪堤 160m。经验总结如下。

2.1 应急组织指挥科学完备

中国安能虽然按照公司化运行，但在应急救援体系上仍然保留了组织军事行动特有的一整套完备指挥流程。

2.1.1 指挥体系

灾情发生后，立即开设了基本指挥所、前进指挥所和各个作战要素。基本指挥所在工程局开设，负责上情下达、点面调控；前进指挥所在一线开设，实施精确的组织指挥。作战要素按照指挥控制、技术保障、后勤保障、党建工作、对外协调 5 个作业组，相互协同、各司其责。指挥体系有"三快"的特点。

（1）决策快。7月20日出现灾情，集团党委就开始论证研判，应对这么大的灾情，动不动、动什么、怎么动必须当机立断，从政治高度、人民维度、使命角度果断决策，采取了"边行动边报告"原则，当晚向应急管理部报告同时，向三个工程局下达了立即行动展开救援命令。

（2）到位快。先遣组当晚到达郑州受领任务，第一梯队当晚从唐山基地和山西垣曲两地同时向灾区开进，集团和工程局主要指挥员21日12时到达郑州，在机动途中受领和部署应急管理部派出的郭家嘴水库险情任务，21日当晚18时开设河南郑州前进指挥所全面实施组织指挥。7月21日，集团从河北、广西、贵州、安徽等12省（自治区）20个方向驰援灾区。

（3）处置快。7月21日13时，中国安能第一台龙吸水在京广路隧道展开抽排水救援行动，成为中央企业第一支抵达灾区展开工程救援的专业化队伍。7月22日12时受领新乡转移群众命令，23日凌晨3时两艘动力舟桥全部下水就位，早上7时开始群众转移；13时30分全部转移完毕（如果用冲锋舟每次最多只能救出3~5名群众）。浚县决口23日13时接到任务制定方案。24日1时开始进占，26日2时27分，成功合龙，封堵历时49h27min，作战连续、高效。

2.1.2 战备体系

（1）预案方案准备。建立了一套以突发事件为总案、自然灾害工程救援为专案，以洪涝、山体滑坡、堰塞湖等9类灾害为分案的"一总案、一专案、九分案"应急预案体系。

（2）编携配装准备。基地有编携配装具体要求，随时可以拉得出、上的去、救得下、保得住。

（3）梯次力量准备。就近的项目部和救援基地工程局为主要第一梯队、友邻工程局就近力量为第二梯队、远离任务区域的力量为第三梯队。

（4）外协力量准备。储备了外部专家力量、合作厂家力量、架子队力量。

2.1.3 保障体系

（1）建立了侦察保障。7月20日23时，派出7人先遣组连夜赶赴灾区，实地一线踏勘，第一时间掌握各积水点情况，为决定抽组大量抽排水装备提供了科学决策依据。

（2）建立了机动通信保障。抽调综合通信指挥车、卫星便携站、卫星电话、单兵图传、微波图传、无人机、开设终端等通信装备，组成以卫星机动通信为主、以超短波区域固定通联为辅的立体通信网，为实现抢险现场画面远程感知、一体化指挥通信无缝衔接、任务地域位置精准定位提供了有力的保障。

（3）建立了后勤保障。把"靠前配置＋伴随保障"与"定点保障＋随耗随补"相结合，以热食前送为主、以便携速食为辅，确保灾区能吃上热饭、喝上干净水、洗上热水澡。

（4）建立了对外协同保障。与政府、军队、央企各应急力量建立临时指挥联络，协调中石化提供油料保障、中船重工提供舟桥技术人员，就近调用装备。

2.2 应急救援能力专业高效

2.2.1 专业的应急机制

2019年9月，应急管理部在中国安能挂牌成立"自然灾害工程应急救援中心"[2]，此后，在应急管理部和国务院国资委的直接领导指挥下，又在唐山、贵阳、常州、厦门、武汉、成都等地设了9个救援基地，为保持应急救援常备力量、加强常态化应急能力训练打下了很好的基础。以中心和基地为依托，各级积极配合当地省份开展应急联演联训，先后完成江西、广西、四川等15省份32市的防汛抗洪、抗击台风等多灾种应急联演联训任务67次，促进了救援能力的保持和提升。抢险中，中国安能以应急管理部自然灾害工程救援中心、国家级救援基地身份投入战斗，应急管理部直接指挥、调遣安能抢险救援，强化了中国安能"非现役化专业队伍"的身份、地位和职责优势。

2.2.2 专业的救援能力

中国安能致力于施工技术能力、经验在应急救援领域的应用和实践。

（1）工程技术方面。先后承建了国家重大能源工程建设项目127项，参建了三峡工程、西电东送、西气东输、南水北调"四大跨世纪工程"建设[3]，在广西参与了天生桥一二级水电站、龙滩水电站、梧州长洲水利枢纽等大型水利枢纽建设，积累了超高大坝、超大隧洞、超高边坡等多种专业技术能力。其中坝高100m以上高坝13个，断面面积150m²以上导流洞6个，装机容量大于100万kW大（1）型水电站10个，荣获"鲁班奖"3次、"詹天佑奖"4次，"国际里程碑工程奖"4次。

（2）抢险救援方面。作为应急救援国家队和非现役专业化队伍，中国安能先后完成了百余次重大抢险救援任务，积累了大江大河的决口、溃坝、滑坡、垮塌、泥石流、堰塞湖处置等实战经验和工法战法，在快速工程抢修抢建方面拥有独特实战经验和技术。

此次河南抢险，在郭家嘴水库排险中，派出技术专家提供技术指导，完善抢险处置方案，确保泄流槽开挖任务速战速决；在郑州城区排涝作业中，科学部署子母式＋垂直式不同型号的龙吸水，实行（1+2）×2"金三角"轮班组合，抽排水24h连续作业；在鹤壁卫河决口封堵中，面对带流速3m/s、带流量200～300m³/s、带落差2m/s的严峻形势，以及北方土堤结构的不稳定性，中国安能采取高精尖装备不间断流速监测，并优化提出"堤面拓宽、裹头加固、立堵合龙、防渗闭气"的方案，确保了顺利实现合龙，实现了闭气后滴水不漏。

2.2.3 专业的特种装备

这次抢险中，中国安能30台龙吸水，有23台用在了郑州排涝抢险中，动力舟桥、大功率龙吸水、无人机和水下监测艇等一大批高精尖应急救援装备投入战斗。中国安能还联合研发升级了智能遥控挖掘机、打桩船等一系列更加贴近实战、利于机动的"一招制胜"杀手锏专业救援装备。在此次抗洪抢险中，当现场道路狭窄、大型装备无法抵达时，救援队利用动力舟桥迅速开辟水上通道，大大加快了转移群众和封堵作业效率。在卫河决口封堵现场，抢险队员启用无人船搭载多波束云数据采集，通过声波反射探测水下地形地物和水深，准确获取到水下堆体数据及模型，通过快速计算堆体体积为封堵决口方案的制定提供了大数据支撑。

2.2.4 专业的人才储备

针对工程救援现实需要，建立了多技术工种的职业操作手人才库和涵盖水利、气象、地质等领域的工程救援技术专家库。同时，建立落实重大险情处置方案专家会商机制，确保一有情况能及时针对险情抽组技术骨干聚力攻坚。

2.3 思想政治优势明显

中国安能虽然转为企业，但是"思想建党、政治建军"[4] 政治工作优势始终没有丢，主要体现在四个方面。

（1）讲政治、扛责任。灾情发生后，中国安能党委及时召开常委扩大会，专题传达学习习近平总书记对防汛救灾工作作出的重要指示，研究贯彻落实意见，要求各级迅速行动起来，清醒认识防汛救灾面临的严峻形势，积极参加防汛救灾应急救援行动。

（2）领导带头、冲锋一线。在抗洪抢险攻坚战紧要关头，集团领导一线督战、全程指挥，38 名分公司副职以上（原部队团职以上）领导干部既当指挥员又当战斗员，始终坚守在最紧急、最危险、最艰苦的抢险战场，以领导干部的影响力、感召力激励全体参战人员的凝聚力和战斗力。

（3）作风顽强、敢打硬仗。多名同志持续超过 30h 不眠不休、奋战救援，参加抢险一线指战员 80 后和 90 后占比 91%。

（4）党建引领、宣传到位。这次抗洪抢险任务，前指有党委、分队有支部、关键部位有先锋岗、难点区域有突击队，各级不间断开展"火线入党""挑应战"等活动，总结了政治教育、领导带头上阵、宣传鼓动、组织发展党员、总结经验树立典型、解决实际困难"六个到现场"有效措施。

3 抢险救援的几点启示

（1）领导率先垂范。抢险期间，国家防总、应急管理部主要领导一直坚守一线，河南省委领导分片区指挥，时时处处都坚守在急难险重的最前线。实践经验告诉我们：领导干部的一言一行，有巨大的感召力和影响力，在灾害面前、在人民最需要的时候，领导干部就是要靠前指挥、冲锋一线、身先士卒。

（2）联合指挥调度。各地市启动相应机制，以鹤壁为例，常务副市长负责组织堤坝现场救援、纪委书记和公安局长负责石料和车辆组织和运输、军分区政委负责解放军和武警调动，安能负责现场救援组织，各方分工负责，各司其职，实现了抢险救援顺畅高效。特别是决口封堵中，首次实现专业力量为主，辅助力量配合的"政、军、企、民"联合救援典范。实践经验告诉我们：压缩指挥链条，精简组织机构，坚持"指挥重心在一线"，建立扁平精干、科学严谨的指挥体系，是保证救援行动高效有序的重要前提。

（3）专业科技施救。抢险救援是一项系统性工程，一定要按照专题决策、专家方案、专业指挥、术业专攻科学救援模式才能实现高效救援。中国安能救援人员搭建起 2 座各 40m 长、8m 宽的动力舟桥，5.5h 就转移群众 1491 人。浚县卫河决口封堵中，现场已经有解放军、武警和民兵预备役、地方救援力量等多家救援队伍，过程中多次调整方案，但最后还是采纳"安能方案"，主要依靠中国安能现场指挥、实施封堵操作。实践经验表明，传统的人海战术、密集型救援模式已不能完全适应急难险重任务需求，现代化应急救援必须依靠专业的救援力量、现代化的救援技术和救援装备。

（4）及时防范预警。2021 年 7 月 20 日至 21 日凌晨，短短三天郑州累积雨量就达到 617.1mm，破历史纪录。7 月 20 日 9 时 8 分，郑州气象台明确提出了 3 个具体措施（第 117 号预警信号防御指南，其中一条是停产、停业、停课），从 9 时到 18 时灾难发生，中间有整整9h，如果全市认真执行3点防御指南，有足够的时间可以避免灾难。有了这次经验教训，23—24日第二次强降雨来时，当地政府和有关部门及时预警、积极应对、组织避险，就没有造成更严重的损失。实践经验告诉我们：在全球自然灾害进入活跃期的今天，应急管理工作要做到"使用少量的钱预防，而不是花大量的钱治疗"，做到未雨绸缪。

（5）群众团结一心。在受灾严重、自身物资极其匮乏的情况下，许多当地百姓、民间组织，主动到抢险现场看望救援人员，送水送饭送物资。无论是政府人员，还是救援力量，无论是受灾群众，还是工作人员，大家团结一心，不分彼此，共同战斗。实践经验告诉我们：众志成城、无坚不摧的必胜信念，能汇聚起同心同行、共克时艰的抢险力量。

4　结语

近年来，我国自然灾害频发，各类极端气候和自然灾害持续发生，严重威胁人民群众生命财产安全，为有效处置险情、降低灾情影响，中国安能还需加强应急救援能力建设，突出专业技能训练、多工种协作训练和不同行动的技战术融合训练，提高遂行应急救援任务的能力[5]。

参考文献

[1] 孙清清，刘金辉. 河南郑州暴雨最新消息情况河南多地发生区域性严重洪涝灾害 [EB/OL]. [2021 - 7 - 21] [2021 - 11 - 26]. https：//baijiahao. baidu. com/s?

[2] 许邵庭. 有效满足西南片区应急救援战略需要，这个救援基地在贵阳成立 [EB/OL]. (2020 - 8 - 27) [2021 - 11 - 26]. https：//baijiahao. baidu. com/s? id=1676157500037282726&wfr=spider&for=pc

[3] 经济与科技动态 [J]. 军民两用技术与产品期刊，2007 (11)：6 - 7.

[4] 陈玮. 江西省海军国防生培养模式探析——以江西省三所高校为例 [D]. 厦门：厦门大学，2013.

[5] 由淑明. 水利水电设施险情处置研究与实践 [J]. 水利水电技术，2021，52 (S2)：214 - 219.

[原载于《水利水电技术（中英文）》2022年第S1期]

河南省"21·7"暴雨洪水抗洪抢险实践与启示

王 健

(中国安能集团第一工程局有限公司 广西南宁 530200)

【摘 要】 本文重点介绍了中国安能救援队伍在 2021 年 7 月中下旬在河南省郑州市京广路隧道排涝、新乡市人员搜救转移和鹤壁市卫河河堤决口封堵险情的处置措施,并对抗洪抢险行动进行了经验总结。结果表明:救援队伍发挥了组织优势、技术优势、装备优势,在郑州市、新乡市、鹤壁市、开封市、焦作市担负城市排涝、群众转移、决口封堵、应急备勤、堤防排险等任务,累计转移被困群众 1491 人、城市排涝 1095 万 m^3、封堵决口 60.8m、修整道路 500m、修复分洪堤 160m,得到地方政府和当地群众的高度赞誉。

【关键词】 抗洪抢险;城市排涝;堤防决口;河南省"21·7"暴雨

2021 年 7 月中下旬河南省遭遇罕见强暴雨,造成郑州、新乡、鹤壁、卫辉等多个城市洪涝,贾鲁河、卫河、共产主义渠等多个河流发生超警戒洪水,部分堤坝出现管涌、滑坡、漫溢甚至决口险情,造成 150 个县(市、区)1663 个乡镇 1453.16 万人受灾。

灾情发生后,中国安能启动应急响应机制,从北京市、唐山市、南昌市、武汉市等,紧急抽调 434 人、149 台(套)装备并于 2021 年 7 月 21 日 9 时 54 分抵达灾区,第一时间投入抗洪抢险。救援队伍发挥组织优势、技术优势、装备优势,在郑州市、新乡市、鹤壁市、开封市、焦作市担负城市排涝、群众转移、决口封堵、应急备勤、堤防排险等任务,累计转移被困群众 1491 人、城市排涝 1095 万 m^3、封堵决口 60.8m、修整道路 500m、修复分洪堤 160m,得到地方政府和当地群众的高度赞誉。

1 抢险救援行动

1.1 京广路隧道应急排涝抢险

1.1.1 险情概况

2021 年 7 月 20 日,郑州突发强暴雨,降雨量达 624.1mm,整个城市遭遇严重内涝,城镇交通严重损毁、水电基础设施毁坏。郑州市中心交通要道京广路下穿隧道(长 4300m、宽 7m、高 5m)被淹,上百余车辆被洪水吞没,形势十分严峻。

1.1.2 救援实施

结合京广路隧道水量大、出入口多的实际情况,充分发挥装备优势,迅速集结 143 名救援人员、23 台抽排装备,按照"统一调配、多点部署、同时作业"的总体思路,在 13 个点位展开抽水作业。

（1）作业环境勘察。重点对作业区域周边进行现地勘察，及时排查作业面是否存在坍塌、迭窝、凸起等隐患，确定最佳的抽水口和排水口位置。

（2）科学布设装备。在隧道出入口等较平坦积水面，布设子母式龙吸水（见图1）。该设备采用子母分离液压驱动技术，无须人工搬运或其他设备辅助设备，远程遥控操作即可实现将水泵深入积水中排水作业，作业半径可达50m。在隧道采光栏外布设直管式龙吸水，充分发挥装备直管伸缩较长的优势，对下沉式积水排出作用明显（见图2）。

图1　子母式龙吸水布置于出入口

图2　直管式龙吸水布置于采光栏外

（3）合理配置人员。按照"一机三线"的人员配置，即"一机"为龙吸水1台，"三线"为前线操作员1名、中线布线员2名、后线安全员1名（见图3）。每台设备4名队员相互呼应，互相保障。前线操作员主要负责设备作业位置选定，设备的具体操作，以及设备状况的检查维护和部分故障的排除，特别是在位置选择上，要对设备前进路线进行必要探查。中线布线员主要负责排水管、液压线路、电气线路的位置调整，以及设备、管道状况的检查维

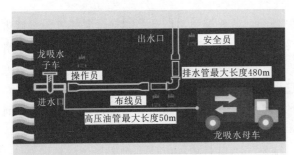

图3　人装配备示意图

护和部分故障的排除，配合操作员调整设备，防止因压线造成漏油、漏电等事情。后线安全员主要负责作业区域后线工作，观察前线、中线位置地形变化，防止房梁、地基位移带来的安全隐患，警戒后线防止突如其来的水流、泥石对设备运行状态的威胁，发现安全隐患及时组织人员撤离，警戒无关人员进入作业区域。

1.1.3　救援效果

救援人员集结23台抽排装备在13个点位于2021年7月21日13时30分展开抽水作业，期间与民政、交警、消防等部门定期会商，做好交通导行、场地封闭、后勤保障等工作，连续奋战106h，于25日23时30分完成任务，累计排水约500万m³。

1.2　新乡洪涝灾害人员搜救与转移

1.2.1　险情概况

2021年7月17日8时至23日7时，新乡市遭遇特大暴雨，平均降雨量830mm，最

大降雨量 965.5mm。受罕见持续强降雨影响,卫河及共产主义渠全线水位暴涨,新乡市 107 个乡镇受灾严重,其中新乡前稻香村、后稻香村发生严重内涝。险情发生后,紧急抽调 169 名抢险队员、35 台装备,于 7 月 22 日 22 时赶赴新乡。通过现地勘察和人员介绍,还有 1500 余人被洪水围困,因降雨和上游排洪影响,卫河及共产主义渠持续保持在高水位,积水区水位仍有上涨的可能,受困群众迫切需要转移至安全区域安置。

1.2.2 救援实施

由于现场点多面广、流速湍急,中国安能决定充分发挥动力舟桥体型大、行驶稳、效率高的特点,配备冲锋舟、救援艇实施救援,以最短时间完成人员转移。

(1)作业环境勘察。派出无人侦察机重点对作业区域交通情况、周边水情展开调查,选择适当的区域组装动力舟桥和舟桥登路地点,规划好救援线路。经调查,顿坊店乡牛场村共产主义桥附近区域交通方便,便于动力舟桥运输进场,积水区水深大于 1.2m 且靠近公路,满足动力舟桥临时码头要求。

(2)动力舟桥组装调试。动力舟桥由运载汽车直接运输至临时码头附近,解除绑定装置后系缆直接入水,牵引靠岸后连接河中舟,接岸舟作业按照先展开(见图 4)、后连接、再机桨的方式依次进行。组装完成的动力舟桥系缆固定,安装员主要对展开锁销、连接锁销进行检查;操作手主要对机桨、燃油加注进行检测,并发动马达,检查动力机桨的操作性。保障员负责救生衣、安全绳、救生圈、救援杆等配置。警戒组对作业区域人员、杂物进行清理,检查系缆桩的稳定性(见图 5)。

图 4 动力舟桥展开　　　　　　　　图 5 夜间组装调试

(3)人员搜救转移。结合当地地形水势特点,主要采用"分片负责、舟艇接力、搜转配合"的方法组织人员转移。受困群众主要集中在前稻香村、后稻香村,舟桥一分队负责前稻香村人员搜救和转移,舟桥二分队负责后稻香村人员搜救和转移。将水域划分成多个片区,动力舟桥行至片区后,由冲锋舟、救生艇抵达受困点,将人员转移至动力舟桥;当动力舟桥满载后,动力舟桥一次性将多个片区人员一次性运抵临时码头并转移至安全地域。

1.2.3 救援效果

使用 HZFQ80 动力舟桥通过将 3 个河中舟、1 个岸边舟拼在一起,组成 2 台漕渡门桥;每台展开长 40m、宽 8m,一次满载 450 人。该次搜救持续 5.5h,于 2021 年 23 日 14 时结束,解救群众 1491 人。此次动力舟桥创新运用在人员搜救上,实现了高效安全的目标,被誉为"救援航母"。

1.3 鹤壁卫河河堤决口封堵抢险

1.3.1 险情概况

2021年7月17日8时至22日8时，鹤壁平均降雨量达562.1mm。22日17时，鹤壁市浚县新镇镇卫河河堤出现渗漏险情，随着水位迅速上涨，22时河堤突发决口，23日凌晨3时，决口扩宽至30m，造成周边多个村庄、农田受灾，严重威胁人民群众生命财产安全。

1.3.2 救援实施

险情发生后，中国安能出动232人、运送95台装备到达现场处置险情。

（1）环境勘察。经现场实地勘察，该次决口位于新镇镇彭村卫河河堤左岸，左岸河堤顶宽6～7m，堤身为均质土坝。由于长期降雨削弱道路承载力，必须先加宽加固道路，才能满足大型自卸车双向通行。右岸堤头的道路距离新镇彭村约20km，堤顶宽度只有4～5m，且堤坝受洪水浸泡冲刷影响无法通行机械车辆。

（2）抢险准备。通过计算确定石料粒径和用量，由地方政府协调从距现场40～50km的多个石料场同时开采运输，以满足封堵块石；对通往左岸堤头的堤顶道路进行加宽，采取块石及碎石料填筑压实，实现双向通车要求。右岸因道路车辆无法通行，救援人员、反铲、推土机、钢筋网、沙袋、石料等由堤头乘动力舟桥运输到右岸，负责裹头加固作业。

（3）抢筑裹头。决口右岸用挖机削坡减压，坡比按1:3修整，顶部高于水面约1.5m；将钢管每隔30cm打入坡脚迎水面，挖机配合人员制作钢筋石笼，并列排在堤上，6～7个钢筋石笼为一串，制作完毕由反铲挑放在坡脚；并配合抛填混凝土预制板、石块、沙袋等稳固右岸。决口左岸堤头抛填直径40～80cm的块石，自卸车在堤头卸料，用推土机辅助推平，形成高于水面1m左右的戗堤。

（4）戗堤进占。经现场勘察，决定在堤防靠近迎水面一侧进占。自卸车倒车进入堤头卸料，推土机迅速推平；在进占过程中，因决口缩窄，水流抬高，流速增大，石料流失严重。为确保进占效率，经现场联指决定，将满载自卸车顶部封闭后由挖掘机沿迎水面推入决口沉底，降低水力落差。后持续用大块石抛填，确保堤头稳固（见图6）。

（5）决口合龙。在决口宽20m时，流速2.74m/s、最大水深5m、流量92.6m³/s，封堵难度增大。用推土机、挖机等重型装备进一步拓宽、降低堤头。堤头平台拓宽至20m、长30m，可以满足停放挖掘机、推土机和2台自卸车同时卸料要求。装填大块石的自卸车在堤上一字排开，采用进占法卸料，推土机迅速进占平料，实现合龙（见图7）。

图6　戗堤进占　　　　　　　　　　　　图7　决口合龙

1.3.3 抢险效果

该次抢险克服道路条件差、任务重、时间紧、安全风险高等困难,按照"道路拓宽保通、抢筑裹头防护、宽戗立堵合龙、堤身防渗闭气,加高加固复堤"的方案,通过科学决策、高效指挥、昼夜奋战,于 2021 年 7 月 26 日凌晨 2 时 27 分,经过 70 多小时艰苦鏖战,实现决口封堵,共完成决口封堵 60.8m,块石填筑 3 万 m^3,土工膜铺设 $1180m^2$,反滤料填筑 $8280m^3$,坡面修整 $400m^2$,钢筋石龙抛填 200 个。

2 主要启示

2.1 先进装备是抢险成功的支撑

受领任务后,对河南遭遇强暴雨可能出现的灾情进行研判,携带了侦测、指挥、排涝、救援、工程和保障等 6 类 30 余种专业救援装备,涵盖了抢险救援全过程,发挥了关键作用。

(1) 在灾情侦测上,配备了无人侦察机、无人侦测船、水下测绘艇、手持式测流计等装备器材,对于险情周边环境、水下通行状况、决口水文情况进行侦测,为科学制订方案提供了基础数据。

(2) 在险情处置上,龙吸水、动力舟桥等新型救援装备的加入,极大地提高了抢险效率。郑州市京广路隧道排涝中,针对积水严重、车辆滞留多,水下情况复杂的实际,采用子母式龙吸水作业,单台最大排水量达 $5000m^3/h$,救援人员可远程遥控子车到达抽排地点,既提高了工作效率,也保证了作业安全。新乡市人员转移中,对 3 个河中舟和 1 个岸边舟拼装成长 40m、宽 8m 的漕渡门桥 2 艘,与冲锋舟、自扶正救生艇和橡皮艇协同使用,用时 5.5h 解救群众 1491 人,被誉为"救援航母"。同时,在卫河决口封堵上,转运挖掘机、推土机、自卸车等装备到右岸堤头,解决了大型装备现场到达问题。

(3) 在指挥控制上,通信指挥车具备动中通卫星通信、现场图像采集、综合信息处理、图像传输、网络接入和数据交换、车载北斗定位系统、现场照明、广播、独立供配电功能。其中此次洪涝灾害抢险担负了机动途中和救援现场的视频传输,实现了基指、前指和救援现场实时联动。

2.2 科学技术是抢险成功的关键

针对强暴雨导致城市排涝、人员搜救、决口封堵和防汛备勤 4 类主要任务,中国安能始终坚持技术先行、科学救援。

(1) 科学谋划。要求行动前要制订方案,充分考虑水文、气象、资源、环境、装备、保障等因素,必要时通过水力学、结构力学、材料力学等进行专业技术演算,制订最佳除险方案,确定任务工程量,合理配置人员装备和安全质量保障措施,实现科学、高效、安全除险。在郑州市京广下穿隧道抽排水中,以子母式和垂直式龙吸水为主力,充分利用现场实地环境,采取"双向抽排、两班轮换、多点铺开、交替作业"的方式,历时 70h,于 2021 年 7 月 25 日 23 时 30 分实现双向贯通,累计抽排水约 500 万 m^3。在新乡市被困群众转移中,以动力舟桥为主力装备,配备操作手 6 人、救援人员 20 人,配置冲锋舟、自扶正救生艇、橡皮艇 8 艘,实现一次满载 450 人,历经 5.5h,于 7 月 23 日 12 时 30 分高效安全完成 1491 人的转移任务,得到政府充分肯定和群众高度赞誉。在卫河河堤决口封堵中，在充分了解水情基础上，结合工程截流经验，制定"道路拓宽保通、抢筑裹头防护、宽戗立堵合龙、堤身防渗闭气、加高加固复堤"的除险方案，科学确定封堵时机、物料规格、堵口堤线、强度要求和辅助措施，实现在落差大、流速大、冲刷大的情况下龙口合龙。

（2）把握重点。抢险事关人民群众生命财产安全，事关社会稳定和国家安全，凸显的是应急特性，以无限制的手段，以最快速的办法，不惜一切代价，对灾情实施有效控制。在排涝任务中，采取饱和式救援，为尽快实现隧道双向贯通目标，充分利用现地环境，在13个点位布置了23台龙吸水。在决口封堵抢险中，因上游持续暴雨，流量迅速增大，部分钢筋石笼串丢入河中随即冲走，为了稳住戗堤，投入满载沙袋公交车1辆、满载石料自卸车3辆，大大减缓了龙口流量，为决口封堵起到关键作用。

（3）优化调整。抢险现场可变因素多，各种风险叠加，情况瞬息万变，我们及时调整抢险方案，做到因情而变，动态调整。此次决口封堵抢险，因河流加剧冲刷决口右岸不断坍塌，我们对在左岸单戗进占的方案上，加强对右岸裹头保护，采取削坡减载、打钢管桩、抛填钢筋石笼、预制板等技术措施，确保了龙口合龙过程右侧堤头稳定。

2.3 有力指挥是抢险成功的保证

（1）健全指挥机构。在接到任务后，立即召开碰头会，分析形势，研究任务，判断险情，第一时间启动应急预案，成立组织指挥机构，研究抢险救灾方案和部署具体任务，明确了基地指挥所和前进指挥所主要人员。前进指挥所建立健全了组织机构，并成立了临时党支部。在抢险施工中，各级指挥员强化现场组织指挥，靠前摸实情，攻坚讲战术，施工有章法，始终做到忙而不乱，紧张有序，确保了人员、设备绝对安全。

（2）加强现场管理。救援过程中，坚持贯彻工程建设进度、质量、安全管控中好的经验做法。认真落实"三工"和"三个每次"制度，划分抢险施工班组，明确负责人。坚持每天召开工作部署会、讲评分析会，结合抢险现场情况变化，及时调整抢险施工方案，明确具体要求。为确保抢险人员、设备绝对安全，派出专职安全员在各关键部位进行观测和安全警戒，设置安全警示牌和安全警戒线，指定紧急避险点，制定了现场应急避险措施，时刻提醒救援人员和驻地群众注意安全。严格落实值班、点名、查铺查哨和请示报告等制度，实行两班倒24h连续抢险作业，正规了现场交接班，规范安全、技术交底程序，保证了方案的有效贯彻落实。

（3）做好统筹协调。此次抢险行动，是地方政府主导下的党、政、军、警、民五位一体的大体系联合行动，是军警民"合力制险"的大协同作战。中国安能作为应急救援国家队和专业队，坚持以我为主、为我所用的原则，发挥组织优势、专业优势和装备优势，在任务不断变化的情况下，科学部署、统筹指挥解放军、武警部队和地方救援力量等兄弟单位合力攻坚，为夺取抢险胜利发挥关键作用。

2.4 顽强精神是抢险成功的基础

作为军转央企，中国安能在面对强暴雨下的洪涝、决口、滑坡等险情，展现了铁军本色和央企担当。

（1）一声令下，立即行动。接到救援命令后，从集团到项目部，从四面八方火速集结人员装备，千里机动，一路顶风冒雨，马不停蹄奔赴郑州，部分人员到达后立即投入抽排水作业,部分人员则立即赶赴新乡、焦作等新的任务区,第一时间转移群众、封堵决口、查巡险情、保护堤坝。

(2)党员干部身先士卒。所有抢险的现场,党员干部都冲在一线。抽排水任务中,13个点位先后成立12个党员突击队,叫响了"看我的、跟我上"的战斗口号。新乡救援中,党员干部带头登上动力舟桥,冒着狂风暴雨转移人员,确保不漏一人。卫河决口封堵中,13名原团职以上领导干部全程守在救援现场,累了就地打盹,既当指挥员又当战斗员,带领全体人员出色完成了任务。

(3)无畏艰难,顽强拼搏。中国安能军队的优良传统没有变,为人民服务的宗旨没有变,顽强的战斗精神没有变,仍然保持敢打必胜的战斗精神和英勇顽强的过硬作风。排涝现场,顶着烈日酷暑,救援人员下水拖动3t水泵到达最佳抽排位置;新乡转移,冒着狂风暴雨,救援人员挨家挨户搜寻转移群众;决口封堵,全体员工忘我工作,连续奋战近50h,最终实现龙口合龙。

3 结语

各类极端气候和自然灾害持续发生,为有效处置这些险情实现安全救援,中国安能将开展对各类险情种类、破坏机理及形态分析;创新救援科研成果,推广新装备、新材料、新技术、新工艺在应急救援行动中的应用;加大信息化建设力度,努力实现恶劣条件下实时传输、现场感知和高效指挥目标;突出专业技能训练和多专业融合训练,全面提高遂行应急救援任务的能力。

(原载于《水利水电快报》2021年第S1期)

工程救援施工技术在自然灾害应急
救援中的应用分析

唐荣泽

(中国安能集团第一工程局有限公司　广西南宁　530200)

【摘　要】 我国是世界上自然灾害最为严重的国家之一，灾害种类多，分布地域广，发生频率高，造成损失重，这是一个基本国情。近年来，各类风险隐患交织叠加、多发频发，影响人民群众生命财产安全和社会稳定的环境因素日益增多，如四川"5·12"汶川地震、甘肃"8·8"特大泥石流、深圳"12·20"特大滑坡事故、福建"莫兰蒂"台风洪涝灾害、贵州"7·23"水城特大山体滑坡等，特别是2021年河南遭遇"7·20"特大暴雨灾害，造成城市严重内涝和城镇交通、水电基础设施严重损毁。据调查报告数据公布，此次灾害造成河南省150个县（市、区）1478.6万人受灾，直接经济损失1200.6亿元。本文就重点结合河南"7·20"特大暴雨灾害抗洪抢险中，应急管理部自然灾害工程救援专业应急力量处置鹤壁卫河堤坝决口险情的实际情况，分析应对自然灾害具体险情所运用的工程救援施工技术，介绍应急救援装备和技术方案在遂行应急救援任务中的应用实践和有关战例，仅供参考。

【关键词】 自然灾害；工程救援；施工技术

0　引言

随着国家科学技术不断发展，挖掘机、装载机、推土机、起重机等传统工程施工机械和龙吸水、应急动力舟桥、全地形地震救援车等新型特种装备在自然灾害应急救援中的应用越来越广泛，作用发挥也越来越明显。尤其是近几年来，我国非常重视应急救援装备建设，强化应急救援装备技术支撑，推进科技自主创新，多功能挖掘机、远程遥控挖掘机、"钢铁螳螂"等一大批先进适用型装备不断推陈出新，并逐渐成为新时代国家应对自然灾害的救援神器、国之利器。与此同时，在新一轮深化党和国家机构改革中，2018年3月，一个专司处置重大安全问题之职的国家部委——应急管理部应运而生，并依托这一轮改革中唯一跨军地改革的国有企业——中国安能建设集团有限公司（原中国人民武装警察部队水电部队，以下简称"中国安能"）建立自然灾害工程救援"一中心九基地"。首次正式提出"自然灾害工程救援"一词。

1　工程救援装备种类

工程救援装备种类繁多，大致可按其适用性、功能性进行分类。

1.1　按照适用性分类

按照其适用性来划分，可分为通用型和特种专业型两种。

通用型主要包括挖掘机、装载机、推土机、自卸车、起重机、打桩机等工程机械设备，平时主要用于工程项目建设施工，应急救援时可用于因战事或灾害导致的道路损毁、堤坝决口、泥石流、山体滑坡等各种险情处置施工。

特种专业型，因灾种不同、需求不同而各不相同，如：面对地震受灾人员搜救的有全地形地震救援车、生命探测仪、切割、顶撑等专业装备；处置决口封堵的有自动装袋机、打桩机、流速仪、水下测绘艇等专业装备；应对洪涝灾害被困人民群众搜救转移的有冲锋舟、橡皮艇、应急动力舟桥、全地形水陆两栖车等专业装备；应对暴雨灾害进行排涝的有 500 型、1000 型、1500 型、3000 型、5000 型等不同型号的垂直式或子母式龙吸水等。

1.2　按照功能性分类

按照其功能性来划分，一般可分为预测预警装备、测绘测量装备、挖装装备、运输装备、搜救装备、钻爆装备等。

预测预警装备，具体可分为：边坡监测、联动报警等，比如三维激光扫描仪、边坡雷达等。

测绘测量装备，具体可分为：水下、水上、空中侦察、测绘测量等，比如水下测绘艇、水上侦测船、无人侦测船、无人侦察机等。

挖装装备，具体可分为：挖掘、破碎、装卸等，比如多功能挖掘机、远程遥控挖掘机、破碎锤、装载机等。

运输装备，具体可分为：货运、土运、水运等装备，比如平板拖车、渣土自卸车、应急动力舟桥、冲锋舟、橡皮艇等。

搜救装备，具体可分为：水域搜救、地震搜救等装备，比如冲锋舟、橡皮艇、全地形水陆两栖车、全地形地震救援车、生命探测仪等。

钻爆装备，顾名思义，即用于裸露孤石、开挖泄洪槽等钻孔与爆破时的装备，比如手风钻、液压履带钻机、多臂钻等。

2　工程救援装备应用现状

面对严重的自然灾害，各种现代化工程机械已经成为应急救援人员手中的神兵利器，并以其良好的作业性能、灵活多变的抢险功能、快速高效的救援效率为抢救生命财产作出了卓越的贡献。

2.1　在堰塞湖险情处置中的应用

工程救援设备在堰塞湖险情处置中的应用以 2008 年"5·12"汶川大地震唐家山堰塞湖险情为例。中国安能投入挖掘机 14 台、推土机 26 台、自卸车 4 台，运用"疏通引流，顺沟开槽，深挖控高，护坡填脚"的施工方案，从 5 月 28 日至 6 月 1 日，开挖出一条总长度达 475m 的泄流槽，土石方开挖量达 13.55 万 m³，创造了世界上处置大型堰塞湖的奇迹。

2.2　在滑坡事故救援中的应用

工程救援设备在滑坡事故救援中的应用以 2015 年"12·20"深圳特大滑坡事故为例。中国安能投入以挖掘机、推土机等土石方机械设备为主的各类车辆装备达 260 余台（套），通过划区域、分层平推，24h连续作业，边推边探，最终运用生命探测仪成功探测定位到生命源信号，救出被埋长达67h的唯一幸存者。

2.3 在抗洪抢险救援中的应用

工程救援设备在抗洪抢险救援中的应用以2021年"7·20"河南特大暴雨灾害为例。中国安能投入龙吸水、应急动力舟桥、多功能挖掘机、流速仪、水下测绘艇、无人侦察机等多种先进新型救援装备为主的工程救援装备149台（套），运用现代高精尖装备技术，科学拟制方案，精准侦测灾情，高效处置行动，圆满完成水库除险、群众搜救转移、河堤险情处置、内涝排险等任务，为保护人民群众生命财产安全和维护社会稳定作出了突出的贡献。

3 工程救援施工技术在处置决口险情中的应用

结合鹤壁卫河"决口封堵"案例，分析工程救援施工技术在自然灾害应急救援中的实际应用。

3.1 综合信息收集

现场勘察决口地理位置、地势落差、周边环境及交通路况，运用无人侦察机、水下测绘艇、流速仪等专业装备技术，定期对决口口门宽度、水深、水位、水流速度及流量等基本因素施测，如图1所示。施测频率视情况而定，按照"前期低频、后期高频"原则，从1h 2次到4h 1次不等。同时，绘制口门纵、横断面图。

图1　侦测船水上作业

采用雨量计等专用计量仪器，实时观测现场雨量情况，据此预测现场气象变化状况。

强化信息资源共享，加强与当地水文、气象、交通等相关部门之间的沟通联系，定期预报通报雨情、水情和交通道路状况，对中、短期雨量、水位和流量进行预判。条件允许下，可采用基于影像地图的感知系统，实时传递资源信息。

巡察勘查决口上下游变化情况，全面分析口门水位、流量发展态势，突出重点分析上游水情及泄洪、溃坝等突发情况带来的影响。

3.2 堤头稳固

经现场侦察，决口口门两端的堤头受洪水持续冲刷，极不稳定，口门呈逐渐扩大趋势。为控制险情进一步发展，同时考虑减少封堵困难，首先应当对堤头采取保护措施，即堤头稳固措施。堤头稳固的常用方法主要有抛填法、打桩法、包裹法、截头法4种，一般按照快捷方便原则，就地取材，并根据堤头处带流速、带流量、带落差和土质、水文、气象条件等视情选用合适的方法。

3.2.1 抛填法

在水深、流急、落差大且土质较差情况下，采用抛填法进行堤头稳固，如图2所示。抛填材料包括大块石、编织袋装土石、钢筋笼（铅丝笼、格宾笼、竹笼等）装块石料等。

在堤身交通条件好的情况下，通过10～20t自卸车将抛填材料运送至现场，再通过推土机推、装载机端、反铲扒等方式进行抛投。在施工机械无法上堤通行的情况下，采用人工背、扛、挑、抬等方式，或者利用动力舟桥等水上运输工具，将抛投料运送至现场进行抛投。

抛投时，根据水流对堤头的淘刷不同情况采用不同措施：①堤头迎水面被水流淘刷严重，随时可能发生坍塌时，首先向堤头迎水面抛投，正面挡住水流冲刷，减缓堤头崩塌速度，保持堤头稳固；然后，由迎水面向堤头处包裹直至背水面，挡住水流冲刷堤头，防止回流淘刷堤背。②当口门流速急、上下游水位差大、堤头背脚处被严重淘刷、堤头随时可能失稳时，首先将大块石、钢筋石笼等抛至堤脚掏空处，而后再向堤头包裹至迎水面。

3.2.2 打桩法

在水浅、流缓且土质较好情况下，采用打桩法进行堤头稳固，如图3所示。桩材一般采用木桩、混凝土桩、钢管、钢板桩等。

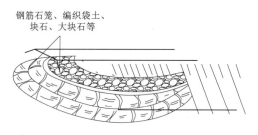

钢筋石笼、编织袋土、
块石、大块石等

图2 抛填法施工示意

图3 打桩法施工示意

在堤身交通条件好的情况下，通过自卸车将桩材和填料运送至现场，采用反铲压入或打桩机打入等方式；抛填料采用自卸车运至堤头，推土机或装载机抛入。在施工机械无法上堤通行的情况下，采用人工背、扛、挑、抬等方式将抛投料和木桩运送至现场，木桩采用榔头打入，抛填料采用人工抛入。

3.2.3 包裹法

在水深流急、土质较差情况下，采用抛填法稳固效果不好的情况下，亦可采用包裹法进行堤头稳固，如图4所示。先将土工合成材料或橡胶布铺展开，在其四周系重物使它下沉定位，在堤头前自迎水面至堤头铺放，用抛填材料予以压牢。

图 4　包裹法施工示意

3.2.4　截头法

在上述方法无效且险情不断恶化的情况下，可采用截头法进行堤头稳固，如图 5 所示。此法需根据带流速、流量、落差和土质情况，先估算口门可能达到的宽度，从口门向后退适当距离，挖断堤身（沿新堤头部位向下挖基槽深 1～2m），在新的堤头部位预做保护，保护方法可根据水流选用上述相应的方法。

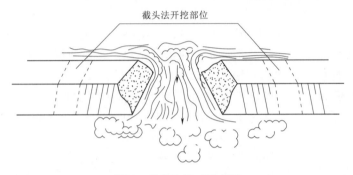

图 5　截头法施工示意图

3.3　抢险技术方案确定

堵口是一项紧急而又繁重的任务，需根据收集到的水文、地形、地质及河势变化资料和筹集物料能力情况，制定合理的方案，采取有效措施，做好充分的人力、物力准备，才能进行抢堵，且要求一次封堵成功，防止堵而复决。

3.3.1　封堵时间选择

封堵时机是实现封堵复堤、减少灾害损失的关键因素之一。需要综合考虑口门及周边环境情况、发展变化趋势和抢险队伍作业能力，才能作出科学精准决策。

一般情况下，优先考虑分洪或蓄洪工程消减洪水，实现快速抢堵合龙。在特大自然灾害影响下，往往情况复杂，环境恶劣，难以实施当即封堵，可考虑在洪水降落到次洪峰之前进行。

3.3.2　封堵堤线确定

堵口堤线的选定，关系堵口的成败，必须慎重地调查研究比较。在决口小、流量小、土质好的情况下，原则上按原堤线实施封堵；若河道宽且有滩地或背水开阔且地势较高，则选择"月弧"形堤线实施封堵。背河侧封堵，堤身内圈易兜水，不易防守，一般不采用。

3.3.3　堵口辅助工程选择

堵口辅助工程常用措施有修筑挑水坝和开挖引河两种。对部分分流的决口，由于正河仍走水，应在口门上游适宜位置修筑挑水坝，令水势回缓。对全河夺流的决口，应将开挖引河、堵口堤线和挑水坝有机结合，先选引河口位置，一般选在口门对岸大河初转之处，距口门不可太远也不宜太近，引河尾要选在老河道未受到或少受淤积影响的凹岸深槽处，与河头相对，尽量顺直，使比降比原河道略大，以利下泄。挑水坝则设在引河口对岸的上游，坝的方向应使最末一道坝对着引河口的上唇，可将水流送入引河。

3.3.4 封堵技术方案确定

决口封堵常采用立堵、平堵或混合堵三种方式。立堵作业简便、适应性强、效率较高，利于节约准备时间，除对河床地质条件有要求外，是极其有效的快速封堵方法。在条件许可的情况下，应尽量采用单戗双向进堵或双戗双向进堵。若堤头有一端交通无法到达，则采用单戗单向或双戗单向进堵。平堵、混合堵往往需要借助临时桥梁设施，速度相对较快、准备时间充裕，但对决口处的流速流量等条件有一定要求。

无论采用哪种封堵方式，只要现场物料采集方便、交通条件许可，均应优先考虑机械化封堵。机械化封堵速度快、效率高，可以在最短时间内复堤，这对减少受灾面积和缩小灾害损失有重大意义。鹤壁卫河决口处带流速约 3m/s，带流量 $200\sim300\text{m}^3/\text{s}$，带落差 2m/s，决口长度约 40m，河堤顶宽 7m，底宽 25m，决堤口为松软沙土土质，极易被洪水冲刷扩大。结合中国安能抢险技术和应急装备优势，在堵口过程中实施不间断流速检测，综合分析，决定在前期采用"抢筑裹头、单向进占、快速合龙"的立堵方案，后期采用"堤面拓宽、裹头加固、立堵合龙、防渗闭气"的混合堵方案。

3.4 堵口辅助工程施工

挑水坝与引河的施工要与堵口施工协调配合好。引河位置确定后，先用挖掘机挖好河身。留下河口与河尾两段（河口一般留 $200\sim300\text{m}$），待决口封堵到一定程度、水位抬高到预定要求时，再突击将引河的河头与河尾预留段挖去大部分，借水势将留下的部分冲开。

挑水坝在修筑到能控制主流的长度时，再向前修筑就要配合决口封堵情况进行。若封堵进占顺利，挑水坝可按计划长度修筑，以增加引河流量。若提前修够长度，引河口处滩岸受淘刷，可能造成引河提前开放，会形成不利影响。在口门过流仍很多时，可将挑水坝增长或增加坝数，以加大导流能力，缓和口门流势，增加引河流量。

总之，堵口时要相机行事，引河开放，一般掌握在口门即将合龙、引河口水位已抬高、挑水坝已起到作用时，并要先开放引河口，等河水到达河尾并壅高到一定程度后，再开放河尾，以使水顺利下泄。

3.5 决口封堵施工

3.5.1 机械化立堵法（枢纽工程截流法）

鹤壁卫河堤身堤基土质情况不佳，刚决口时，长度只有 $2\sim3\text{m}$，决堤后导致救援道路部分路段被淹，加上限重桥梁等客观条件，只能满足单车道通行，大型车辆装备无法原地调头，且只有一个方向可通往决口处。故前期实施单向进占，采用自卸车、推土机、铲运机等进行联合作业，在堵口轴线左侧向对岸抛投混凝土多面体、大块石、钢筋石笼等进占合龙闭气，即机械化封堵。随着进占施工推进，口门逐渐减小，流速不断增大，需要优化调整方案，运用动力舟桥等机船运送应急抢险装备和人员至对岸，对右侧裹头实施加固处理。目前，封堵决口最常用的方法为机械化立堵法，如图 6 所示。

（1）场地道路规划：封堵堤防决口，现场施工场地一般都较窄小，拟用于封堵决口用

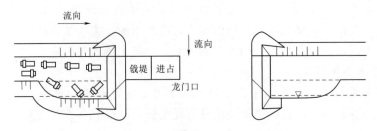

图 6　机械化立堵法施工示意

的机械设备无法正常停放，可以往堤头外侧填筑土石料，增大现场施工平台，以满足戗堤进占特别是龙口封堵时高强度抛投物料对场地需求。料场至堵口现场道路要求安全通畅并满足抢险机械通行要求。

（2）物料制备：决口戗堤进占一般采用石渣料和块石等，合龙采用大卡车（根据需要而定，满载石块、石材和石料）、钢筋石笼等，防渗闭气采用反滤料和黏土。若现场附近无石碴料和块石料储备，可以考虑在附件寻找料场进行开采，但距离不宜太远，以不超过15km为宜。料场开采一般采用潜孔钻（或手风钻）钻孔，非耦合装药，非电雷管微差爆破。钢筋石笼、格宾石笼等在场外制备。混凝土四面体一般采用 $2\sim8m^3$ 的，预先在混凝土预制完成并存放于抢险物资储备库中。各类物料准备量需根据决口大小、水流速度、流量及确定的堵口方法进行计算，一般按 $1.2\sim1.5$ 倍计算量进行准备。

（3）设备调集：决口封堵常用的设备包括 $10\sim20t$ 自卸汽车、$0.8\sim3.8m^3$ 反铲、$3m^3$ 装载机、$88\sim300kW$ 推土机。根据堵口物料用量及运输距离远近配置设备数量。

（4）戗堤进占：在堤头稳固完成、堵口方案确定、物料准备完成及设备调集到位之后，戗堤进占沿左岸原堤线推进，堵截料采用自卸车倒退法进入卸在堤头，推土机推铺进占，为减缓水流冲刷影响，采用在戗堤上下端抛填块石做挑头，中间石渣料、沙袋及时跟进，推土机推进时，向上游倾斜一定角度，挖掘机配合平整、抛填，振动碾压。水下部分采用抛填、水上部分碾压密实。抛填总方量约 $8000m^3$，合 400 车，单头进占速度按照20 车/h 计算，抛投强度 $400m^3/h$，综合考虑各方面因素，预计完成进占封堵时间为20h。

（5）龙口抢堵：口门随着堵口戗堤的进占逐渐缩窄，口门处流速、流量也逐渐增大，待口门收缩到一定宽度（具体根据口门水流情况确定），一次性备好大块石、钢筋石笼等截流材料，两端一起进占合龙。若口门流速过大，所抛的截流材料多被水冲走，则可以将两个以上钢筋石笼、混凝土四面体用钢丝绳串在一起组成钢筋笼串（混凝土四面体串）再推入口门中，或用直径20cm的圆木制作框架垂直水流方向推入合龙的口门中，以增加抗冲能力，然后继续抛块石、石碴、土料等进行合龙。

（6）堤坝培厚加高：堵口时，随着戗堤不断地向前推进，需用石碴料对戗堤及时进行培厚加高，以增加堤坝的稳定。培厚加高石渣料采用自卸车运至堤头，推土机配合将其推入。

按决口 60m 宽度，填方量 $10000m^3$，配置资源详见表1。

3.5.2　舟桥抛料封堵

鹤壁卫河堵口推进过程中，洪水流量突然增大，致使口门约 4m 即将合龙时左岸遭强

表 1　　　　　　　　　　　　　　　机械化封堵资源配置

设备名称	型号及规格	数　量	备　注
推土机	SD32	1 台	堤坝推料
长臂挖掘机	PC250	1 台	
挖掘机	PC200	2 台	道路修筑
翻斗自卸车	20t	100 台	
块石料		8000m³	
黏土料		2000m³	
全站仪		1 套	
照明设备	智能	6 套	
汽车吊	20t	1 辆	料场、用于钢筋笼制作
指挥车辆		9 台	
无人侦测船		1 艘	
流速仪		1 台	
装载机		3 台	
钢筋笼	2m³ 容量	200 个	可用铅丝笼或格宾笼代替
土工布		2000m²	
机械操作手		22 人	
安全员		15 人	
指挥员		21 人	
技术保障人员		24 人	
驾驶员		100 人	
救生衣		200 件	
普工		40 人	

流水冲刷，瞬间扩增至 20m 左右。为防止断堤头持续性、无限制崩塌，必须先进行裹头加固，保护左岸裹头。此时，根据地形、地质、水流、水深等条件，制定合理高效的办法，采用在堵口轴线上游侧架设舟桥、抛料船等方法，调用载重自卸车运输和抛投块石、钢筋石笼、混凝土多面体等堆筑成石坝，进行裹头保护，以增加抗冲能力。然后在堤坝前填土闭气复堤。图 7 为舟桥抛料照片。

3.6　防渗闭气

因进占封堵采用的材料通常仍可透水，实现封堵合龙后，堤身仍然会渗水、漏水，复堤结构仍然有可能被冲刷引发二次决口，必须及时进行防渗闭气。闭气通常有以下四种方式。

3.6.1　抛填铺盖法

向堤内侧抛投黏土做防渗铺盖，或在堤

图 7　舟桥抛料照片

45

内侧铺设土工织物上抛填石渣等方法予以压牢实现封堵口闭气。

3.6.2 边戗合龙法

双戗合龙时，用边戗合龙闭气，在正戗与边戗之间，用土袋及黏土填筑心墙，边戗之后再加后戗，阻止漏水。

3.6.3 养水盆法

若堵口后上游水位较高，可在堤后一定距离范围内修筑月堤，以蓄正堤渗水，壅高水位，至正堤临背河水位大致相平时即不再漏水。养水盆法示意图如图8所示。

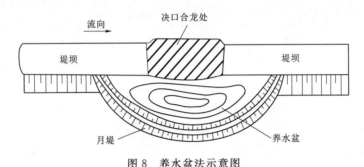

图 8 养水盆法示意图

3.6.4 临河修月堤法

堵口合龙后，若渗水不严重，且临河水浅流缓时，可在临河筑一道月堤，包围住龙门口，再往月堤内填土，完成闭气工作。临河修月堤法示意如图9所示。

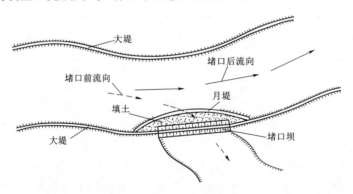

图 9 临河修月堤法示意图

3.7 注意事项

3.7.1 要科学施救、专业施救

堵口作业时间紧、保障难、技术要求高，现场环境瞬息万变。在实施过程中，一定要因地制宜、准备充分，强化过程中技术保障，运用专业应急救援装备对流速、深度、流量、落差等因素进行精准监测，实时调整优化救援方案，加快施救效率，增加救援队员安全系数。

3.7.2 要严密组织、密切协同

一场特大灾害抢险行动，必定会投入多方力量联合作业，科学的处置方案、高效的组织指挥、精湛的专业技能、密切的协同配合都是确保抢险成败的关键因素。一场行动必须

建立一个集中统一的指挥机构，进行科学指挥调度，才能避免"打乱仗、乱打仗"。

3.7.3 要重视维护、强化培固

封堵完成后，对新筑堤坝要进行整体维护和加宽培厚，尤其是对决口上游侧要进行培厚，防止新的险情发生。

4 质量及安全措施

4.1 险情处置过程中的安全巡查

巡堤主要是对堤防沿线的堤角、内外边坡、各类泄洪输水设施以及对堤坝安全有直接关系的建筑物和设施进行专项检查，重点巡查有无洞口、有无渗水及边坡坍塌等情况。巡堤队员必须挑选责任心强、有抢险经验的。巡堤任务应按堤段的重要情况配备力量，分派专组、专人、专地看守。巡查交接时，交接班应紧密衔接，以免脱节。巡查分为白班及晚班，每班分 2 组由两端开始交叉巡视，每组由 5～7 人组成。

巡查一般采用眼看、耳听、脚踩、手摸等直观方法，也可以使用锤、尺、杆等简易工具或专业监测仪器辅助对表面和异常现象进行检查测量。

（1）眼看：即用眼睛直接来察看。主要察看堤防迎水面近堤附件水面有无旋涡、冒泡等现象；看堤面、堤坡有无裂缝、崩挫裂纹、滑坡、漏洞流水及隆起等现象；看堤防背水坡有无散浸及集中渗漏、坡底有无流土、管涌等现象；看减压和排水导渗设施有无堵塞、破坏、失效及渗漏等现象。

（2）耳听：即用耳朵直接来聆听。主要是细听有无不正常的水流声，可以了解有无漏洞。

（3）脚踩：即用脚直接去踩。主要是在看不清或看不到的地方，用脚的感觉来检查是否出现土质松软或潮湿甚至渗水等情况，也可通过感知温度来辨别水是否是来自地层下或堤身渗透而来。

（4）手摸：即用手直接去摸探。主要是对堤上有杂草或障碍物不易看清的区域用手拨开草或障碍物进行查看或用手感测试水温是否异常。

4.2 险情处置过程中的质量管控

堤防抢险任务施工强度较大，在抢险过程中应注意各种质量问题。为保证抢险中不发生因质量事故造成的次生灾害，圆满完成任务，在抢险过程中应注意以下几个方面的问题。

（1）子堰搭设材料控制：宜选用黏性土、砾质土等，不得填装粉细砂或稀软土等。

（2）子堰搭设控制：应严格按照抢险规定的子堰尺寸搭设，袋装土应封口，使土袋砌筑服帖，袋口朝背水面，排列紧密，错开袋缝，上下袋应前后交错。

（3）搭设钢管桩时应保证钢管入土深度。

（4）决口封堵工作中应按规定抛填不同比例的土石料，保证决口合龙后的质量。

4.3 险情处置过程中的安全事项

江河堤防抢险任务危险性较大，抢险过程中应注意各种安全问题。为保证队伍战斗力，圆满完成任务，重点把握以下几个方面的安全事项：①服从命令、听从指挥、遵守各项安全操作规程、做到令行禁止；②抢险过程中应安排专人进行险情观测，确保不发生次

生灾害；③全员学习抢险预案，做到人人知道自己应该干什么、怎么干；④必要时在堤顶设安全防护栏，任何人员不得跨越安全防护栏，不得倚或靠在防护栏杆上，防止发生因栏杆倒塌造成人员坠落事故；⑤现场指挥管理人员和救援队员、安全员和专业技术操作手，要穿救生衣；⑥现场要准备钢丝绳并配锁扣，一旦遇到机械故障，可用挖掘机、推土机等工程机械装备牵拉施救或拖离工作面；⑦对每一台应急救援装备和应急救援人员要进行专门编号，有明显的标志，以利现场指挥；⑧有可能的话，应布置救生船于附近监护，船上备有足够的救生器具，有水性良好的水手和安全员；⑨夜间施工应加强夜间照明并做好道路标示工作。

5 结语

本文以工程救援施工技术在处置决口险情中的应用分析为研究对象，分析总结工程救援行动中所运用的实际救援技术，并结合自然灾害救援的实例探讨自然灾害救援技术、装备，尤其是对快速高效实现堤防决口封堵，是我国应急救援队伍面临的一个重要课题。本文以抢险实践为主要依据，参考了国内相关抢险案例资料文献，重点对工程救援施工技术内容、抢险方法、资源配置和指挥调度等内容进行了详细研究。河南鹤壁卫河决口封堵是非常成功的堤防决口封堵案例，裹头加固、方案优化、新装备新技术应用等关键技术措施，为成功封堵提供了有利的技术保障，也对今后的堤防决口封堵起到很好的参考借鉴作用。随着应急管理体系现代化的推进和信息化应急救援装备的发展，工程救援施工技术将得到广泛的推广和应用，逐渐取代传统式、人山人海式救援模式，将更大程度减少自然灾害给国家和个人带来的损失。

参考文献

[1] 谢明武，康敬东，潘晓军，等. 工程机械应急救援现状及需求分析 [J]. 建设机械技术与管理，2013 (7)：129 - 131.

[2] 范思坚，汪熙平. 中洲圩决口封堵抢险方案及关键技术措施 [J]. 水利水电技术（中英文），2021，52 (S2)：118 - 122.

[3] 张海英，徐昂昂. 唱凯堤决口应急封堵抢险施工技术 [J]. 水利水电技术，2011，42 (9)：46 - 49.

[4] 满卫东，孙英文，王亮. 堤防决口抢险的实施方法 [J]. 黑龙江水利科技，2005 (3)：127.

[5] 吴国如. 唱凯堤决口应急封堵抢险施工技术与组织管理 [J]. 水利水电技术，2011，42 (9)：2 - 5.

[6] 裴德涛. 防汛抗洪中工程抢险施工技术研究 [J]. 水利水电技术（中英文），2021，52 (S2)：111 - 114.

[7] 刘剑，王丹. 中小型堤防决口封堵抢险关键技术 [J]. 水利水电技术，2017，48 (S1)：8 - 11.

[8] 彭碧波，郑静晨. 我国应急管理部成立后应急救援力量体系建设与发展研究 [J]. 中国应急救援，2018 (6)：4 - 8.

[9] 章崇任. 融雪机：环保高效的除雪机械 [J]. 工程机械与维修，2010 (2)：106 - 107.

[10] 章崇任. 国外新型应急救援工程机械 [J]. 建设机械技术与管理，2011 (7)：83 - 84.

智能机器人在抢险救灾中的应用分析

高栋兴

（中国安能集团第一工程局有限公司唐山分公司　河北唐山　063000）

【摘　要】　要想在人工智能技术快速发展的背景下，实现对智能机器人的有效应用，需要加强对智能机器人的创新和设计，保障其在一些高危工作中的有效应用，如抢险救灾等。加强智能机器人在其中的有效应用，不仅可以保证抢险救灾工作的安全性，还能够进一步提高抢险救灾工作的效率。目前，智能机器人已经成为抢险救灾领域的发展趋势，这就需要对智能机器人进行深入分析和优化，保障智能机器人在抢险救灾中应用的安全性。虽然现阶段智能机器人在抢险救灾中已经普及，但是知道此设备的人依然很少。因此，进一步促进其在抢险救灾中的应用范围，相关学者要在原有的技术基础上，探讨和分析智能机器人的发展，了解其中的关键组成系统，明确其工作原理，进而实现对智能机器人的创新性开发。

【关键词】　智能机器人；抢险；救灾

0　引言

智能机器人已经在抢险救灾工作中得到了有效应用，主要是因为此设备具有特殊的结构和功能。智能机器人属于人工智能技术的催生产物，其本身就具备非常先进的电子控制功能，可以实现远程控制，具有非常强的可操作性，能够完成高危作业。相关学者在对智能机器人的特点进行分析时，发现其外部主要是由特殊的合金材料构成的，具有非常强的抗腐蚀和耐高温的能力，所以其可以在火灾现场等比较特殊的环境中活动，更能协助工作人员完成抢险救灾工作，不断提高抢险救灾工作的效果。智能机器人可以适应非常复杂的环境，能够深入灾区，更加精准地探测人体的生命迹象。在此基础上，分析被困人员的实际情况以及其周围的环境，预测他们可能发生的危险，然后及时将被困人员转移到安全的地域。尤其是智能机器人在抢险救灾中的应用，能够为救援人员提供科学的救援方案，实现自动化救援。如果在此设备的特征上看，在灾害现场科学应用智能机器人，不仅具有非常高的可靠性和适应性，其自身的电池蓄量是比较大的，可以保持长时间的工作。工作人员在此基础上，还能够在可靠的电子系统基础上，实时掌握抢险救灾的现场动态。由于智能机器人是由可靠性材料所制作的，所以其在具体的运行中不仅能够保证自身不受到温度和水压等因素的影响，还能够更加安全地完成抢险救灾工作。在未来的发展中，要想进一步强化智能机器人的功能作用，需要加强对电子信息和电气等先进技术的有效应用，实现对智能机器人的有效改进。

1　河南"7·20"抗洪抢险基本情况

2021 年的 7 月中下旬，河南省遭遇了罕见的强暴雨，导致郑州、新乡和卫辉等多个城市出现洪涝，并且部分堤坝已经出现了管涌和漫溢等情况，甚至决口险情，河南全省共 150 个县（市、区）、1663 个乡镇、1478.6 万人受灾，直接经济损失共计 1142.69 亿元。

2　存在的问题分析

当灾情发生以后，中国安能主要在北京、唐山、南宁、合肥、武汉、重庆等多个方向，采取了紧急措施，抽调 149 台抢险装备去参与抢险救灾工作。

传统的抢险救灾设备在完成类似于此次河南抢险救灾任务，还存在一定的局限性，不能很好满足急、难、险、重的特殊任务需求。一些先进的设备，如智能机器人并没有在抢险救灾中得到有效应用，这会对抢险救灾工作的效率带来影响[1]。因此，需要结合最近几年的抢险救灾情况，加强智能机器人在抢险救灾工作中的有效应用，实现对此设备的完善和创新，保证此工作的安全性，减少其他安全事故的发生。

2.1　联合作战的力度不强

在本次的河南抢险救援中，若要更加出色地完成任务，各部门之间需要联合合作。但是，国家队、救援队和战斗队等之间没有完善的标准，在其中还存在一些问题，主要体现在该次救援行动中的设备和合作方面，其中的参战单位多，救援方向不明确，并且其中的任务类型也比较多，这会导致控制系统的稳定运行受到影响。此外，在部分救援区域中手机没有信号，整体的通信保障非常困难，并不能全面掌握现场的实际情况，这会导致全程指挥的有效性受到影响。

2.2　高新装备的操作技能不熟练

在具体的抢险救灾中，子母式龙吸水和水文侦测等新型装备器材在其中发挥着非常关键的作用。然而，由于新型的装备配发不久，相关人员的操作技能并不够熟练，厂家需要对其伴随指导。尤其是在水文侦测设备应用时，对专业能力的要求是非常高的，所以如果操作人员的综合素质不强，就难以在实战应用中发挥作用[2]。

2.3　技术方案不完善

大部分技术人员在抢险救灾中，对现场的实际情况和灾情态势等内容没有进行综合性分析。在对一些困难的问题进行思考时，并不系统，也不深入，这会对救援方案的制订带来影响。

3　智能机器人的具体工作原理

随着我国科学技术水平的不断提高，各种先进的设备在救援活动中得到了有效应用。尤其是智能机器人在抢险救灾中的有效应用，不仅能够提高救援的效果，还能保证救援工作的安全性。这就需要对智能机器人的应用原理进行分析。在具体的分析中，发现其底盘自带发动机，此零件能够驱动高压油泵，促进高压油泵和发动机之间的有效结合。同时，智能机器人还采用了带离合装置，与传动轴之间进行连接。其中的液压油可以通过油泵加压后，更加顺利地流向各控制单元，在此基础上达到执行元件的效果，不断驱动水泵更加顺利地排水。此外，智能机器人在运行中，还可以将高压油泵和发动机脱开和连接，这种方式不仅可以节省底盘动力，还能够不断提高智能机器人的运行效率。

4 智能机器人在抢险救灾的应用

4.1 优化卸载系统

如果在具体的救援中，岸坡坡度比较大，需要使用自动下滑卸载舟体，做好作业工作，应用手操纵绞盘，在折叠圆钮上，适当取下钢索。在此过程中，相关的操作人员需要在操纵绞盘手钢索的基础上，对钢索的位置进行更加准确地判断，主要是将其位于摆动滑轮下方。同时，需要将车倒到泛水点，等到其停稳后，操作人员才可以松开两边舟体，让舟体挡销下行收回，及时脱离舟体，从而保障智能机器人应用的有效性[3]。

4.2 搭载系统的设计

首先是对无人船系统的分析。在对此部分内容进行分析，发现主要有无人船船体、锂电池供电系统和超速马达动力系统等内容所组成。其在江河湖泊中都能得到有效应用，可以实行对相关内容的深度测量，在此基础上快速生成流速和深度的断面图，为日后救援工作的顺利进行提供条件。其次是对岸基系统的合理化设计。由于手持智能中的遥控器终端和地面基站等是救援中的关键内容，这就需要采用 2.4GHz 频段，实现对智能机器人的科学应用。

在此过程中，还需要对无人船控制软件进行分析和应用，实现对水下地形测绘数据的采集和整合，在此基础上，制定合理的救援方案。此外，船体控制系统也是智能机器人中的主要组成部分，更是提高抢险救灾效果的关键。这就需要对船体的参数进行科学设置，在多角度的视频下，对测区进行综合性分析。最后，需要加强对测流系统的优化和设计。可以积极采用声学多普勒技术，对河流的绝对流速进行测量，主要是在不同的深度范围内，对其中的速度进行跟踪，进而实现对流速剖面的精确测量和整合。

4.3 装载系统

如果在具体的抢险救灾中，其中的岸差在 2m 以下，移动的平台不需要移动，可以直接应用绞盘和吊架，完成对舟体的装载。然后将吊架进行翻转，并且操作人员还需要拉出绞盘钢丝绳，将舟车倒到岸边，最后将钢丝绳挂在舟体上。在此系统上，需要采取措施及时收紧钢丝绳，让舟体上升和折叠。同时，还需要调整吊架翻转的角度，适当提高舟体的高度，保证装载系统运行的稳定性。此外，需要及时将钢丝绳抽出，然后将其挂在舟体的牵引圆钮上，等到收回吊架，还要收紧绞盘上的钢丝绳，实现对此部分内容的固定[4]。

4.4 惯导系统和声速剖面仪

要想保证工作船和传感器运行的稳定性，为日后的救援活动提供连续信息，需要通过对相关系统的有效应用，对救援的位置进行精准定位。当 GPS 信号被阻挡，或者是其中的信号不连续时，要加强对惯导系统的科学应用，避免在某个救援时间段出现信号中断问题，强化输出信息和方向数据的准确性和可靠性。此外，在应用声速剖面仪时，操作人员要采用的"时间飞跃"技术，对声速进行测量，注意对压强的有效控制。一定要积极借助半导体和应变计换能器，对河水流速进行综合性测量。可以与电脑之间直接相连，导出更加准确的数据，为日后救援工作的顺利进行提供条件。

5 做好抢险救灾工作的具体措施

5.1 把握抢救重点，优化调整

由于抢险救灾直接关系着人民群众的生命财产安全，其直接关系社会的稳定发展，更是维护国家安全的关键。需要积极凸显其应急特性，应用无限制的手段，主要以最快速的方式，实现对灾情的控制。特别是在排涝任务中，要科学采取饱和式救援方式，尽快实现隧道的双向贯通目标，对周地的环境进行分析。在对决口进行封堵抢险时，由于其上游会持续暴雨，流量的迅速也会不断增大，这导致部分钢筋石龙串丢入到河中，已经被冲走[5]。为了采取措施稳住的戗堤，相关人员在此工作中配置了满载石料自卸车 3 辆，主要是为了减缓龙口的流量流速，进而起到决口封堵的作用。

由于抢险现场的可变因素比较多，并且各种风险之间还会叠加。所以在具体的抢险救灾中，要及时调整抢险方案，实现对施工方案的动态调整。在此次决口封堵抢险中，受到河流加剧的影响，其会冲刷决口右岸，导致其坍塌。因此，需要采取措施加强对右岸裹头的保护，从而保障龙口合龙过程右侧堤头的稳定性。

5.2 组织指挥，健全指挥机构

河南"7·20"灾情可以说是最近几年我国最为严重的灾害之一，这次的灾情比较紧急，点多面也比较广。要想做好此工作，需要做好积极组织指挥工作，采取措施健全指挥机构，结合具体的情况，加强对智能机器人的有效应用，在此基础上实现对郑州、鹤壁和焦作等 5 个方向进行同步抢险救援。同时，在具体的救援工作中，需要通过健全的指挥体系，采取措施加强对现场的管控，做好统筹协调工作。接到任务后，相关的单位需要立即召开碰头会，积极分析此次救援活动的形势，对其中的任务进行综合性分析，实现对险情的判断[6]。

首先，需要启动应急预案，建立组织指挥机构，深入分析和研究抢险救灾方案中的具体任务。其次，在具体的抢险施工中，各级的指挥员还需要不断强化现场组织的指挥效果，实现对先进设备的科学配置，保证施工的有章法性，为设备的安全运行提供条件。在河南这次抢险中，我们发现其中的参战力量是比较多元的，党、政军、警和民需要联合完成此行动，可以说此次行动是"合力制险"的救援行动。

6 对洪涝灾害类抢险救灾的建议

在收到洪涝灾害类抢险救灾任务后，首先需要对洪涝灾害情况进行综合性评估，结合其中的灾情对其进行研判。其次，需要携带先进的设备，如侦测、排涝、救援和工程等，一般需要携带 6 类 30 余种的专业救援装备，这些设备一般涵盖了抢险救援的全过程，并且在其中发挥着非常关键的作用。

（1）灾情侦测。一般需要配备无人侦察机和水下测绘艇等，主要是对险情周边的环境和水下通行状况进行综合性分析，对决口水文情况进行全面侦测，在此基础上制定完善的救援方案，为其提供更多的数据支持。

（2）险情处置。在此救援中，龙吸水和动力舟桥等比较新型的救援装备已经在其中得到了有效应用，这不仅提高了抢险效率，还可以结合水下的实际情况，完成抢险救灾工作。科学应用子母式龙进行吸水作业，其单台的最大排水量能够达到 $5000\mathrm{m}^3/\mathrm{h}$，并且救援人员在此基础上远程对基本工作进行控制，在提高工作效率的同时，保障了作业的安全性。

（3）指挥控制。除了上述基础设备外，还需要注意对通信指挥技术和相关设备的有效应用，实现对图像的采集，加强对相关信息的综合性处理，促进图像之间的传输。因此，在日后的洪涝灾害抢险中，不仅要制定科学的指挥方案，还需要加强先进设备在其中的有效应用，实现救援现场不同工作之间的实时联动。

7　结语

相关的救援人员不仅要做好统筹协调工作，积极发挥组织的优势，还需要加强对智能机器人的应用，科学配置先进的装备。同时，还需要在任务不断变化的基础上，对智能机器人进行改进和应用，不断完善救援方案，从而更好地完成抢险救灾工作。

参考文献

[1]　王震. 智能机器人在抢险救灾中的应用 [J]. 防灾博览，2019，108（5）：68 - 71.
[2]　李昌昊. 智能机器人在电力设备故障诊断中的应用分析探讨 [J]. 科技风，2020，415（11）：196.
[3]　胡永攀，毛育文. 人工智能技术在救援机器人中的应用 [J]. 中国应急管理，2019（6）：52 - 54.
[4]　高攀，邱为，何书胜. 机器人消防显神威消防机器人助力消防员抢险救援工作完成险难任务 [J]. 广东安全生产，2019（3）：30 - 31.
[5]　程小刚. 智能机器人在核事故应急救援行动中的应用 [J]. 中国战略新兴产业，2019（10）：169.
[6]　裴曙光. 搜救机器人与互联网智能结合探析 [J]. 中国设备工程，2020，441（5）：47 - 49.

[原载《水利水电技术（中英文）》2022 年 S1 期]

河南暴雨灾害抢险后勤保障工作的几点思考

杨占坡

（中国安能集团第一工程局有限公司唐山分公司　河北唐山　063000）

【摘　要】 2021年7月中下旬河南遭遇罕见强暴雨，针对此次抢险救援中后勤保障工作繁重性、复杂性、多样性的特点，后勤保障部门紧密结合任务实际，以靠前配置、伴随保障为主，定点保障、随耗随补为辅的原则，围绕一线抢险人员基本要求，科学统筹、加强协调、主动作为、精细实施，完成了后勤保障任务。同时指出了后勤保障工作中存在的问题：预判不足，保障力量跟进弱；范围宽泛，后勤保障难度大等。

【关键词】 抢险；后勤保障；暴雨

0　引言

2021年7月中下旬河南省遭遇罕见强暴雨，造成郑州、新乡、鹤壁、卫辉等多个城市洪涝，贾鲁河、卫河、共产主义渠等多个河流发生超警戒洪水，部分堤坝出现管涌、滑坡、漫溢甚至决口险情，造成150个县（市、区）1616个乡镇1391.28万人受灾，全省累计转移安置147.08万人。按照国家防总、应急管理部的部署要求，中国安能从北京、唐山、南昌、武汉等20个方向，紧急抽调434人、149台（套）装备于7月21日9时54分抵达灾区，第一时间投入抗洪抢险。先后完成郑州市京广路隧道抽排水、新乡市牛厂村人员搜救、焦作市武陟县沁河东脱坡处置、鹤壁市浚县卫河河堤决口封堵等多项抢险任务，得到地方政府和当地群众的高度赞誉。任务的圆满完成离不开强有力的后勤保障，在连续奋战十余天的时间里，后勤保障部门，克服灾区停水停电、食宿紧张、物资缺乏等困难，采取着眼现场态势、精准科学保障、坚持深度融合、拓宽保障渠道、落实战备要求、加强现场管理等方式想方设法、齐心协力对鹤壁、新乡等方向抢险现场和前进指挥所共417人开展保障。在全力做好保障的同时，也遇到了许多新情况、新问题，值得反思。如何加强重大灾害事故现场后勤应急保障，充分发挥中国安能在抗灾救援中的作用，确保救援取得成功是需要认真研究解决的问题。

1　抢险现场后勤保障工作特点

（1）暴雨灾害预防具有地域性。随着天气预报技术的发展，暴雨灾害往往具有预见性，但受地域性影响，造成人们对暴雨灾害的重视程度不够。比如东南沿海地区每年都会经历台风和暴雨，往往暴雨灾害预防措施比较到位，但多年未发生过暴雨灾害的地区，人们对暴雨灾害的规模和影响预判不足，防范措施不到位，导致灾害发生后抢险救援所需要的装备器材、油料供应等不及时，救援很难在短时间内展开。此次河南抢险中，由于重视程度不够，物资储备不足且道路中断、停水停电等，后勤保障车辆和物资器材短时间内难以到位，制约了抢险工作的展开。

（2）后勤保障工作任务繁重。此次河南抢险是中国安能首次多工程局、多单位联合作战，抢险过程中还有消防、部队、政府、社会救援力量等不同参战力量协同作战，后勤保障工作不仅要做到自我保障，还要做到统筹兼顾，尤其是此次抢险在多个方向展开，但后勤保障人员有限，因此后勤保障工作任务繁重。

（3）保障需求多样具有复杂性。抢险工作后勤保障内容涉及人员食宿、装备油料、通信指挥、医疗救护、劳保被装以及基本生活物资等方面，尤其是此次河南抢险中突出的龙吸水、动力舟桥、流速侦测船等高精尖抢险装备后勤保障需求多样，具有复杂性。同时后勤保障工作的实施受现实条件约束较多，比如新乡抢险中，城市道路积水都在 1m 以上，驾驶员无法判断道路是否通畅，后勤保障物资难以送达现场。

2　抢险现场后勤保障工作方法

后勤保障部门紧密结合任务实际，按照"一切为了一线、一切服务一线"的目标，建立物资保障、装备器材、经费保障、日常服务 4 个小组，以靠前配置、伴随保障为主，定点保障、随耗随补为辅的原则，紧紧围绕一线抢险人员基本要求，科学统筹、加强协调，主动作为、精细实施，累计投入经费 63 余万元（不含设备租赁费），调拨采购各类物资 4700 件（套），油料约 4000L，发放药品 222 盒（件），为圆满完成任务提供了坚强支撑。

（1）着眼现场态势，精准科学保障。围绕"装、衣、食、住、行、医、修"的保障目标，积极筹措调配资源，精准实施保障，满足一线抢险需求。

1）建立保障机制。将兄弟单位和协作单位纳入保障范围，建立健全保障行动统一指挥、应急物资统一调拨的后勤指挥机制，实时调控各方向物资装备。坚持靠前保障、前后联动、互相配合、各负其职的保障原则，充分发挥一线保障小组的主观能动作用，强化前线后勤保障行动，确保保障快捷高效。

2）改善生活条件。采取地方保障和自我保障相结合，以热食为主、便携速食为辅的方式，联系协调政府和地方组织进行供应自热米饭 600 余份、面包火腿牛奶等物资若干。在保障人员力量不足的情况下，及时联系地方供货方，实现供货方送货保障，过程中累计保障住房 532 间次、洗澡 200 人次。特别是鹤壁方向，协调公安部门沿线关卡 20 余次，在道路限行情况下保障人员装备正常通行。

3）强化医疗保障。按照"保一线、抓防疫"要求，持续保持人员身心健康。就地紧急采购防暑降温、防疫消杀、防蚊驱虫、胃肠道类、呼吸道类、皮肤类药品 30 余种，现场各施工点巡诊 10 余次，处理各类疾患 20 余人次，发放藿香正气水 43 盒、风油精 88 支、金嗓子 35 盒、其他零星药品 26 盒、防疫消杀物资 30 瓶。

（2）坚持深度融合，拓宽保障渠道。加强多方支援配合，多路协同保障，形成保障合力。

1）强化装备协同。依据"大融合、大协同"保障机制，启动战略协作伙伴关系，积极与联指、当地政府、地方企业沟通对接，先后统筹调配推、挖、装等主战装备54台（套），照明设备4台（套），有效地发挥深度融合保障效能，极大地推进了抢险进程。

2）化解物资压力。落实"精心、精细、精准"要求，紧贴一线实际，购买排水管2400m、迷彩服600套、雨衣400套、作训鞋600双、水鞋400双、袜子600双、体能服600套、毛巾600条、内裤500条、背心400件，牛奶、面包、火腿、自热食品、矿泉水等给养物资500人份。协调当地捐赠物资救生衣100个、救生圈50个、雨衣300件、雨鞋110双、手电筒180个、袜子50双。

3）畅通油料供应。主动与中石化沟通对接，建立协作关系，调配油罐加油车1台、大小油桶2个，累计消耗油料4000余升，畅通油料保障渠道，确保了抢险装备24h持续运转。

（3）落实战备要求，加强现场管理。坚持"立体多维，全时全域"的保障体系，正规后勤保障秩序。

1）搞好通信保障。出动14名通信人员，3台通信车、8台卫星电话、5架无人机、2台无人侦测船、110部对讲机，前出焦作武陟县沁河、新乡卫辉、鹤壁新镇桥、郑州京广路南北隧道4个方向现场，圆满完成集团总部、基指、前指和抢险救援现场通信保障任务。

2）畅通联保机制。建立多方融合、高效联保的保障机制，构建以自我保障为主，地方社会资源为依托，整体联动、就近保障、相互支援的后勤应急保障网络。与当地抢险物资供应点、抢修服务点、中石化、疾控中心、人民医院等10余家单位企业建立联保联供机制。

3）加强教育鼓动。注重一线后勤人员战斗精神培育，发扬"人疲士不减，掉皮不掉队"的精神，喊出"保后勤就是保一线"的口号，后勤人员勇挑重担、善打硬仗、勇猛顽强。

3 抢险现场后勤保障工作存在的问题

（1）预判不足，保障力量跟进弱。救援人员从多个方向、不同地域前出一线参与抢险，投入的人员多、装备多。保障组在筹备过程中，对抢险态势预估不足，人员、装备、物资前瞻性、系统性不够，没有做好"打大仗"的准备，存在突击性、应付性做法，致使在抢险规模扩大过程中，人员不足、装备缺少、物资紧缺，一定程度上钳制了保障效益的发挥。如在卫辉市转移受困群众任务中，没能预先准备夜间照明设备，延缓了救援进度；沟通协调不力，导致午餐准备了双份，造成浪费。

（2）范围宽泛，后勤保障维度大。此次抗洪抢险，各单位统一保障，统筹协调难度较大。特别是随着抢险任务的持续深入，工作面不断扩大调整，人员不断增加补充，后勤保障围绕"衣、食、住、行、医、修"展开，涉及领域多、范围宽泛，新情况新问题不断涌现，吃饭住宿、设备抢修、油料供应、卫生防疫等保障任务加剧，加上一些保障的时间、地点、方式不确定性，致使个别抢险点夜间"无地可睡"、部分抢险人员"无衣可换"、少数抢险现场"无厕可用""无澡可洗"。

（3）任务敏感，社会关注程度高。此次抗洪抢险影响很大，各方关注。一线保障的

"小事"连着全局的"大事"，从人员住宿、设备租赁、物资采购到联指协同、物资领取、地方慰问、医疗救护都要与地方政府和各界人员打交道，社会接触面大，牵扯利益多，个别后勤人员在保障过程中不注重自身形象，对地方保障物资无计划无统筹，随意性较大，存在浪费现象。后勤保障一举一动都在老百姓眼里，也都在媒体的关注下，稍有疏忽，就可能造成重大影响。如个别抢险人员不按标准打菜，大鱼大肉，并且吃了不到 1/3，造成浪费和很坏的影响。

4 意见和建议

为保证中国安能处置各种灾害事故任务的顺利完成，必须全面建立组织网络化、服务系列化、反应快速化、信息数字化、运作规范化的后勤保障机制，确保在重大灾害事故现场后勤保障有序、及时和有效。

（1）统一指挥，密切协同。参与大规模抢险救援，参加单位多、各类人员多、保障层次多，后勤组织指挥复杂。为适应多方联合行动的要求，必须搞好后勤力量的最佳组合，谋求最大的保障效益。要建立健全后勤指挥机构，按照能级管理、分级负责的要求，充分发挥一线保障机构的主观能动作用，积极组织好内部后勤保障行动。加强内外联系，各方协同，协调一致地完成抢险保障任务。

（2）立足自我，争取支援。立足自我就是最大限度地依靠自身力量和保障资源对自身实施有效保障。执行任务前要根据任务需求和携运、运行标准备齐带足后勤装备物资，切实把自我保障的潜力用好用足，锤炼队伍保障能力。争取支援就是加强与地方政府和群众组织的协调沟通，在疏通供应渠道、筹措通用物资、提供宿营设施、保障水电气暖和装备检修维护等方面争取必要的支援。

（3）统筹全局，突出重点。统筹全局就是要始终维护全局、服从全局、服务全局，确保各级决心意图顺利实现；突出重点就是在整个后勤保障过程中，要分清主次和轻重缓急，始终把主要力量用在对全局具有决定意义的时机和方向上。大规模抢险任务后勤保障是一个动态复杂的过程，工作千头万绪，任务纷繁复杂，这就要求我们既要统筹兼顾、把握全局，又要立足现实、突出重点，不然保障工作就会顾此失彼，陷入被动。

（4）多法并举，灵活保障。在此次救援抢险中，抢险战场的多变性、保障对象的复杂性、保障任务的不确定性等，决定了后勤保障在组织指挥、保障力量使用、保障方式方法选择上，都不可能照搬固定模式，而必须随机应变，灵活处置。因此各级后勤指挥员必须学会因势而变、灵活保障，准确把握现场态势，灵活配置保障力量，巧妙运用保障方法，确保抢险队伍走到哪里就保障到哪里。

（原载于《人民黄河》2022 年 S1 期）

从河南"7·20"抗洪抢险看如何做好融媒体时代应急救援新闻宣传工作

廖志斌

（中国安能集团第一工程局有限公司唐山分公司　河北唐山　063000）

【摘　要】 中国安能作为自然灾害工程救援的"国家队"，肩负着维护人民生命财产安全的神圣职责使命，做好融媒体时代应急救援新闻宣传工作，既有助于帮助社会理解、支持应急救援工作，也可以通过这种形式，主动引导社会舆论，消除误解，化解矛盾。因此，在新的历史时期，研究应急救援新闻宣传工作的特点规律，下好"先手棋"，掌握主导权，占领主阵地，可为中国安能改革发展创造良好的社会舆论环境。

【关键词】 河南抢险；融媒体；应急救援；新闻宣传

0　引言

2021年7月河南多地出现超历史极值特大暴雨，城市内涝、河堤决口、村庄被淹等灾情发生后，中国安能坚决贯彻落实习近平总书记关于防汛救灾的重要指示精神，紧急调集434名救援骨干、149台（套）装备快速集结、千里驰援，持续奋战14天，圆满完成抢险救援任务。

此次灾情引起国内外媒体广泛关注，是转企后中国安能动用人员装备最多的一次抢险。在新闻宣传战线上，从集团公司到各工程局、分公司，各单位抽调骨干力量随救援队伍第一时间进入灾区，全程全速全面报道抢险救灾事迹。在各类新闻媒体发布中国安能河南抢险稿件14000余条，为抢占舆论宣传主阵地、反映中国安能作为自然灾害工程救援"国家队"的政治担当作出了重要贡献。从案例中研究融媒体时代应急救援新闻宣传工作的特点规律、方法对策，对抓好应急救援事业建设、提升应急救援单位品牌形象具有重要作用。

1　需明确的相关概念

1.1　融媒体

"融媒体"是充分利用媒介载体，把广播、电视、报纸等既有共同点，又存在互补性的不同媒体，在人力、内容、宣传等方面进行全面整合，实现"资源通融、内容兼融、宣传互融、利益共融"的新型媒体宣传理念。

1.2 应急救援

应急救援一般是指针对突发、具有破坏力的紧急事件采取预防、预备、响应和恢复的活动与计划，此类突发事件包括自然灾害、事故灾难、公共卫生事件和社会安全事件。根据中国安能职能任务，本文中的"应急救援"特指针对自然灾害遂行的工程救援任务。

1.3 中央厨房

"中央厨房"指融媒体新闻中心，将一线新闻宣传组收集的图、文、音视频等原始素材，通过"中央厨房"整合分类，制作出可直接向报纸杂志、微信公众号、抖音等线上线下新闻媒体平台推送的不同类型的新闻成品。

2 抓好融媒体时代应急救援新闻宣传工作的重大意义

突发自然灾害由于现场灾情的复杂性、自媒体平民化普泛化、公众的关注度、相关单位的协同、媒体新闻报道的角度、政府社会舆情引导情况等因素，使其应急救援新闻宣传工作在报道理念、信息采集、报道方式等方面都有更高的要求。一定意义上，应急救援中宣传工作是另一种战斗力的体现，是及时反映救援处置有效性、引导社会舆情、展现救援力量实力、体现政府社会治理能力的非常重要的一个渠道，对安定民心团结群众、巩固党的执政地位具有重要意义。

3 融媒体时代应急救援新闻宣传工作的特点

融媒体时代应急救援新闻宣传工作的特点主要体现在四个字"急、难、险、重"。

"急"主要指应急救援类新闻事件，往往事发突然，要求新闻宣传力量前置一线急、信息收集急、稿件采写急、新闻发布急。

"难"主要指因自然灾害突发，第一时间准确获取灾情信息难、快速反应研判形势策划宣传难、短时间内收集素材采写新闻难。

"险"主要指在应急救援新闻素材收集必须在现场、在一线，不同类别的灾害，新闻宣传工作者自身要面临一定程度的安全风险。

"重"主要指对应急救援类新闻宣传工作的要求，政治站位要高、维护社会稳定的大局意识要强、舆情宣传的导向要准，在短时间内实现多角度、全方位报道的任务很重。

4 存在的重点难点问题

时效性是新闻宣传工作的生命线。抓好应急救援新闻宣传工作最重要也最难的就是做到以下几个"第一时间"。

4.1 第一时间获取信息

新闻信息，也称新闻线索、报道线索，是已经或将要发生的新闻事实的简要信息，它可以给新闻宣传工作者提供感知事物的前提和基础，并指明采访的大致方向和范围。可以说，获取新闻信息是新闻宣传采写工作的第一步。有了信息，新闻宣传工作者才能做到有的放矢，从而写出新闻作品；没有信息，文笔再好的新闻宣传工作者，也是英雄无用武之地。如何确切捕捉应急救援新闻信息、广开线索来源是抓好应急救援新闻宣传工作的重要前提。

4.2 第一时间把握方向

应急救援任务本身针对的便是不同类别的自然灾害，所产生的灾情程度、社会影响都有不同。作为党领导下的中央企业、救援力量，新闻宣传工作如何准确理解把握上级关于新闻宣传工作的指示要求，紧跟党的步伐、传播党的声音、维护党的形象，做到"讲政治、讲大局"，是做好应急救援新闻宣传工作的头等大事。

4.3 第一时间建立组织

执行应急救援新闻宣传任务通常是若干个救援单位一同参与，在河南抢险救援中，仅中国安能内部，从集团公司到各工程局、各分公司，单位都达十余个，且各新闻宣传工作组随救援任务变化分布在郑州、新乡、鹤壁等多地。如何在宣传力量高度分散的情况下，使新闻宣传工作有效形成合力，确保及时高效，第一时间建立明确的新闻宣传工作组织机构就成为当务之急。

4.4 第一时间策划宣传

凡是预测立，不预则废。自然灾情类型不同，执行的应急救援任务特点也不同，如何快速搞好宣传策划工作，针对不同类别的应急救援任务，厘清什么时间段以什么类型的宣传内容宣传形式为主，不同的宣传内容宣传形式又由谁来落实什么时候落实，是新闻宣传"中央厨房"的重要任务。

4.5 第一时间采写编辑

从应急救援现场采集汇聚的各类信息，要经"中央厨房"快速加工，针对报刊、广播、网站等不同媒体平台，采写编辑成以人文、事件等不同内容为重点的图文、音视频等各类新闻成品。如何做到快速高效出精品，是保证新闻宣传质量要解决的主要问题。

4.6 第一时间发布新闻

新闻发布是最后一环，扩大和畅通新闻发布渠道，打通应急救援新闻宣传工作"最后一公里"，是实现新闻宣传效果的重要手段。及时性、准确性是该阶段工作的主要要求，易出现的问题是与地方新闻单位协同作业效果不及时不明显。这需要各单位与各融媒体平台平时加强联系合作，任务中做好信息共享和协助保障。

5 解决的方法对策

贯彻落实习近平总书记在党的新闻舆论工作座谈会上发表的重要讲话精神和关于推动媒体融合发展系列重要论述，紧跟新时代融媒体发展步伐，把握应急救援新闻宣传特点规律，采取针对性措施，实现新闻价值和宣传效果。

5.1 建立健全救援信息共享机制

作为应急管理部自然灾害工程应急救援中心，中国安能纳入国家防汛抗旱总指挥部成员单位。下属各单位也已纳入各省级防汛抗旱指挥部成员单位，各单位应急救援事业部是最能"第一时间"获取灾情及救援信息的主责部门。要做好应急救援新闻宣传，第一步就是宣传部门要和应急救援事业部建立信息共享机制，及时准确掌握灾情动态和救援情况。此外，在与政府及外单位宣传部门联系合作时，了解掌握相关灾情及救援信息线索，便于评估事态早做策划。还要善于从网络报纸中"淘"线索、从会议文件中"抓"线索、深入救援一线"挖"线索。在2021年河南抢险中，中国安能新闻宣传工作组抵达郑州后，便立即前往河南省应急厅与宣传处对接，掌握了宣传口径和要求，也从官方渠道获取了新闻资源，为抓好救援宣传工作把准了方向、赢得了主动。

5.2 加快构建新闻宣传矩阵平台

顺应融媒体时代要求，跨部门、跨媒体、跨地域、跨专业组建融媒体新闻宣传中心，建立新闻发言人制度，将报纸、网站、客户端、微博微信等媒体资源整合，形成外宣矩阵平台。遇有应急救援任务，随时抽组骨干力量进行整合，建立"前进指挥所政工组—新闻宣传'中央厨房'—若干采访小组"锥形新闻宣传组织架构，如同一支小战斗队，既讲战术又有战法，既有灵活度又有针对性，还能确保各级新闻宣传"同一个声音、同一个频率"。当前，中国安能已建立以微信公众号、抖音、快手、视频号、BiliBili为主要平台的"中国安能——水电铁军"外宣矩阵，加快推进"中央厨房"式融媒体中心建设，进一步强化了企业新闻宣传效能，扩大了中国安能知名度和影响力，也必将在今后的应急救援新闻宣传中彰显更大作为。

5.3 改进创新新闻宣传方法形式

（1）转变观念主动接受机遇挑战。融媒体时代倒逼应急救援单位改变过去新闻宣传观念。截至2021年6月，我国网民规模为10.11亿人。当今，传统新闻媒介不再具有绝对性、权威性，互联网媒体以及个体直播平台跃升为信息传播的主渠道。要求新闻宣传工作必须主动接受新时代给予新闻宣传的机遇和挑战，充分发挥融媒体时代带来的新闻的高效便捷传播。

（2）改进形式主动顺应受众需求。新时代下快节奏碎片化的微信息制作传播成为新闻发布的主流，人们往往可以在几分钟甚至几秒内了解远隔千里万里的新闻事件，这也要求应急救援新闻宣传要改变从前以大篇幅主题报告为主的格局，转为以制作转播小短讯、小视频等应急救援微新闻为主的报道方式。新闻宣传工作者现场采访时，将手机、录音笔和数码相机等采访设备同时携带，即时采写报道，既确保新闻稿件原创性，还能实现"短、平、快"的目标。这次河南郑州排涝，前期大部分媒体和救援队伍因道路阻塞、交通中断被困在城外，郑州几乎全城停电断网。中国安能新闻报道员一边拍摄、一边同期声介绍情况，拍摄的"郑州京广路隧道开始抽排水"及"隧道道路露出见底"等新闻都是第一手"独家素材"。

（3）善用平台主动作为勇于创新。要善于借助新媒体开展丰富多元的宣传形式。过去，一个新闻事件一般采用图文结合的通讯报道。现在，同一个新闻事件，站在不同的角度、采用不同形式，可以通过报纸杂志、网络新闻和直播平台等不同窗口，采取消息、事件通讯、人物特写和直播视频、剪辑短视频等多种形式呈现，实现应急救援新闻宣传多元化立体化。例如在反映中国安能新乡转移受灾群众的新闻事件中，《人民日报》官方公众号推出的《新乡告急，救援航母来了》单条报道，阅读量高达1.7亿次；并在其官方抖音号发布《这一幕太震撼！"救援界航母"转移新乡千余被困村民》，点赞586万次，创造了中国安能应急救援新闻宣传的新高度。

5.4 注重扩展新闻宣传外联板块

要提升应急救援新闻宣传影响力，单靠单位内部或一两个新闻平台，难以取得较大效果。平时必须注重加强与央视、各省市级等主流媒体的联系对接，形成合作机制，宜采取集团公司负责国家级、各工程局负责省级、各分公司负责地市级的形式分层级对接，日常可采取党建联建、业务合作等方式密切联系。遂行重大应急救援任务时，主动联络央视媒体、走访应急救援任务地域省市宣传部门，通过建立微信群等方式建立新闻宣传合作机制，实现应急救援新闻信息共采共享，有助于扩大应急救援新闻宣传效果。这次河南抢险新闻宣传中，中央电视台直播连线4次，《新闻联播》连续3天报道中国安能抢险情况。应急管理部和国务院国资委官网、"国资小新"、抖音、视频号等平台连续几天策划播发，中纪委官网、《参考消息》等央媒专题刊发中国安能的报道。央广网、中国青年报刊发新闻特写、抢险纪实等深度报道，《中国电力报》头版刊发长篇报道《抗洪抢险，你永远可以相信中国安能》。河南省郑州、新乡等地方媒体全程密集报道。

5.5 着力加强新闻宣传队伍建设

新闻宣传队伍建设，重在平时、建在平时。

（1）要纠正"新闻宣传只是某个部门的事"的错误认识，在各层级、各单位选定宣传骨干，构建起横向到边、纵向到底的新闻宣传队伍。

（2）要加强培训轮训。通过每年组织新闻宣传骨干培训、抽调下级单位新闻骨干定期轮训、抽组人员救援任务宣传实践、参加新闻宣传工作交流活动等形式提升新闻宣传人员采写编辑能力和对外交流沟通能力。

（3）要配备采编"利器"。历次应急救援新闻宣传实践表明高清摄像手机、平板式办公电脑等便携设备比单反、摄录一体机等专业采访设备更适合应急救援新闻宣传需求。根据任务分工，为不同类型现场新闻宣传工作者配备便携式采编设备将会如虎添翼。

（4）要善于发动群众。在执行应急救援时，通过骨干宣传引导，一方面让全员掌握上级要求的对外宣传纪律，另一方面要鼓励大家"个个争当报道员"。让新闻宣传工作走群众路线，使其焕发出生机活力。在河南抢险中，许多在一线执行任务的救援队员，手机中的照片、视频便成为"中央厨房"制作宣传视频的宝贵素材。

6 结语

新闻宣传工作在各类应急救援任务工作中占据着重要位置、发挥着重要作用，对及时反映应急救援进展、展现救援队伍实力、维护社会稳定具有重大意义。笔者结合自身参加河南特大暴雨抢险救援新闻宣传工作经历，从把握应急救援新闻宣传工作"急、难、险、重"4个特点，以及获取信息、把握方向、建立组织、策划宣传、采写编辑、发布新闻6个方面做到"第一时间"的重难点进行分析，梳理总结出建立健全救援信息共享机制、加快构建新闻宣传矩阵平台、改进创新新闻宣传方法形式、注重扩展新闻宣传外联板块、着力加强新闻宣传队伍建设5个方面的方法对策，目的是厘清掌握融媒体时代应急救援新闻宣传工作特点规律，实现新闻宣传工作高质量发展，为我国应急救援事业贡献一份力量。

参考文献

[1] 宋建武，王枢. 论全媒体传播体系的技术逻辑 [J]. 新闻与写作，2021（9）：39-45.

[2] 曾一果，李蓓蕾. 破壁：媒体融合下视频节目的"文化出圈"——以河南卫视《唐宫夜宴》系列节

目为例[J]. 新闻与写作，2021（6）：30 - 35.

[3] 王钰. 以"智媒"催化融合质变——专访四川日报报业集团党委副书记、总编辑李鹏[J]. 新闻与写作，2021（8）：93 - 96.

[4] 马春. 国有企业必须重视党建工作[J]. 企业党建，2021（5）：34 - 35.

[5] 杨旦. 全媒体时代创新国企党建工作[J]. 企业党建，2021（6）：8 - 9.

[6] 廖洪辉. 以新发展理念引领国企党建工作[J]. 企业党建，2021（6）：12 - 13.

防汛抢险技术改进措施研究

王维伟　叶飞

（中国安能集团第一工程局有限公司合肥分公司　安徽合肥　231100）

【摘　要】　在发生洪涝灾害以后，防汛抢险技术在保障人民群众生命财产方面发挥着极其重要的作用。但随着科技的快速进步以及社会经济的急速发展，采用原有的技术手段难以满足现代防汛抢险需要，因此就需要在原有基础上不断改进和完善。此外，也需要加大新技术新装备的推广力度，在提高防洪抢险科技含量的同时，能有效控制险情，降低人力资源投入力度并提高抢险成功概率。

【关键词】　科技装备；抢险救援；险情处置

0　引言

我国位于世界环太平洋灾害带、北半球中纬度灾害带两大自然灾害带的交汇处，地貌类型复杂多样，季风气候不稳定，气候多变，旱涝灾害频繁，是世界上自然灾害最严重的国家之一。尤其是中部的长江中下游地区，受暴雨、洪涝、风暴潮影响，水文灾害较为严重。随着时代的发展以及城市化进程的不断推进，部分区域一旦发生大型洪涝灾害，若继续沿用传统的防汛抢险方法进行处置，无论在功效上还是在成功率上都会存在很多不足，甚至还会产生不可估量的经济损失以及人员伤亡。因此，需要对抢险技术进行不断改进和完善，加大新装备的投入和利用，提高抢险效率，降低灾害损失。2021年河南省遭受罕见的特大强暴雨灾害，总共有150个县（市、区）1163个乡镇1478.6万人受灾，在这次防御大洪水的过程当中，大量新投入使用的现代科技装备发挥了极其重要的作用。

1　汛期常见险情处置方法

1.1　渗水险情处置

堤身渗水是出险的先兆，若堤坝背水坡出现散浸，应先查明发生渗水的原因和险情的程度。如浸水时间不长而且渗出的是清水，应及时导渗，并加强观察，注意险情变化；若渗水严重或已开始渗出浑水，则必须迅速防治管涌，防止险情扩大。查漏是防汛最普遍的基础工作。渗漏早发现，早处理，可防止滑坡、管涌等大险发生，防患于未然[1]。

（1）临水截渗。此法通过增加阻水层，可减小渗水量，降低浸润线，达到控制渗水险情和稳定堤坝的目的。此法可分为黏土前戗截渗、桩柳（土袋）前戗截渗、土工膜截渗三种方法。

（2）反滤导渗沟。此法适用于背水坡大面积严重渗水，主要是在背水坡开挖导渗沟，并在沟内铺设反滤料，使渗水集中在沟内排出，同时以降低浸润线，使堤背坡面趋于稳定，同时避免带出土粒，扩大出水孔道。

（3）反滤层法。对于透水性强的堤坝，在反滤料源丰富、断面较小或土体过于稀软不宜做导渗沟时，可采用反滤层法抢护。此法主要是在渗水坡上满铺反滤层，使渗水排出。根据所用反滤材料不同，具体方法有沙石反滤层、梢料反滤层、土工织物反滤层。

（4）透水后戗法。这种方法又称透水压浸台法。一般适用于断面单薄，坡面渗水严重，滩地窄狭，背水坡较陡，或背水坡脚有潭坑、池塘的堤段。主要抢护方法有沙土后戗、梢土后戗等。

1.2 管涌险情处置

通常先抛石筑围消刹水势，再做滤体导水抑沙，一般在背水面处置。因管涌已快速破坏堤身，因此必须急抛石（块石、混合粗卵石）以杀水势，速堆反滤体阻土粒流出。

（1）混合砂卵石反滤堆。对严重的管涌先抛砖、渣、块石等填塞，堵住急流和水柱，同时速运混合砂卵石，堆筑反滤堆。堆体的范围为管涌口径的十倍左右，直径几米至十几米，堆体厚度（高度）一般几米，以制住土颗粒大量涌出为宜。用沙石堆反压治管涌不能像盖瓶口那样一下塞死，施工既要快速，又要逐步进行，抛块石以杀高水势，堆卵石、粗沙以缓流速，压细沙以止土出。一次堵得过死，往往容易改换出口。

（2）月堤蓄水反压。在堤坝出险外围抢筑月堤，拦蓄涌水，抬高水位，用水反压制止沙出。实际实施过程往往是筑反滤堆和蓄水反压相结合。

（3）临水面截流。若管涌是堤身孔洞所至，可以在临水坡用防水土工织布覆盖，上面再加土袋压盖。

1.3 裂缝险情处置

处理裂缝要先判明成因。属于滑动性或坍塌性裂缝，应先从处理滑坡和坍塌着手，否则达不到预期效果。如仅系表面裂缝，应堵塞缝口，以免雨水进入。横向裂缝多产生在堤端和堤段搭接处，如已横贯堤坝，水流易于穿越、冲刷扩宽，甚至形成决口，如部分横穿，也因缩短了浸径，浸润线抬高，使渗水加重，造成堤坝破坏。因此，对于横向裂缝，不论是否贯穿，均应迅速处理。主要处置方法有灌堵裂缝、开挖回填、横墙隔断等。

1.4 漏洞险情处置

在抢护时应首先在临水侧找到漏洞进水口，及时堵塞，截断水源；同时在背水侧漏洞出水口采取滤水的措施，制止土壤流失，防止险情扩大。切忌在背水用不透水料物强塞硬堵，以免造成更大灾情。

（1）临水截堵：主要方法有塞堵法、盖堵法。出水明显时用塞堵法，漏洞进口部位不明显时，可采用土工膜或篷布盖堵法，或两者兼用。

（2）背水导滤：主要方法有反滤围井、土工织物反滤导渗体。反滤围井法适用于坝坡尚未软化，出口在坡脚附近，坝坡已被浸水软化的不能采用。

（3）抽槽截洞：抽槽截洞，是处理穿透堤坝漏洞的措施之一。浑水漏洞经过内围反滤处理后，可以考虑在堤坝顶槽截断漏洞，挖深以不超过 2m 为宜。

1.5　漫溢险情处置

采取相应措施，提高堤坝泄洪蓄洪能力，确保大坝安全。

（1）利用上游水库或另外蓄洪区（池）进行调度调蓄。汛期来临前，堤坝管理部门要根据气象部门信息，将堤坝库容调节至汛期限制水位以下，腾空库容，有效滞洪。蓄洪区（池）是具有蓄洪功能的一定区域，当洪水出现漫溢险情时，为保住堤坝，将洪水通过渠道引至蓄洪区，减少堤坝洪水上涨压力，确保堤坝安全。

（2）采取临时性分洪、行洪措施，将洪水进行泄流。如：扩大原有溢洪道，提高宣泄能力，主要是加宽、加深溢洪道；修建非常溢洪道或分级泄洪。

（3）采取加高大坝的工程措施，提高堤防洪能力。主要是修筑子堤或修建防浪墙，加大水库的滞洪库容。坝顶有挡浪墙时，将其杂草松土清除，并回填黏土加密防漏，在墙后用土袋或沙石袋加宽，最好在墙内侧和加叠土沙袋之间铺防渗膜或黏土（厚0.1～0.3m）防渗。若坝顶无挡浪墙时修筑修子堤，子堤设坝顶迎水面坝肩，清除杂草松土、平整夯实，一般子堤高1.5～2m，底宽2～2.5m，顶宽0.5m，内外两侧用沙石袋叠砌，中间设薄膜和填黏土防渗漏。子堤种类主要有纯土子堤（埝）、土袋子堤（埝）、桩柳（木板）子堤（埝）、砂卵石袋子堤等。抢筑子堤务必做到全线进行，保证质量，经得起洪水考验。

（4）大坝铺膜溢洪。在扩大溢洪道困难，仅加高大坝也难于避免溢坝情况下，用土工布铺设大坝顶和泄水坡面，临时泄洪。这种办法需注意：溢洪段选在大坝坚固部位，先清除坝面杂树碎石以免刺破薄膜；所用土工布厚3mm以上，无破损，无老化，若没有专用膜，采用农用膜，需铺多层；底部铺膜后，两侧叠沙袋做子堤；两侧防漏水防浸溢；泄槽末端设消能设施，不能掏冲坝脚。

1.6　崩塌险情处置

主要方法有缓流消浪、护石固基、提高坡面抗冲刷能力。

（1）缓流消浪。①挂柳挂枕。选拔枝繁叶茂的柳树头，根部系在堤防顶部木桩上，在树梢枝叉上捆轧石块，顺坡推入水中，也可将柳树头的根部挂上大石块或砂石袋，用船将其由下游向上游，由深到浅依次抛沉。竹木排防浪。②风浪较大的江河湖泊及水库常将竹、木材分层叠扎成排，厚度一般为0.2～0.3m。较小的排体，可拴在堤坝面的木桩上，随水位涨落松紧绳缆，同时排下附以石块中砂石袋以稳定和调整排位。

（2）护石固基。护石固基最常用的是散抛块石。运石船按险情要求定位，一般抛法是由远及近抛投，要求抛准、抛平、抛匀。抛石直径与水流缓急有关，一般为0.2～0.4m。抛投船应在抢护点上涨10～20m，使抛石随水流下移沉于抢护点。对于水深流急之处，可用铅丝笼、土工编织袋、竹笼、柳条笼装石抛投。

（3）提高坡面抗冲能力。①土工织物防冲。土工膜布防冲，施工快捷方便，已得到广泛使用。具体做法是：先将坡面陡坎稍加平整清理，把拼接好的膜布展开铺在坡面上，膜布高出洪水位1.5～2.0m，四周用平头钉钉牢。平头钉由20cm见方、厚0.5cm、粗1.2cm钢筋制成。平头钉行距约1.0m，排距约2.0m。若制作平头钉有困难，可在膜布上压盖预制混凝土块或石袋。②土袋防冲。用土工编织袋、草袋、麻袋装土、沙或碎砖石八成满后缝好袋口，放在受冲刷的坡面上，袋口向内，依次错缝叠压，直砌到超出浪高处。若堤坝临水坡过陡，可在最下一层土袋前打一排长约1.0m的木桩，以阻止土袋向下滑动。土袋抗冲能力强，施工简单迅速，因此使用甚广。

1.7 决口险情处置

在堤坝尚未完全溃决或决口时间不长时，可用体积物料抢堵。若堤坝已经溃决，首先在口门两边抢做裹头，及时采取保护措施，防止口门口扩大。

封堵方法有多种。传统方法有平堵、立堵、混合堵三种。随着科学技术的发展，新设备、新工艺、新材料不断创新，封堵的方法越来越先进。有土木石组合坝封堵技术、沉箱封堵技术、铁菱角封堵技术等。采取哪种方法要根据口门过流量、水位差、地形、地质、材料供应等条件综合选定。注意事项有封堵材料应尽量做到就地取材，运输方便，供应充足。进占方式可根据现场地形，采取单向进占，双向进占方式，具备条件情况下尽量采取双向进占方式，提高封堵效率。

2 传统防汛抢险存在的不足

2.1 抢险材料无法满足现实需求

虽然我国在治理洪涝灾害方面积累了大量的经验和技术，但这些传统的宝贵方法容易导致人们因循守旧照着传统模式展开治理，落后的思想观念无法跟随时代的发展，具备严重的依赖性，同时创新意识较差，对于新材料和新机械的推广不以为意。另外，也要看到在新材料不断涌现的今天，一些较为传统且有用的抢险料物在大幅地减少或者不存在。比如传统的草捆、用铁锅塞堵漏洞的方法到现在已无法实施了。在 20 世纪 80—90 年代，曾使用的捆抛柳石枕、柳石楼厢技术开始被逐渐抛弃，在部分地区常用备料物中的麻袋多数已超出了使用年限，且采购成本在逐年上涨，不仅笨重也耗时费力，难以满足当前现代化防汛抢险工作之所需，如今已被新型塑料编织袋所取代。

2.2 抢险机械少

由于受到传统思想的束缚，导致全国各地很多地区的防洪办工作管理人员，对于抢险的方法，仍然采用传统的技术方案，并没有及时了解到在全国各地区来自于国际上的新型技术装备和方法。这种保守残缺的思想理念，严重阻碍机械化抢险推广，导致现阶段部分地区在挖掘机、自卸机、装载机的配备方面有所不足，主要还以人工抢险为主，大型机械设备只能间接参与，并且次数也比较低，整体的利用效率并不很高。

3 改进措施及成效

3.1 掌握更多更新的技术

综合世界各发达国家抢险救援技术装备的建设和发展情况分析，主要特点是种类齐全、数量足、功能齐全、性能可靠、技术先进等方面。在以美国、日本、俄罗斯等为代表的国家中，其融合各类高科技的应急抢险装置层出不穷。如美国在应急医疗方面，所有最新的医疗技术都能够很快地在灾害现场得到应用，所有装置都能实现托盘空运，远程机动性强，基本实现应急医疗设备的模块化、小型化和机动化。日本作为一个地震灾害频发的国家，其整个应急救援体系和应急救援设备在最前沿的科技技术支撑下建设都非常完善，可实现空中医疗救援和地面野战医疗救援协同进行，同时，大量的空中直升机和地面救护车、抢险通信车、工程保障车等一应俱全，形成空地一体的应急抢险保障体系。国内抢险救援装备需要融合更多更新的科学技术。比如声波/振动收索仪、光学生命探测仪等。我们更应该在基于纳米防火涂层和新材料复合工艺，研制出阻燃、耐腐、防毒性较好的新型防护服；结合人体工程美学理念，设计安全、轻质、舒适的头盔；运用人体智能降温技术，研发耐高温、高热装备，为救援人员提供实时的体温监测、能量补给装备系统。根据历次救援经验，我们不难发现灾情的评估、指挥决策以及废墟周边的安全状态监测和预警，都高度依赖现场声像、环境参数等信息的快速获取和传输技术。救援队伍掌握集信息获取、灾情评估、周边环境监测与预警、救援指挥等于一体的技术系统，并结合低空飞行系统进行影像采集，能够为方案的制订、装备的配置优化、环境安全监测以及精细化救援工作的展开提供强有力的技术支撑和保障。

3.2 及时更新应用新材料

按照传统方法，相关单位需要做好相应防汛物资的储备工作。这种模式由于存在较高的管理成本，同时还需要承担物品在到期以后报废的更新费用，从经济角度来看属于极大浪费。因此采用社会储备方式可以通过与周边厂商签订相应的协议，由当地的防汛部门支付一定数额的资金，生产厂家按照合同的要求保存合同内规定的库存量。相关部门需定期及时检查防汛物资储存的品种数量否有误，确保在需要之时能否及时运送到位。采用这种方法的基础在于，强大的网络系统和完善的公路运输工况。这些也为防汛抢险物资的社会储存打下坚实的基础，不仅有利于保证防汛物资能够得到及时供应，同时也降低了仓储损失。对传统险情抢护方法的改进，还需要结合新材料的应用，比如可以将土工膜制成卷帘的形式，这样就能够完全代替秸秆草捆。

3.3 注重新抢险设备的运用

2021年河南洪涝灾害大量的新设备和新技术得到广泛应用，首先在灾情上配备了无人侦察机以及无人侦测船，在提高对于周边险情掌握的同时也降低人力资源的使用，对于决口地区水文状况有较为详细的了解，为接下来的科学制订方案提供了充足的数据支撑。在郑州京广路隧道排涝当中，由于滞留车辆数量比较多，水下的情况也比较复杂。为能尽可能地摸清隧道实际情况，就采用了当前新型的子母式龙吸水作业，不仅排水工作效率增加，每小时可超 $5000m^3$，同时工作人员也可以通过遥控形式将子车推送到抽排地点，大幅度提高了整体的工作效率，同时可以保障救援人员的安全。在此次洪涝灾害当中，相关工作人员也尽可能地发挥现有设施的最大利用效率。因此，在抗洪抢险现场出现令人称奇的"救援航母"，将 3 个河中舟与 1 个岸边舟并排拼装，与其他的救援设施协同使用，花费 4h 解救 1400 多名受困群众。在救援现场，指挥中心通过云计算卫星通信、北斗定位系统，以及无人机数据中心实现全天候 24h 不间断的数据传输，实现了基层指挥与抢险现场的实时联动。

3.4 实现防汛抢险的机械化作业

大型机械设备抢险具备"效率高、工程量大、抢险快"的特点，比如挖掘机不仅能装同时也能够利用自身场地的特点，可以将巨石或者满载石料的车辆推入缺口，也可以将停留在坝坡的机体推入河道当中。在抢险当中，各种机械的设备应用要考虑其实际环境，有助于降低人力的投入，提高整体的抢险效率。在京广路隧道抢险中，根据京广路隧道内部存在内涝的特点，总共安排 22 台（套）抽排水设备，在最短的时间内完成 500 万 m^3 的紧急抽排水任务。总而言之，要根据抢险需要和路况的实际要求合理的搭配机械，这样才能够有效节约人力、物力和财力，能够以最快速度控制险情，因此这就要求相关抢险人员不仅需要掌握各类机械设备的性能，同时也需要掌握其最佳的匹配效能，在使用过程中不断总结经验、创新思维，才能满足不同环境和条件下的抢险施工要求，使得大型机械设备发挥出更好的作用。

3.5 及时更新抢险工器具

在此次郑州抗洪抢险当中，有不少地区的防汛部门的仓库存放老旧的煤油灯以及嘎石灯，显然这样的器具无法满足现代抗洪之所需。虽然也配备了高效能的充电灯用于巡堤查险，但这样的器具存在管理成本高寿命短的缺点。此外，还有部分人员所携带的随身工具料物过于陈旧，导致检验效率低下效果差。另外，由于防汛照明车数量少，无法满足当前抢险之所需，就需要及时了解和掌握新器具的推广以及应用。在此次河南洪涝灾害中，卫星天线 T900 满足应急车辆在移动条件下的通信需求，车顶云台摄像机可以设定自动巡航，在夜晚也能够拍出高清图像，因此有必要及时更新防汛抢险工器具。在夜间相应的照明灯具需要配齐配全才能有效保证夜间作业的安全，有助于加强现场安全检查和巡视。

4 结语

时代在不断的发展，尤其在科技不断进步的今天，传统的救援方法和技术装备已经无法满足当前的抢险救援任务需要。我们必须保持在技术装备上的与时俱进，确保在救援行动中尽可能最大限度地使用最新的科技装备，从而减少人民群众的生命和财产损失。

参考文献

[1] 由淑明. 水利水电设施险情处置研究与实践 [J]. 水利水电技术（中英文），2021, 52 (S1)：214 - 219.
[2] 朱邓平. 论新技术新装备在抢险救援中的重要性 [J]. 经济与社会发展研究，2020 (17)：1.
[3] 周园园，邵飞，高岳. 起重船在抢险救援行动中的应用技术研究 [J]. 科技创新与应用，2021, 11 (24)：6.
[4] 郭学东. 消防大型破拆机械在抢险救援现场的用途与应用 [C]. 中国消防协会，2016.

浅谈城市轨道交通应急救援体系建设

叶浩然

(中国安能集团第一工程局有限公司合肥分公司　安徽合肥　231100)

【摘　要】　随着现代化城市的发展，轨道交通已经成为广大市民出行的重要选择之一。无论是建设过程中，还是正式运行后，建立能够应对各种突发事件的应急救援体系是非常必要的、不可或缺的。河南"7·20"特大暴雨引发郑州地铁5号线海滩寺站到沙口站隧道内出现积水，列车停驶，众多乘客被困，十分惊险。这次灾害的发生，就给我们城市轨道交通应急救援体系建设敲响了警钟。因此，建立一个科学合理的应急救援体系，具有重要的意义和作用。

【关键词】　轨道交通；应急救援；体系建设

0　引言

轨道交通作为一种新型交通工具，具有运输能力、便捷性、安全性、可靠性、及时性、节能性、环保性以及土地利用价值等优点，是缓解大中型城市交通混乱的最有效途径之一的无污染交通，是提高道路安全的重要交通工具。近年来，城市轨道交通的快速发展，已经是现代化大城市的一个象征和标志，同时，也是滋生最为复杂、最为严重、最为危险突发事件的一种环境。如 2021 年 7 月 20 日郑州持续遭遇极端特大暴雨，致地铁 5 号线发生严重积水，一列列车被洪水围困。经过 3h 生死时刻的应急救援，最终 500 多名乘客脱困，14 名乘客不幸遇难。为降低类似突发事件的发生频率，我们须对城市轨道交通的各种危害事件的种类和特点进行分析，借鉴国外经验教训，对我国应急救援体系建设查缺补漏、优化升级，确保灾害发生时，能进一步加快疏散救援进度，将人员损失和物资损失降低到最小。

1　国内外轨道交通应急救援发展现状

国外轨道交通建设起步较早，第一条地铁于 1863 年在伦敦建成通车。后续美国等国家也陆续开通地铁。同时也潜藏着危机，国外有许多学者对危机管理有着深入的理解。西方国家手中掌握着非常强大的研究力量，眼界广阔，资源繁多，但是理论研究资料并不多，更多的是对于事件本身的研究，这就造成了只是层面的缺乏。例如美国经历过"911"之后，吸取了教训，通过调查世界各地的突发事件，研究各地的应急管理方式，在救援、减少灾害损失等多方面更上一层楼，研究队伍日益壮大。而在东亚，日本阪神地震结束后，2001 年设立危机管理总监，来进行调配救援措施方案，改变了单一领导的管理方法，从而加大了对救援行动的进度，在体系上做出了大更改。

我国的应急管理研究经历了初期、中期发展迅速、整体上升新高度三个阶段。唐山大地震、1998 年特大洪水等自然灾害的发生，让学术界对于防灾减灾的研究更为深入，使应急救援变得尤为重要。不过由于我国的城市轨道交通起步比较晚，相关研究方面相比于国外来说还是比较缺乏的。虽然目前已有较多城市建立了城市应急救援管理体系，如深圳紧急事务管理体系、上海城市综合减灾体系等，但都重在分析突发事件会对我国交通产生影响如何、造成的损失如何、能否将救援能力发挥到最大等方面，在方案的可操作性和执行力的提升方面仍有很大的修补、改进空间。

2 轨道交通应急救援困难点及影响因素

2.1 应急救援的困难点

城市轨道交通应急救援管理工作有以下几个困难点。

（1）涉及部门多，统筹指挥难。城市轨道交通应急救援过程中，涉及很多部门，具体操作岗位具有不同的专业要求，需要工程工务、信号、列车控制、运营指挥的控制与协调等部门的专业人员的专业合作才能实施。

（2）应急专业强，程序要求严。突发事件的发生，往往具有可预见性。各种灾害的应急救援，不仅对基本理论和基本技能有要求，更重要的是预防、预警、预判。例如，2021年 7 月河南气象部门在发生洪水倒灌地铁 5 号线之前，曾多频次发布气象预警，但由于相关部门对不同因素所产生的突发事件没有做出全面性的思考和分析判断。在极端暴雨天气下，综合分析其重点因素不够，没有从根本上制定并采取措施。同时，由于应急响应不够规范，不能贸然作出决策，人为随意采取措施，影响正常交通运营，造成经济损失和社会稳定。

（3）封闭性较高，救援难度大。轨道交通大多处于锁闭或半锁闭空间，一旦遭遇突发事件，特别是地下区域时段，水灾所带来的灾害往往是全覆盖式。相对而言，由于水灾的形成需要一定的时间过程，在这个过程中，如果采取应急救援措施，将能够有效规避人员伤亡发生。但如果在淹没封闭空间之前，未采取相应的应急救援措施，带来的则是灾难性结果，救援的难度也是非常巨大。

2.2 应急救援的影响因素

城市轨道交通应急救援管理工作有以下几个影响因素。

（1）人员因素。人员因素是指涉及城市轨道交通应急管理的多种参与者，包括轨道交通运营部分的应急工作人员、管理人员、乘客等。其中涉及的参与主体则担当着应急救援方案的制定者、执行者角色，所以人员因素将会变得非常重要。当发生突发事件时，就需要管理者在第一时间内做出决断，结合事件类别和特征迅速规划合理的应急方案，并根据实际情况需要妥善保管应急资源。如果管理者能够迅速做出决断工作并开始指挥，根据实际情况这将很大程度上给疏散带来良好的进展。

（2）设备因素。城市轨道交通是一个复杂且庞大的系统，包括一个个单独而又相互牵连的子系统。设备系统确立了影响城市轨道交通应急管理的另一个重要条件。优秀的设备也是一个轨道交通系统最基础的保障，能够快速而又准确地进行反应与运营。

应急设施是否正常是保证救援工作开展的必要前提，日常的修检工作是否认真在很大程度上都会对应急救援工作的顺利开展造成影响。如果设备出现故障或者操作失误不及时，就会出现异常从而对救援工作的开展带来负面效应。

（3）环境因素。轨道交通系统即使是一个密闭的系统，也与外界紧密相连。一旦发生紧急情况，就会牵涉到其他单位，例如公安、医疗疾控、消防等，因此突发事件的处置好坏需要和周围的各类部门做好交接，周边的环境好坏将直接影响救援速度。

（4）管理因素。管理因素是轨道交通系统救援的核心，是轨道交通应急管理中的主要因素，与人为因素相同，也是关键的因素之一。从轨道交通初步形成到建成通车，若是期间出现管理中的失误不负责，都将形成安全隐患。能否做好科学有效的管理，是衡量一个轨道交通工程是否优秀的重要指标。所以想要保障轨道交通的正常运行，就要在管理上下功夫，在细节上做到最好，科学有效地进行勘测观察管理，做到轨道交通的安全、快速运营。

3 轨道交通应急救援体系建设探索与思考

应急救援体系建设通常包括事前预防、预警，应急救援组织、指挥，应急救援法制、保障等内容，我国轨道交通应急救援体系可考虑按如下思路进行建设。

3.1 建立应急防御体系

3.1.1 组织机构建设

轨道交通日常运营管理机构，应是维持应急日常管理的负责部门，实行一套人马、两种职能。"平时"，加强安全隐患排查、普及应急知识、开展应急演练，提升应急防范能力；"战时"，第一时间采取应急救援措施，视情况启动应急联动响应机制，为快速有效救援赢得时间和基础。

3.1.2 平台硬件建设

在现代信息化高速发展的今天，安全预警平台应作为应急救援体系建设的中心工作来抓。曾有研究文章提出要建立功能齐全的监督系统、使用先进的列车信号系统，这种通过对数字化管理进行升级，利用灾害隐患点检测预警系统，对各类征兆数据进行监测和精准预警，可提前感知灾害发生。在灾害发生前发出预警信息，判断灾害可能发生的地点、时间、烈度等，发挥"早发现、早控制、早处置"的防灾减灾作用。

3.1.3 应急队伍建设

据新华网河南频道报道，在2011年11月，河南第一家城市轨道交通应急抢险队——郑州市轨道交通工程应急抢险队就已经正式成立。该队伍有25人，配置有液压注浆泵组、钻石钻孔机系统、重型凿破机、升降梯、油溶性聚氨酯、水玻璃等，主要职责是在工程建设中应急处理出现的渗水漏水事故或故障及其他突发事件的紧急救援，日常进行现场巡守、例行检查，对风险较大的工程项目重点巡视和加强风险防范和预控。特别是近年来，各种形式的应急救援社会组织层出不穷，河南暴雨灾害发生后，汇总了一个救援电话，包括郑州、洛阳、开封、平顶山、安阳等17个市（区）的蓝天救援队、红十字救援队、神鹰救援队、无疆公益救援队、水上义务救援队、应急救援协会等64支应急救援社会组织队伍。加强应急队伍建设，是应急救援的重要保障，更是应急救援体系建设的重点。

3.2 建立应急处置体系

应急处置体系应包括先期处置、中期救援、后期评估等内容。

（1）先期处置，其效果直接影响到整个事故的救援成败和善后工作。关键在于准确研判事故发展态势，迅即启动相应等级的应急预案，派出先期处置力量，有序开展警戒、管制、救援和控制等各项工作。在应急管理部门或其他履行统一领导职责、组织事故处置的责任部门到来之前，以最短时间、最快速度组织现有力量实施应急救援，防止事态扩大，保护人民群众生命和财产安全实施的抢险救援和现场管控措施。

（2）中期救援，是事故灾害救援行动中的重要环节。我国新组建的应急管理部，其主要的应急管理机制，就是要求属地管理，作为本级政府职能部门组织突发事件处置，依法依规、快速高效地组织指挥各类专业救援队伍展开救援工作。通过专业的应急救援指挥、救援行动，最大限度地抢救受灾人民的生命安全和财产安全。

（3）后期评估，是现代应急科学管理闭环中的重要环节。2022年1月，国务院灾害调查组发布了《河南郑州"7·20"特大暴雨灾害调查报告》，通过全面复盘灾害发生和应对过程，全面深入查明总结了六个方面主要教训，提出六项改进措施建议。依法依规、实事求是、科学严谨、全面客观地还原了这场暴雨灾害的全过程，起到了"打一仗、进一步"的效果，为今后防范风险挑战、应对突发事件提供了支撑。

3.3 建立健全法制保障体系

我国的应急管理研究经历了初期、中期发展迅速、整体上升新高度三个阶段。不过，由于我国的城市轨道交通起步比较晚，相关研究方面相比于国外来说还是比较缺乏的。从应急法制的体系构成来看，突发公共卫生事件应急法制中虽已不再缺少统一的"上位法律"作为应对公共卫生事件的基本依据，但针对自然灾害事件的应急法律中，还没有一个可依据的完整条款，虽然《安全生产事故应急救援条例》已于2019年发布，但实践落实中没有配套支撑的法律依据，或者说作为行政法规，立法层次较低，存在正当性与合法性难以两全的尴尬境地。考虑我国自然灾害的国情实际，我国应急救援体系中的法制建设还需要进一步加以完善，形成应急管理法规体系，提升到一个新的水平。

4 结语

城市轨道交通作为当下最为常用的重要公共交通，是目前缓解城市轨道交通压力的不可或缺的一部分，轨道建设和运行安全与居民的生命安全和财产利益直接相关。目前，我国城市轨道交通已进入快速发展时期。时代的飞快进步牵动着城市的快速发展，城市与城市之间的联系日渐密切，突发事故无法完全避免，如何最大程度保证出行安全，成为了交通出行中最为严峻的问题，是否会出现安全事故将是衡量一个城市交通牢靠与否的关键，这就要求国家在出行安全中下更多的功夫，从而在根本上，将事故发生率降低到最小，保证交通出行顺利。

参考文献

[1] 张小男. 公共部门危机管理 [M]. 北京：中国人民大学出版社，2006.

［2］ 蔡于. 城市轨道交通应急处置中的若干核心问题［J］. 城市轨道交通研究，2007（7）：9-11.

［3］ 杨素. 美国应急管理体制及对我国应急管理工作的启示［J］. 西部科技，2008（1）：50-51.

［4］ 郭太生. 灾难性事故与事件应急处理［M］. 北京：中国人民公安大学出版社，2006：198.

［5］ 张锋. 国外城市应急机制建设对我国的启示［J］. 经济论坛，2008（9）：57-61.

对中国安能应急救援队伍建设的思考

李用祥

（中国安能集团第一工程局合肥分公司　安徽合肥　231100）

【摘　要】 中国安能建设集团有限公司，简称中国安能，是国家唯一跨军地改革并赋予应急救援服务主业的国资央企。在推进国家治理体系和治理能力现代化这一特定的历史时期和进程中，肩负着探索企业建设应急队伍的职责使命。中办、国办相关文件明确了建设非现役专业队伍中国安能企业改革建设发展的基本方向和根本要求。当前，我国是世界上自然灾害最为严重的国家之一，灾害种类多、分布地域广、造成损失重，这是一个基本国情，如何加强中国安能应急队伍建设，发挥先行示范、典型引领作用，是我们最紧迫、最急需，且又是长期需要研究解决的重难点课题。本文就中国安能应急队伍建设现状与发展方向，提出思考和建议，希望能起到一定的现实推动作用和意义。

【关键词】 应急救援队伍；结构现状；建设；思考

0　引言

中国安能应急救援队伍，是我国基于基本国情，为了应对自然灾害事故，在新一轮深化党和国家机构改革中，按照党中央、国务院跨军地改革总体决策部署，由原武警水电部队官兵集体转隶组建的非现役专业队伍。转企后，这支队伍赓续了水电铁军的红色基因和血脉，继续发扬着部队时期的优良传统，以企业形式履行应急救援职责，完成各类应急救援任务百余场，特别是河南"7·20"特大暴雨灾害抢险救援，彰显了特别能吃苦、特别能奉献、特别能战斗的英雄品质。就目前情况看，保留原部队时期体制机制和组织架构，以集团、工程局、分（子）公司、救援队四级组织实施统一领导、参与的应急救援组织指挥体制，应对自然灾害各种事故应急救援具有巨大的作用，但同时也存在一定的问题。

1　中国安能应急救援队伍的主体地位

在企业改革行动发展和政府职能转变的新形势下，中国安能努力适应新形势的变化和新任务的要求，依靠国家相关政策扶持，积极探索政府主导、企业主建方法路子，一手拓展市场抓经济建设，一手承担应急救援社会责任。一方面，作为企业主体，已经明确中国安能划归国务院国资委直管，与中国中铁、中国铁建、中国交建、中国建筑、中国电建、中国能建、中国化学等单位同为建筑类央企，按企业经营模式运营发展。另一方面，作为非现役专业队伍，明确了中国安能应急救援服务主业范围，并纳入国家应急救援力量体系，作为国家防总成员单位和应急管理部自然灾害工程救援专业队伍，与国家综合性消防救援队伍同为国家应急救援队伍，充分发挥了中国应急管理体系"综合＋专业"的特色和优势。

2 队伍建设问题分析

中国安能救援队整建制转隶以来，队伍发展脉络清晰，战斗作风过硬。但这支专业队伍建设发展障碍及壁垒依然存在，亟待解决。

2.1 队伍整体边缘化

从社会改革方向来看，各类救援队伍编组编成工作取得了很大成效。消防救援队伍由部队整体划转，各地市矿山救援队、水上救援队、空中救援队等地方性应急专业队伍孕育而生，各类救援力量不断充实，各类应急协调机制初步完成。但从整体上看，缺少像中国安能这样能够独立处置重特大自然灾害的专业性工程救援队伍。从中国安能内部看，企业竞争、市场开拓、产值需求，多数救援队伍力量被抽调到企业职能部门、项目施工一线，基层救援大队、救援中队被频繁调整、打散，队伍建设存在口头化、力量建设显虚化，队伍整体边缘化。

2.2 发展路径不清晰

目前，除特殊行业的应急队伍外，企业性应急队伍还没有形成很好的制度机制，企业性救援力量的保持和发展，存在地方政府关注还不够多、帮扶还不够准、方向还不够明的现实情况。很多社会性或企业性地方应急救援队伍的现状是：有要求就建，有需要就建，有任务就建，不用了就散，用过了就算。社会化应急救援队伍"用进废退"的现象时有发生。中国安能救援队伍同样面临这样的问题，归集原因主要还是生存发展路径不清，虽然中国安能自身提出"一基两翼"的发展思路，但企业化生存发展顾虑是存在的，人员、设备"养、用、管、修"是现实的，解决不好这一问题，应急队伍建设就成了镜中水月。

2.3 队伍建设有缺失

作为经常参与应急救援工作的军转央企，安能救援队转隶后多次主动完成重大灾害抢险工作，有着自己独特的救援专业优势。但作为国家自然灾害工程应急队伍建设整体性、长期性规划还不够，政策也还不够明确。随着时间的推移，中国安能救援队伍的专业优势在被慢慢稀释，原来从事应急救援工作的队员在思想上起了波动，担心随着改革深入，这支企业性队伍所从事救援工作的职能发生变化，削弱了救援队伍的整体战斗力。

3 影响队伍建设发展的主要因素

应急队伍建设与社会大环境及改革发展现行阶段下的各类问题相互交织互相影响，安能救援队如果走企业化营运模式，救援初衷容易误解，救援效应很难凸显，救援效率必会下滑。

3.1 应急管理机构不健全

当前基层应急管理机构改革还处在推进、磨合阶段。不少地方政府单位应急管理机构改革尚未到位，一些应对自然灾害的具体指挥部门仍然由原职能单位代管，改革推进速度较慢，在一定程度上影响了应急管理建设工作的有效开展。中国安能救援队在建设中也面临这样的问题，这支灾害防治的重要力量，与各级地方发展契合不够，地方有时说了也不算。抢险时，各级地方政府高度认可，委以重任。但平时，对接各级地方政府提出应急队伍建设需求，往往你推我挡，应付了事，可以说受到了责权不一的影响。

3.2 应急管理制度化不完善

制度建设带有根本性、全局性、稳定性和长期性。应急管理的效能来源于科学完备的制度保障，突发事件应对的关键在于建章立制，用制度管人管事，实现制度化、标准化响应，提高规范化、程序化水平。目前我国不少基层的应急管理工作模式主要还是一种经验管理模式，救灾效果在很大程度上取决于现场指挥的个人认识、经验和能力。中国安能救援队作为专业性队伍，"专业的人做专业的事"还没有在制度上得到保障。加上中国安能实行企业化运营，公益性抢险与企业化盈利之间矛盾也较大。

3.3 应急管理建设意识较弱

古人云："防为上，救次之，戒为下。"预防是最重要、最经济、最有效的应急管理方法。当前，我国各地防灾方面忧患意识和安全意识还不够强，群众在自我防护和应急技能方面也比较弱，在遇到突发事件时，因队伍原因无法高效及时应对的事情时有发生。应急队伍"宁可备而无用、不可用时无备"的要求还没有得到很好落实。到目前为止，部分地方单位并没有把中国安能救援队作为自己的专业应急队伍，顾虑很多。中国安能自身救援防灾减灾"关口前移"的工作还缺乏针对和保障。

4 对队伍建设的思考及建议

作为正在改革中的应急队伍，在实力得到广泛认可的情况下，中国安能救援队必须敢于站位，积极对接并敢于打破壁垒，从结构、制度、重难点问题上争取政策支持，持续双向发力。

4.1 加快构建管理机构，抓住要点

在进入应急管理机构改革的后续期，积极协商上级相关单位做好总体设计，确保基层应急管理工作有人抓、事有人管。成立专班研究公益性发展方向，促成应急管理部及省市级单位就中国安能救援队发展定位进行论证评价，建议由应急管理部及中国安能集团联合管理，放权省级单位具体管控，市级单位具体帮扶。切实把中国安能救援队建成地方政府自己的队伍。

4.2 督促队伍编制落成，解决难点

坚持运用法治思维和法治方式，在法治轨道上做好突发事件应对工作，提高应急管理的法治化、规范化水平，将现有队伍落编，拨发专项队伍建设资金、配备专业抢险设备，并给予"资质"申请、项目"参建"等具体政策支持，把专业应急队伍的人员、设备"管、用、养、修"等基本问题梳理出来，解决"半公益性"单位发展的后顾之忧。

4.3 组织开展交叉任职，疏通堵点

省市级应急相关部门可以指派专业管理人员，在企业内代职，帮助企业应急专管人员提升政策理论水平和业务能力水平，用统一的标准规范专业应急队伍建设和应急文书编制，实地蹲点检查指导了解专业应急队伍的建设发展情况；企业应急专管人员可以到应急行政部门进行专项学习（实习），丰富应急管理工作经验，及时汇报企业专业应急队伍建设情况，畅通企业应急管理工作堵点。

4.4 设定应急行业规范，托住重点

对应急作业设定规范，区别市场投标类项目，凸显公益性单位价值，各地市可以基础设施抗灾能力、设防水平和防灾减灾建设及评估为切入点，以提高重要设备设施和应急避难场所抗御重大灾害的能力出发，委托各地市救援基地、应急救援队参建、代建，确保参建单位收支平衡，在应急建设工作中不断磨合，确保中国安能应急队伍能力不下降，水平不降低。

4.5 促进队伍力量生成，盯紧拐点

企业专业应急队伍力量的形成，来源于企业发展的成效，更得益于企业专业队伍的生源。以中国安能专业应急队伍为例，现有救援力量均为部队改革转隶人员，有着很好的技能水平和素质基础，仅从近期各类救援战役来看，可见一斑。如何保持这支队伍的特有属性和作战能力，生源一项尤为重要。应急管理部、退役军人事务部、人力资源社会保障部可以联合行文，要求企业每年招录部分退役军人，充实到特定的应急队伍中去。要求特定企业每年对应急队伍建设情况进行汇报，说明应急队伍人员情况。发现有因年龄、身体等原因离队的及时补充，始终保持应急队伍的"战斗力"。

4.6 提升应急队员荣誉，拔高看点

企业应急队伍的向心力，来源于稳定的工作，得益于社会的价值认可。崇尚荣誉应视为专业应急力量的建设的重要事项。以中国安能应急队伍的成员来说，大部分是转隶军人，从事的是和转隶前一样危险的工作，这支"非现役专业队伍"原来是荣誉加身，现在从事应急救援工作，还没有设立专属的"荣誉"。应急管理部可以与相关部门共同设立"应急救援功勋个人""应急救援先进个人""应急救援模范尖兵"等荣誉，提高获奖、受伤甚至牺牲人员的荣誉待遇，使得这些队员得到社会的广泛认可，只有这样，应急队员才会乐于并积极地贡献自己的力量。

5 结语

中国安能作为军转企业，建设非现役专业队伍，积极参加社会应急救援工作，这既是跨军地改革的一项政治任务，同时，也已经成为国资央企履行社会责任、应对自然灾害各类事故的应急救援骨干队伍和拳头力量。在全面深入推进国家应急管理体系和治理能力的现代化进程中，按照"国家队""专业队"标准要求，立足实际，找准定位，突破瓶颈，加快建立在党的集中统一领导下，以中国安能为综合平台，集社会各类专业化队伍于一体，建设成与国家综合性消防救援队伍相互联系、协同的非现役专业队伍，形成具有中国特色的应急管理体系，为保障人民生命财产安全提供专业化、综合性社会应急救援服务，是有效整合资源、发挥最大效能、满足现实需要的基本要求。

参考文献

[1] 刘强，邹志涛. 我国消防应急救援指挥体系建设现状及存在问题 [J]. 中国应急救援，2012（6）：19-21.

[2] 高宁. 基层应急救援队伍建设的现状分析及建议 [J]. 中国应急救援，2020（1）：10-12.

河南"7·20"抗洪抢险处置措施
及高精设备应用研究

高栋兴[1]　张裕汉[2]　万施霖[3]

(1. 中国安能集团第一工程局有限公司唐山分公司　河北唐山　063000;
2. 浙江大学华南工业技术研究院　广东广州　510000;
3. 浙江大学华南工业技术研究院　广东广州　510000)

【摘　要】　在河南"7·20"抗洪抢险中,机械化、体系化、智能化的救援装备和专业化、动态化、精细化的现场救援方案发挥了重要作用。本文以抢险任务全链条中的三个关键环节、不同地域的三种不同的救援需求为例,详细介绍了包括无人机等在内的各种高精抢险救援设备以及三类现场抢险方案。

【关键词】　防汛抢险;无人机;直管自动排水车;排涝机器人;通信指挥车;现场抢险方案

1　概述

2021年7月中下旬河南省遭遇罕见强暴雨,造成郑州、新乡、鹤壁、卫辉等多个城市洪涝,贾鲁河、卫河、共产主义渠等多个河流发生超警戒洪水,部分堤坝出现管涌、滑坡、漫溢甚至决口险情。截至8月2日12时,共有150个县(市、区)1663个乡镇1478.6万人受灾,在这场特大洪水中,302人死亡,50人失踪,造成直接经济损失1142.69亿元[1]。

应急管理部先后启动三轮跨区域增援行动支援河南防汛救灾工作,紧急调派北京、河北、山西、上海、江苏、安徽、江西、山东、湖北、湖南等地的消防救援队伍和森林消防队伍4000余名指战员,以及国家安全生产应急救援队伍、应急排涝专业队伍、应急医疗救援队1100余人,携带423艘舟艇、153套大型排涝设备驰援河南[2]。

以中国安能建设集团有限公司(以下简称中国安能)为例,灾情发生后,接应急管理部指令,该单位从北京、唐山、南昌、武汉、南宁、合肥等20个方向,紧急抽调434人、149台(套)装备于21日9时54分抵达灾区,并第一时间投入抗洪抢险。在险情处置措施上,通过实地勘察和科学谋划,综合考虑当地水文、气象、资源、环境、装备、保障等影响因素,辅于水力学、结构力学、和材料力学等关键技术参数演算,制定出最佳除险技术措施,实现科学、高效、安全除险。先后完成郑州市京广路隧道抽排水、新乡市牛厂村人员搜救、焦作市武陟县沁河东脱坡处置、鹤壁市浚县卫河河堤决口封堵等多项抢险任务,累计抽排水1095万 m³,泄洪槽开挖140余米,封堵决口60.8m,修筑道路500余米，转移被困人员 1491 人[3]。在高精设备应用上，有针对性地启用了各类"救援神器"，在救人、排水、清淤、破拆等环节成为不可或缺的力量，展现了国家科技创新发展所带来的强大社会保障能力[4]。同时，该次抢险救援中也暴露出一些不足和问题，需要我们及时总结反思，为未来我国在防汛抢险领域技术和管理水平的提高提供依据和基础。

2 现场抢险处置措施

在该次抢险救援行动中，中国安能针对不同地域、不同需求，因地制宜地采取了不同的现场抢险处置措施，具体如下。

2.1 郑州京广路隧道排涝处置

结合京广路隧道地域特点，主要采用了"多路并举、多点联动""多机互联、多次接力"方案组织抽排水抢险作业。

（1）"多路并举、多点联动"是指结合现场总水量大、作业面广、出入口多、单通道窄，难以集中多台设备在同一作业面同时开展抢险作业的实际，中国安能采用以隧道中心为基点，兵分多路、多路并举，将人员装备分散配置于各个出入口，同时展开抽排作业，大幅提升了作业效率。

（2）"多机互联、多次接力"是指在抽排作业中后期，设备需深入隧道，因相距闸道口距离过长，单台设备受扬程和排水管长度制约难以将洪水排至隧道外部，中国安能采用多机联动、接力的方法，最大限度地增加排水距离，实现长距离排水的要求。

2.2 新乡人员转移处置

结合当地地形水势特点，主要采用了"分片负责、舟艇接力、搜转配合"方案组织人员转移作业。

（1）"分片负责"是指因受困群众主要集中在前稻香村、后稻香村，分两个舟桥分队从不同的行动方向上进行人员搜救和转移作业，其中舟桥一分队行动方向为前稻香村，舟桥二分队行动方向为后稻香村。

（2）"舟艇接力"是指舟桥行至受困点附近并实现临时停泊安全后，派出救生艇抵近受困点搜索、转移受困群众；满员或者更换搜索点时，及时将人员转移至动力舟桥；完成片区搜索后，舟桥及救生艇一起转移至新的搜索点，确保救援行动高效、安全。

（3）"搜转配合"是指救援时，救生艇负责搜救转移受困群众至动力舟桥，舟桥达到满员（其搭载能力为 450 人）或需转移至较远搜救点时，由动力舟桥运载人员至码头后交当地政府组织安置。

2.3 卫河决口封堵处置

2.3.1 实施准备

（1）道路拓宽和维护。为实现决口封堵高强度抛投要求，满足自卸车双向通行要求，利用反铲 1 台、装载机 1 台、推土机 1 台对堤顶道路进行修整和拓宽。过程中，要全程保障道路顺畅，对损毁塌陷严重部位挖除松软土层，换填石渣料。道路整体用推土机推平，压路机碾压，或用反铲摊铺，用铲斗压实。

（2）人员物装转运。右岸因道路车辆无法通行，救援人员、反铲、推土机、沙袋、石料等由堤头乘动力舟桥运输到右岸，负责裹头加固作业。

（3）制备封堵物料。卫河彭村段河堤决口附近石料稀缺，为解决封堵决口所需，地方政府采取措施动员距现场 40～50km 的多个石料场同时开采，以满足封堵需要的块石；土料储备较为丰富，优选在距决口约 2km 料场开采；其他地方支援抢险单位利用自卸车运送至决口封堵作业面。堵截所需的钢筋笼单个尺寸为 1m×1m×1m，为保证封堵效果，采用 5～10 个钢筋笼相连成整体的形式。钢筋笼由场外临时钢筋厂制作，采用自卸车运至现场。

2.3.2 裹头抢护

决口右岸用挖机削坡减压，坡比按 1∶3 修整，顶部高于水面约 1.5m；将钢管每隔 30cm 打入坡脚迎水面，挖机配合人员制作钢筋石笼，并列排在堤上，6～7 个钢筋石笼为一串，制作完毕由反铲挑放在坡脚；并配合抛填混凝土预制板、石块、沙袋等稳固右岸。

决口左岸堤头抛填直径 40～80cm 的块石，自卸车在堤头卸料，用推土机辅助推平，戗堤高于水面 1m 左右。

2.3.3 戗堤进占

戗堤进占采取水下抛填大块石、水上填筑石渣料分层碾压法。戗堤进占沿卫河原河堤线推进。堵截料采用自卸车倒退法进入卸在堤头，推土机推铺进占。为减缓水流冲刷影响，采用在戗堤上端、下端抛填块石做挑头，中间石渣料、沙袋及时跟进，推土机推进时，向上游倾斜一定角度，反铲配合平整、抛填，振动碾碾压。

2.3.4 龙口合龙

当戗堤进占宽度剩余 5m 左右时，根据口门处流速选择适宜的石块粒径，一次性备好大块石、钢筋石笼等封堵材料，堆放至龙口两侧，两端由推土机双向推填，实现合龙。合龙采取自卸车装卸、推土机密集推送钢筋石笼、大块石、石渣的方式快速进行，沿上下游堤头向中间双向封堵，确保安全高效，一次成功。合龙后对戗堤进行整平，整平标高于水面上 0.5m 后，静碾 1 遍，振动复碾 2～4 遍，最后再静压 1 遍。碾压时，采用进退错距法，平行于堤轴线碾压，时速不超过 4km/h，碾压搭接宽度不小于 0.3m。

2.3.5 加高培厚

合龙后的封堵段按照"先培厚再加高"的流程进行，注意加高均衡，分层碾压，每层厚度不宜大于 0.5m。作业时自卸车首先将填料运至上游侧堤头，推土机配合整平，而后进行碾压，由上游侧向下游侧进行培厚。重复上述施工，直至封堵段顶高程与原卫河河堤顶面高程一致。

2.3.6 防渗闭气

因戗堤进占采用大块石、钢筋石笼等透水材料，合龙后封堵段河堤仍会渗水。堤防仍有可能因淘刷、渗水等因素引起崩塌、滑塌等，造成二次决口，故应及时进行防渗闭气。作业时自卸车将填料沿河堤轴线运至迎水面附近，推土机配合推填，反铲夯实。先沿迎水面填筑一层 0.3m 厚的碎石随后再填筑 1.5m 厚的黏土料，此时工程抢险人员立即在黏土面上铺设双层土工布。铺设时注意利用沙袋压脚，避免土工布漂起，同时在坡顶预留 2m 长接茬，加高培厚过程中及时覆盖，保证土工布沿迎水面铺设稳定。最后反铲对封堵段进行修坡整形，尽量与原卫河河堤坡面平顺相接。

3 高精抢险救援设备应用效果

防汛抢险，科技装备先行。与1998年长江抗洪时子弟兵肩扛背驮不同，在此次防汛救灾行动中，中国安能动用的通信指挥车、龙吸水、水下测绘艇、无人侦测船等新型高精装备，在开展灾情侦测、险情处置和指挥控制等三个抢险任务环节发挥了关键作用，为实现科学抢险、高效抢险提供了坚强支撑。

3.1 灾情侦测设备

3.1.1 水下无人侦测船

（1）功能优势。该装备由无人船系统、测量测深系统、测流系统、岸基系统四部分组成。船长1.2m，自重9kg。装载超速马达，速度可达7m/s，相比于传统走航式测验，效率明显提升又能解放人力，解决了测绳法效率低的问题。

（2）适用条件。可实现大范围及复杂水域、汛期河流、堰塞湖、应急救援等环境河流的流速测验。

（3）应用情况。担负沁河备勤任务、卫河河堤决口封堵、卫辉抽排水任务中水下环境监测、水下障碍物探测，为抢险任务提供了有效的安全支撑。

3.1.2 无人侦测机

（1）功能优势。KWT-X6L-15六旋翼无人机主要用于遂行抢险救援任务中的空中侦察。续航时间最高可达75min，飞行距离大于40km。可提供15kg重载下30min续航能力，飞行距离达20km，可拓展通信中继（电台）、智能组网（基站）、急件运输、夜间照明等功能。通过智能化地面站和遥控器完成飞行航线规划、垂直起降、指点飞行，可昼夜执行空中侦察任务，实时传输高清影像，具有飞行稳定可靠、操作简便、展开撤收快捷等特点。

（2）适用条件。广泛应用于地震、洪水、泥石流、山体滑坡、堤坝损毁、堰塞湖、城市内涝、应急救援等灾害的现场侦察。

（3）应用情况。此次任务中该无人机主要担负卫河决口封堵过程中的空中侦测以及任务实时处置过程中的高清影像传输任务。

3.1.3 水下测绘艇

（1）功能优势。水下测绘艇搭载超速马达，最大航速可达7m/s，具备自动航行功能，且拥有自适应水流直线技术、悬停技术，可实现垂直岸线走航。搭载RCP-1200声学多普勒海流剖面仪，可快速生成流速及深度断面图。

（2）适用条件。主要用于洪水应急监测和河流断面流速测验等作业内容。

（3）应用情况。此设备主要对卫辉市向阳桥路面、人民路路口等多个点位进行测量，得到水深、流量、流速等数据。

3.1.4 流速仪

（1）功能优势。流速仪有效距离：0~40m，测量范围：0.1~20m/s；采用电波对水体表面流速进行非接触式探测，微波雷达不受温度压力等外界条件影响。

（2）适用情况。手持式操作使用便捷，不受污水、泥沙干扰，通过非接触式测量，操作简单，快速精确测量，数据输出稳定，适用于洪水高流速环境、杂质含量较多的脏水和浆体、城市污水的测量。可在龙口合龙、水流湍急等不适合侦测艇的位置补充应用。

（3）应用情况。该流速仪担负沁河备勤过程中的水域流速监测以及卫河决口处的流速实时监测任务。

3.2 险情处置设备

3.2.1 子母式龙吸水

（1）功能优势。子母式龙吸水采用全液压驱动技术，小履带行走能够适应多种地形，泵头采用叶片式结构，流道简单，防堵塞性高；流道间隙大，杂质通过性好，可通过50mm大颗粒杂质；采用子母分离液压驱动技术，无需人工搬运或其他任何辅助设备，遥控操作即可实现将水泵深入积水中排水作业，作业半径可达50m。

（2）适用条件。子母式龙吸水主要用于排涝、抗旱和供水，适用于地下车库、地铁站、狭小道路、涵洞隧道、水库排险等低矮环境的应急排水。

（3）应用情况。2021年7月20日郑州突发强暴雨，降雨量达624.1mm，城市遭遇严重洪涝。市中心交通要道4.9km的京广快速路下穿隧道（京广北路隧道、淮河路隧道、京广南路隧道）全部被淹。中国安能投入18台抽排装备（龙吸水5000型3台，4000型1台，3000型6台，1500型5台，1000型1台，一体化泵车2台）在13个点位，于7月21日13时40分展开抽水作业，于25日23时30分完成，共计抽排水500万 m^3，实现隧道见天亮底。随后，各抽排组按照命令转战地铁隧道、居民小区、学校医院等多个重点地段，截至30日累计抽排1095万 m^3。

3.2.2 动力舟桥

（1）功能优势。该装备为舟、桁、板合一的密封箱体，可组成浮桥和漕渡门桥。每个河中舟（岸边舟）就是浮桥或漕渡门桥的一段，每个河中舟上配置两台船外机，增强了河中舟水上的灵活性。桥节门桥和漕渡门桥的结构相同，浮桥渡河和门桥渡河转换容易；浮桥有较宽的车行道，当重型荷载通过时作单行道，轻型荷载通过时作双行道使用。门桥渡河时不需要构筑码头，门桥靠岸后利用自带的跳板即可完成装、卸载。

（2）适用条件。HZFQ80动力舟桥主要有两种作业模式，一种是多个河中舟和两个岸边舟连在一起，形成带式浮桥，保障履带载60t或轮式轴压力13t以下的荷载通过江河。另外一种是将若干河中舟和岸边舟拼接组合，作为漕渡门桥使用，起到渡船的作用。

（3）应用情况。在新乡救援中，将3个河中舟、1个岸边舟拼在一起，组成漕渡门桥，共搭设2台。每台展开后长40m、宽8m，车行道宽5m，总承载力可达到65t，每台可按10.8km/h的速度。此次操作手6人，搜救人员20人，一次满载450人；单台工效可达200人/h。

4 存在的不足与改进建议

4.1 存在的不足

此次河南方向抢险救援战斗任务完成出色，但用"国家队、专业队、救援队、战斗队"的标准和要求来衡量，还存在一些不足和问题，主要体现在：

（1）联合作战还不够高效。此次救援行动，参战单位多、救援方向多、任务类型多，指挥控制系统运行还不够顺畅，部分方向手机无信号，通信保障比较困难，前指对现场情况难以及时全面掌握，全程高效指挥还存在困难。

（2）高精装备操作技能还不够熟练。此次抢险成功，子母式龙吸水、动力舟桥、水文侦测等新型装备器材的应用发挥了关键作用。但由于新型装备配发不久，人员操作技能还不够熟练，需要厂家伴随指导保障。特别是水文侦测设备对专业能力要求较高，在实战应用中作用没有得到充分发挥。

（3）技术方案还不够精准。技术人员对现场情况、灾情态势、困难问题思考不足不深入，方案制订不够精细，具体的作业要求、质量标准、参数指标还比较欠缺，方案的指导性、针对性和有效性不足。

（4）现场宣传鼓动还不够有力。过分依靠宣传标语、横幅、红旗等单一手段，战地文化活动不够丰富，结合任务还不够紧密，在持续激发战斗热情上思考不深、方法不多。

4.2　改进建议

（1）狠抓技能训练，全力提升应急抢险救援核心能力。着眼以救援基地为作战单元，科学调整人员装备编配体系，整合专业救援力量积极开展抢险救援嵌入工程实践，加强技法战法创新研究，不断提高专业救援能力。

（2）打造精兵利器，构建先进的应急救援装备体系。着眼任务需求，加强研究论证，科学统筹规划，尽快配备实用管用好用的高精尖装备，创新救援科研成果，加强新装备、新材料、新技术、新工艺在应急救援行动中的推广应用。

（3）加强信息化建设，提高抢险救援行动综合指挥效能。加强与地方水利、地质、水文、气象等部门联系，完善指挥信息系统，逐步建立地理、水文信息数据库。加大信息化装备投入力度，提高信息化装备综合保障水平，实现恶劣条件下实时传输、现场感知、无缝链接、高效指挥。

（4）推进应急物资储备及管理，健全应急物资保障体系。建设统一的应急物资保障管理信息平台，编制应急物资储备规划，构建主体多元的物资储备体系，健全物资紧急生产、政府采购、调剂调用、物流配送机制。建成以市级应急物资储备为核心，以区级和区域性应急物资储备为支撑，推动政府储备和社会储备相结合，建立企业社会周转储备响应机制，健全物资应急保障各方联动机制，进一步完善以社会捐助、捐赠和家庭储备为补充的应急物资保障体系。

5　结语

本文概述了在此次河南抗洪抢险行动的全链条中的灾情侦测、险情处置、指挥控制这三个关键环节中发挥重要作用的高精技术设备以及在郑州京广路隧道排涝、新乡人员转移、卫河决口封堵这三个不同抢险任务中行之有效的科学统筹方案。

精良装备和科学有效的抢险方案始终是应急救援战斗力的重要支撑，是现代救援尤其是工程救援攻坚克难、无往不胜的精兵利器。2020年11月29日，习近平总书记在中央政治局第十九次集体学习时强调，要强化应急管理装备技术支撑，优化整合各类科技资源，推进应急管理科技自主创新，依靠科技提高应急管理的科学化、专业化、智能化、精细化水平。

通过该次河南的防汛救援行动，一定程度上展示了我国防汛抢险技术装备和决策机制随着经济社会发展所取得的长足进步,展现了国家科技创新发展所带来的强大社会保障能力,也让我们意识到救援装备的机械化、信息化、智能化和现场救援决策的专业化、动态化、精细化的极端重要性。

参考文献

[1] 搜狐.最新消息!河南省新闻办:150个县市区受灾,302人因灾遇难 [EB/OL].(2021 - 10 - 21) [2021 - 10 - 28]. https://www.sohu.com/a/496438937_121126647.

[2] 以"汛"为令——闻"汛"而动——应急管理部调令专业救援队伍支援河南防汛救灾直击 [J].中国应急管理,2021(8):68 - 71.

[3] 国务院国有资产监督管理委员会."国家队"的忠诚与担当——中国安能赴河南抗洪抢险纪实 [EB/OL].(2021 - 08 - 05) [2021 - 10 - 28]. http://www.sasac.gov.cn/n2588025/n2588124/c20065716/content.html.

[4] 陈欣.研发重点投向需求主战场——推进防汛抢险装备建设观察 [J].中国应急管理,2021(8):12 - 15.

[5] 中国电力报.抗洪抢险,你永远可以相信中国安能! [EB/OL].(2021 - 08 - 02) [2021 - 10 - 28]. https://view.inews.qq.com/a/20210802A0DI6300? startextras = undefined&from = ampzkqw.

[6] 左政.无人机技术在消防救援中的应用研究 [J].消防界(电子版),2021,7(17):71 - 72.

[7] 夏国森.多旋翼无人机在灭火和抢险救援领域中的实践运用 [J].今日消防,2021,6(3):25 - 26.

[8] 谷海红,郑金松,蒋庆刚,等.基于多旋翼无人机在灾害现场救援中的应用 [J].南方农机,2021,52(8):90 - 91.

[9] OTTO A, AGATZ N, CAMPBELL J, et al. Optimization approaches for civil applications of unmanned aerial vehicles (UAVs) or aerial drones: A survey [J]. Networks, 2018, 72 (4): 411 - 458.

[10] 应急管理部启动消防救援队伍跨区域增援预案 调派1800名消防指战员增援河南防汛抢险救灾 [J].中国减灾,2021(15):6.

[11] 网易.[一线直击]广东排涝利器"龙吸水"抵达郑州开展抽排.[EB/OL].(2021 - 07 - 25) [2021 - 10 - 28]. https://www.163.com/dy/article/GFOB5NHL0550AXYG.html.

[12] 王明瑞.一种排涝机器人 [P].天津市:CN212079662U,2020 - 12 - 04.

[13] 綦晓倩,王洪达,史峻光,徐超,张倩.排涝机器人 [P].天津市:CN305820897S,2020 - 06 - 02.

[14] PARWEEN R, MUTHUGALA M A, HEREDIA M V, et al. Collision Avoidance and Stability Study of a Self - Reconfigurable Drainage Robot [J]. 2021, Sensors, 21 (11): 3744.

[15] 翁杨华.浅谈消防跨区域灭火救援应急通信保障的实施 [J].电子世界,2020(10):167 - 168.

[16] 吕建荣,洪俊.通信指挥车智能化操控平台设计与应用 [J].自动化应用,2021(2):73 - 75,79.

河南"7·20"洪灾中应急救援队伍遂行救援任务经验分析

卢明全

(中国安能集团第二工程局有限公司厦门分公司　福建厦门　100038)

【摘　要】　防汛工作是国家应急救援的重点，减少洪灾带来的危害是抗洪防汛工作的核心，各级部门应当明确自身职责，掌握汛情发展情况，以此做出最为精准的判断。为了降低灾情对人民群众的影响，本文从河南洪灾灾情、社会对灾情的救援以及应急救援队伍的抗洪救险经验进行了分析。为了最大化地降低灾情对人民的影响，各级应急管理部门应当通过多元化的方式来完成应急防汛管理，做好防汛工作，同时也要始终坚守党的领导、防汛工作必胜的信念，提高应急防控能力。

【关键词】　河南洪灾；应急救援；抗洪救灾

0　引言

2021 年 7 月 17 日以来，受极端强降雨影响，河南省中西部、西北部地区遭遇特大暴雨袭击，郑州、新乡、鹤壁等地相继出现内涝、决口等险情，造成重大人员伤亡和财产损失。国家防汛救灾工作小组第一时间统筹防汛救灾具体方案，在强降雨趋势放缓后，着手实施灾区抢险救援、恢复重建等多项任务内容。一方有难，八方支援，各地应急救援队伍奔赴河南，驰援抗洪救灾工作，以此帮助受灾地区早日恢复正常生活。中国安能集团第二工程局有限公司作为国企专业救援力量，从常州、南昌和上海分公司先后出动 56 人、13 台套装备，完成郑州市京广路南北隧道、丰乐农庄等 16 处排涝抢险和备勤任务，累计抽排水 256.81 万 m³；6 名动力舟桥操作手，在新乡卫辉协助转移受困群众 1400 余人，最大限度地减少了人民群众生命财产损失。在党和人民需要的时候，在面对牺牲和奉献的时候，充分彰显了中央企业的使命担当、专业水平和敢打必胜的作风。河南"7·20"洪灾给人民带来严重冲击，城市内涝严重，市区交通中断，小区停水停电。而作为一线抗洪救灾工作人员，应始终坚持"人民至上"的救援原则，并在应急方案指导下，与各级组织共同高效完成救灾工作。

1　灾情概述

据新华社报道，2021 年 7 月 24 日河南受极端强降雨影响，自然灾害救助响应调整为Ⅰ级。根据 7 月 25 日河南防汛救灾新闻发布会消息可以得知，此轮强降雨造成 139 个县区 1464 个乡镇 1144.78 万人受灾，其中最为严重的地区主要集中在郑州、新乡、周口、鹤壁、开封、许昌等地区[1]。全省紧急避险转移 86.19 万人，转移安置人口为 85.2 万人，累计转移安置 131.78 万人。农作物受灾情影响，受灾面积高达 87.66 万 hm^2，倒塌房屋 8876 户。

2 救援力量响应情况

2.1 政府

应急管理部从各地抽调应急救援队伍支援河南，及时完成排涝抢险任务，指导群众做好转移安置工作，为群众提供基本生活救助。同时，根据各地方的救灾需要，与国家各粮食储备局紧急协调，调拨中央救灾物资，做好受灾群众安置工作。河南省财政厅紧急筹集资金 2 亿元，其中 1.2 亿元用于应急抢险救灾后，受灾群众的救助工作，其余 8000 万元则应用于灾后农业生产、水利工程恢复中。同时也要综合考虑各个地区的实际受灾程度，根据防汛救灾工作的实际需求，向灾区较为严重的郑州地区安排资金 4300 万元。另外，针对省内基础设施因灾停运、停摆的问题，河南省政府组织专业力量积极应对，有效处置，其中在供电方面，河南全省主动避险，停运变电站，并在降雨量降低后逐步恢复；通信方面，因灾退服的 6.91 万个基站灾情后逐步恢复；供水方面，各个地区供水情况已经基本正常；交通方面，完成隧道排水 25 个，城区道路逐步恢复通行。

2.2 社会组织与民间队伍

灾情发生后，字节跳动公益在河南发起"灾后儿童服务点"，并开展后续服务活动，第一时间为儿童提供专属活动场地，由专人看护，专人管理，减轻灾区儿童心理压力。为了帮助受灾群众及时恢复正常生活，帮助受灾村庄及时清理村头淤泥，中国扶贫基金会积极启动了重振家园行动，在受灾严重的各个区域开展家园清理项目，每个村庄给予最高 10 万元的补助，总计补助 1000 万元。每个村民参与淤泥清理可获每天 60 元的补助。壹基金更关注着心理障碍人士的特殊群体的实际情况，通过与多个合作伙伴的沟通协调共同开展活动，并及时梳理当前心智障碍家庭的直接需求。韩红爱心团队及基金会也积极向困难群众给予帮助，基金会将筹集到的善款，全部投入到后续防疫以及医疗机构重建工作之中[3]；韩红爱心团队则组织各界医学专家进入到河南省受灾地区，给予其专项医疗服务，并参与到防汛工作之中，及时补充各项防汛物资、器材医疗设备等。

3 主要救援措施

3.1 合理安排，结合实际情况做好部署

受到暴雨的影响，河南各个地区受灾情况严重，需要大量支援，各个地区的应急救援队伍，参与到防洪救灾之中，并动手协调安排各个排涝点，与上级政府部门对接各个救灾地点，同时拟订了相应的防汛救灾方案，通过与各个队伍的协调来确定具体的防汛措施，做好精准部署。由于河南受灾面积大，需要支援点众多，救灾任务繁重，部分应急救援队队员在抽水过程中出现中毒现象，之后及时送至医院救治。而救援队伍领导也在妥善安置队员后，立即赶往现场查看汛情情况，并告知各队员安全注意事项。

应急救援工作中，排水工作占据首位，尤其是部分深坑内水深高达 2m，而污水快速

运动并卷着淤泥，存在诸多看不见的深坑，因此就会加大救援难度，尤其是对于村庄而言更是如此。部分地区由于受到暴雨影响，涵洞整体被淹没，所以排水作业的开展难度加大，其中有车辆被淹，居民无法正常出行，而实际排水量也难以想象。应急救援队伍在极其恶劣的条件下，探明了通往涵洞的最佳路线，并根据周边情况设计抽排方案。救援队员们需要趟过深水，并且需要负重75kg的水泵，将其推入到深洼处，铺设高压软体水管，之后抽水泵同步作业完成任务。

3.2 坚守一线，勇于担当救援责任

灾情救援是应急救援队伍的主要任务。应急队伍要积极贯彻落实习近平总书记对防汛救灾工作的重要指示，落实好人民至上的理念，在救援过程中，将人民群众的生命与财产放在首位。在救援队伍中有的是退役老兵，有的是年轻队员，他们都时刻冲锋在救援一线，甚至部分救援队员患有高血压等疾病，一边吃着降压药，一边始终坚持在抗洪抢险一线之中，连日进行高强度的奋战。而此类队员心中只有"时间就是生命，抢险救灾刻不容缓。"的理念。也有部分队员正在进行培训学习无人机驾驶，在郑州发生特大暴雨后，及时中断学习任务，并投入到抗洪抢险之中。这也体现出了应急救援队伍众志成城，抢险救灾的决心。

在河南新乡洪灾发生后，应急救援队伍在国家应急救援中心的指令下，进入到灾区进行积水排涝任务。部分地区的居民没有及时得到转移，处于断水断电的情况下，缺乏物资。了解到具体情况之后，救援队伍立刻指派几名作战员和救援艇，及时去救助此类居民，并提供日常的生活用品。除此之外，在此次灾情中新乡市第一人民医院也受到了洪水的困扰，医院周边基础设施被损坏，信号中断，甚至部分ICU病房无法正常使用。应急救援中心接收到此项救援请求后，及时制订完善的营救方案，并通过救援梯队的构成来分别担任伤员转移、安全监护以及抽水作业等任务。而应急队伍在制作救援方案时，列出了可能存在的触电风险、溺水风险，并采用深水舟艇做好病患转移工作[4]。

3.3 发扬精神，坚守在抗洪一线连续奋战

各个救援队伍坚守不怕苦、为人民付出的精神，在抗洪救灾过程中坚信必胜的理念，面对问题迎难而上，勇于担当，尽显英雄风范。在断水断电的情况下，队员们的饮食主要以方便面、盒饭为主，如果累了就在排涝机旁打盹，甚至部分队员一星期未喝过开水，也未洗过澡，只是与机器一样不停运转，用实际行动践行竭诚为民的精神。部分消防队员在开展抽排水工作时，由于地下空间较为密闭，天气炎热，排涝机在工作时会产生许多废气，队员在这种情况下出现头晕呕吐等现象，甚至有的队员出现昏迷，救治两天后便及时回到救援一线之中。

经过多日的艰苦奋战，应急救援队员们始终保持着高度精神，时时关注着实际排涝情况，以及发电机的运行状态。随着水位下降，部分救援队员在移动排涝过程中，由于空间较为狭窄，空气中存在污浊，排涝期间产生高温时，在队员身上烫出水泡；也有在前行过程中，队员被砸到脚的情况，即使肿胀异常，也并未休息，始终坚守在抗洪一线，牢记作为应急救援队员、中国共产党党员的责任。在应急队伍中还有诸多这样的队员，不怕苦、不怕累，冲进一线，为人民服务。

3.4 主动请缨，积极完成最终救援任务

应急管理局接受到政府使命后，积极参与到抗洪救险任务之中，并第一时间出发担任抗洪救险的主要任务。部分工作人员在得知救灾的任务后，没有享受办公室良好环境，而是主动请缨，参与到一线救援之中，面对着高温高热的环境，带着沉重机器在洪水中行走，并需要清除排水管道，甚至在作业时受伤血流不止。即使在恶劣的条件下受伤，救援队员们也不怕苦不怕累，严格要求自己完成救援任务。经过多天奋战，最终任务得以完成，各个小区居民生活逐步恢复正常，企业实现复工复产[5]。应急救援队伍在紧迫的时间内完成了繁重任务，通过相互配合，相互协作，战胜重重难关。这是各应急队伍应当学习的品质，是战胜一切苦难的必然因素。

4 救援处置成效与不足

4.1 救援处置主要成效

在河南灾情发生后，全国应急救援队伍迅速行动，积极参与到抗洪抢险救援工作之中。据统计，截至 7 月 23 日累计通报基金会、救援队伍、社会组织 296 个，其中 139 支队伍 2400 救援人员奔赴抗洪一线，并携带救援车辆 527 辆、救生艇 294 搜，同时还准备了发电机、照明装置、急救包、水泵、救生圈、帐篷等多项物资。据不完全统计，各救援队伍累计完成救援任务 232 次，转移群众超 29000 人，同时转运矿泉水食品等 2 万件，其他物资若干，确保救援工作有效推进。

4.2 救援处置不足之处

（1）对救援方向调整不及时。灾情地区由于信号中断，救援队伍难以获得失联村镇的实际信息，进而难以给予受灾乡镇人民及生活帮助。

（2）救援过程沟通协调困难。政府部门与社会组织对接较为困难，主要是由于政府部门致力于一线救援，并需要不断进行协调。另外，河南各地区自身救灾能力有限，在社会组织中经验薄弱，沟通方式较为烦琐。

5 救援处置方向展望

5.1 坚守防汛抗洪工作的必胜信念

防汛抗洪工作要保持必胜的决心，与其他国家相比，我国抗洪防汛工作的开展拥有优势。面对洪涝灾害的影响，我国更有信心取得抗洪工作的胜利，而党中央的领导是取得最终胜利的基本保障。自从十八大以来，以习近平同志为核心的党中央领导，十分注重当前水旱灾害的防控情况，而习近平总书记也作出过多次批示，为防汛抗洪工作指明方向[6]。近年来，习近平总书记针对防汛救灾工作的开展提出了重要指示，并召开会议部署防汛工作方案，在党的领导下各级政府都谨遵自身职责，尽全力做好防汛救灾工作，并最终形成了防汛救灾的保护屏障，使得我国防汛工作具有制度优势与自身优势。而应急救援队伍在开展救援工作时，也应当积极坚持党的核心领导，以及"两个坚持、三个转变"防灾减灾理念，将防控放在首位，做好抗洪救灾准备，以此来降低带来的危害。

5.2 健全各项协调配合机制

首先，要积极完善指挥机制，各级领导部门牵头，抓好各个工作的落实情况，不断强

化抗洪工作的协调与监督职能。而地方应急队伍也要做好三级联动，通过上下沟通协调来完善指挥体系。其次，要实现信息资源共享，在面临应急管理、水利、气象等信息内容时，各级单位要能够精准掌握各项信息，做好预警工作实施监测，可能存在的危险因素。通过对数据信息的分析来掌握汛情的实际情况，并通过多方研究找出恰当的解决措施。最后，积极完善动员机制。应急管理部门应当积极呼吁社会共同参与到防汛工作之中，同时也要加强日常宣传工作，普及防汛知识，保障社会公众能够认识到洪灾的影响，并担任起防汛的责任，提高自救能力[7]。同时也要呼吁各应急救援队伍参与到防汛抢险之中，对其各项机械设备进行登记造册，以此为紧急调用提供有利条件。

5.3 开展防汛应急演练工作

政府及各级应急管理部门应当积极组织各级单位及工作人员开展防汛应急演练，通过完善的防汛应急预案，模拟洪灾与水利工程抢险作业。而对于防汛演练的评估，也要恰当分析应急演练记录，并通过查询资料，对参演人员表现进行合理评价，达到最终演练的目标。同时，也要对演练的组织过程进行客观评价，并编写演练评估报告。为了及时发现防汛演练过程中存在的问题，提出正确的改善意见，提高各级部门面对洪灾的应急能力，应急队伍就可以通过演练过程评估及问卷调查结合的方式来提高防汛应急演练水平，以此为防汛应急演练工作提供可靠标准。对于演练准备而言，要建立相应的演练计划，明确演练的实际目的及内容。在具体演练过程中，要适当的加入演练解说，挑选行业内专业解说人员对演练情况进行解说，保障各项专业词汇能够准确读出，也能够避免出现卡顿影响演练效果的情况。最后对演练过程要进行总结，点评最终演练结果，并对演练情况进行综合评估，及时发现演练问题，提高防汛应急防护能力。

5.4 做好安全隐患与工程设备的排查工作

应急管理部门应当组织救援队伍，及时对抗洪抢险重点区域进行排查，并做好预制工作，要求各级消防队伍能够将人民群众的生命财产安全放在首位，充分发挥出自身的带头作用。同时也要做好防汛检查，对水库等各项配套设施及通信设备进行详细核查，并建立台账[8]。中心领导也要带队巡查水库的工程设施，查看各级调节池、泄水设备启动系统等多项设施的情况，应及时甄别出可能存在的问题。为了避免雨水过大导致自动测报系统出现故障的影响，那么也要做好应急预案设置，及时消除可能存在的安全隐患。为了保障工程检测的准确性，也可以开展无人机巡查，保障工程的安全隐患能够及时发现，并进行恰当整改。

6 结语

总之，通过对河南洪灾的分析可以发现，应急队伍在其中起到重要的救援作用，而应急队员始终保持不怕苦不怕难的精神品质，坚守党的正确领导，将抗洪防汛工作放在首位。如果离开了应急救援，洪水最终带来的灾害将难以预估。因此各个地区应当做好防汛工作，落实防汛应急管理。

参考文献

[1] 河南暴雨洪灾：众志成城 风雨同舟 [J]. 今日中国，2021，70 (8)：8 - 9.

［2］ 众志成城共抗洪灾，心手相连彰显担当——河南银金达控股集团紧急支援防汛救灾工作纪实［J］. 中国包装，2021，41（8）：19-20.

［3］ 王志明，李己华，宋丙剑，等. 加强我国专业抗洪抢险队伍体系建设思考［J］. 中国防汛抗旱，2021，31（2）：66-69.

［4］ 洪灾无情人有情　同心聚力援河南——全国各级工商联发挥"联"字优势助力河南抗洪救灾［J］. 中国产经，2021（15）：104-107.

［5］ 李斌. 加强抗洪抢险救援能力建设的思考［J］. 消防科学与技术，2020，39（11）：1587-1588.

［6］ 周详. 消防救援队伍防汛抗洪抢险救援工作探析［J］. 消防科学与技术，2020，39（9）：1191.

［7］ 闪淳昌. 我国应急管理的实践与发展——学习习近平总书记在庆祝中国共产党成立100周年大会上的讲话［J］. 中国应急管理，2021（9）：6-11.

［8］ 康维，华振楠，徐术坤，等. 应急救援队伍训练标准化问题及对策研究［J］. 中国标准化，2021（17）：107-111.

无人机遥感技术在抢险救援行动中的应用

崔中国

（中国安能集团第二工程局有限公司常州分公司　江苏常州）

【摘　要】　在科技不断发展的今天，高科技不断被应用于各个领域，为国家作出了很大的贡献。其中，在抢险救灾当中，无人机遥感技术就发挥了巨大的作用。它在传统无人机的基础上有着更加清晰的摄像功能，能够更加自动化地获取消息，更好地进行数据处理和建模；同时它也有着经济、快速的优势。本文就是通过对无人机遥感技术在抢险救援行动中的应用进行分析，来进一步找到它的优势以及未来需要发展的方向，可为未来抢险救援和无人机的发展作参考。

【关键词】　无人机；抢险救援；遥感技术

1　无人机遥感技术设备系统简介

1.1　系统组成

无人机的组成部分里面主要包括了动力装置、管理系统、飞行装置以及机体和电源系统，一般还会根据应用添加不同的配置等。无人机因为生存能力和机动性强、使用方便，已被很多方面应用，在军事、救援等领域都有很大的用途。其中，动力装置是整个无人机能够飞行的核心要素。

1.2　功能特点

（1）无人机整个机身是全碳纤维的，有着刚性好的特点，其重量也非常轻，这使得无人机十分方便携带和运输。

（2）无人机还有一个特点就是，它是模块化的机臂快拆结构设计，能够很快地进行组装，整个过程不会超过5min，这样的结构也使得它非常方便携带。

（3）无人机的续航时间非常长，能够供给长时间的救援使用。

（4）在飞行过程中，有FullHD全高清数字图传系统，还能支持1080p图像实时传输。

（5）无人机有高度集成防雨云台套件设计，可以雨中飞行，它有智能飞控系统，它能够自主飞行，同时救援人员也可以在远处手动控制。

1.3　适用环境

无人机对于环境有很好的适应能力，能够应用于各种复杂的地形。无人机通信站可以建立在船上、车上或其他平台上。在寒冷炎热等天气中能够较好地保持性能的正常使用，以便能够在极端天气下完成不同寻常的任务。

（1）适用海拔 5000m 以上地区使用。

（2）环境温度低于－30°时可正常使用。

（3）抗风能力不低于 7 级。

（4）平均无故障时间 350h。

（5）常温下飞行续航时间长；X6L－15 型续航时间不小于 70min（标配广角镜头）。

1.4　视频传输方式

（1）无人机遥感技术使得无人机能够实现空中实时高清视频传输至地面，整个拍摄清晰度和准确度都远远超过传统无人机技术。

（2）复合一路中继信号转发地面单兵、车载等图像传输至远端指挥中心。

（3）全高清 1080p/i 视频传输，分辨率 1920×1080。

（4）采用广播级 H.264 High Level 视频编解码方式。

（5）兼容 MV2025、MV2500 系列高清单兵、车载图传系统。

1.5　配置手持式接收机

手持式接收机能够直接安装在遥控器上。这种接收机是专门为无人机图传系统设计，能够让操作者同时操控飞行器和查看镜头视角，这样一来，能够更加准确地去追踪目标。

2　无人机遥感技术在抢险救援中的应用优势

2.1　快速勘察灾情和采集数据

无人机遥感技术对于勘察灾情和采集数据有着非常重要的作用。首先，无人机的机身小巧轻便，并且十分灵活，对升降场地的要求也比较小，它自身的质量体积并没有影响到它的运行，它强大的续航能力以及动力装置配合上它的灵巧机身，使得整个勘察过程非常快速细致，能够灵活地对多个地方进行勘察。同时，由于无人机能够通过遥感技术在短时间内提供及时可靠信息给勘察人员，还能非常灵活地远程进行遥控，并且它本身处理信息的速度也十分快，所以在勘测灾情和采集数据方面无人机的效率是非常高的。无人机遥感技术与最开始的无人机相比，有着很大的优势。因为整个无人机本身高科技的构造使得其在监测数据这方面达到了一个非常好的效果，无人机遥感技术使得它能够更加清晰地对灾情现场进行拍摄，同时它的种种自身特性也使得整个检测过程非常快速灵活，更快更清楚地收集数据，能够给指挥部提供非常全面的现场信息。

2.2　能够有效监控和全面追踪

通过无人机的遥感技术，能够更加精确地对整个灾情进行有效监控和全面追踪，无人机的整体特性，使得它在侦察灾情的时候能够第一时间到达战场，实时监控灾情，通过远程遥感操控，能够全面进行追踪，及时将现场情况进行汇总，让救援部队能够及时掌控整体情况，对整个灾情做出适当的救援计划。无人机能够实现区域临时无线覆盖。在很多抢险救援的区域，信号非常弱，但是在救援过程中有时候又必须要信号支撑，这时候无人机就可以通过小型信号基站的搭建，便于需要救助的人员发出求救信号。这样的方式能够在区域内实现全覆盖，有效地进行监控，同时及时地传达灾情现场情况，在遥感技术的配合下，整个信号的覆盖和传递也更加方便。

2.3 能够辅助救援并提升救援效率

随着无人机遥感技术的发展，出现了更多也更先进的救援行动时需要使用的机载设备。这些设备可在各种不同的环境下进行救援，如各种自然灾害以及城市火灾等。它能将语音系统和扩音系统结合在一起，在实际救援过程当中，能够确保传达出合适的命令，能够更好地当面进行喊话，相关的指令也能够在此过程中发挥应有的作用。就像发生火灾时能够借助无人机传达任务指令，能更及时快速地灭火。在大型地质类灾害救援中，比如地震、山体滑坡、江河决口等，一般受领任务以后先派出技术组进行现地考察，这时候，无人机的作用就突显出来了。在经过详细的勘测后，制订方案，有人员伤亡时先搜寻人员，没有人员伤亡时就进行决口封堵等，这些都是需要无人机调查了信息再进行详细安排的。

2.4 能够监督和完善救援过程

无人机的内部航拍技术可以被应用在很多救援行动中，利用无人机遥感技术，可以根据不同地区的实际情况选择最合适的对整个实际灾害情况进行实时检测和监督。如地震的时候，能够有效地检测建筑物内部情况，对整个灾害地区的详细情况进行细致的探测并将数据反馈给指挥部，能够对灾害所产生的隐患进行排查，也让指挥部的人在制订救援计划时，能够根据详细的灾害现场情况来决策。在山洪泥石流中，也能帮助救援人员熟知具体情况，存储合适的图像，使得救援行动能够更加完善，整个过程更加细致，确保人员安全和整个救援行动能够成功。而且，无人机可以实现空中喊话，也有助于指挥部对整个救援过程的监督。

2.5 能够确保救援过程的安全性

无人机遥感技术让无人机在原有的基础上安全性增加了，而且探测功能也变得更加强大了。在一些狭窄或者封闭的环境下，无人机可以很方便地进入，可以进行拍摄和小型的物质运输等任务。无人机遥感技术更清晰更先进的拍摄技术，能够更加清晰地对这些地方进行探测。无人机的人工远程操作，可以用于高危地区，例如泥石流地带、地震地区、边界地区、江河地区等。此种情况下，使用无人机都是明智选择，能最大程度地保障人们的安全。同时无人机还可以用于物品运输与紧急投递。在遇到紧急救援或抢险环境时，人员一时无法抵达救援位置时，例如人员被困在山涧、孤岛等环境时，通过无人机遥感技术可以更加精确地在无人机下挂套件接口处挂载救援物品，例如救生圈、救生药品等，飞抵救援位置时进行投放，为人员的救援抵达争取足够的救援时间，挽救人员及财产损失。

3 无人机遥感技术应用时的注意事项

3.1 需要对无人机操作人员进行专业培训

无人机虽然方便，但是它对于操控者也有着较高的要求，操作人员自身技术过关，才能真正将无人机的作用发挥到最大。所以，只要拥有无人机的单位，都需要这些操作人员考取无人机驾驶员的合格证书，并在无人机飞行体系内部建立日常保养、训练考核和管理使用于一体的机制，这样一来，能够确保无人机在实际应用过程中更有效地发挥其作用，也确保无人机在应用过程中是完好灵活的。

3.2 无人机操作环境的要求

在无人机被应用在特殊灾害的抢险救援中时，要注意应该将场地选在远离人群的地方，避免无关人员出现伤亡。除此之外，在此区域需要用警戒线规划区域，注意和一些强对流区域保持距离，避免出现人员伤亡和事故。

4　无人机遥感技术的发展趋势

首先，无人机遥感技术未来会趋向于在传感器精准度方面更加超越传统无人机，这样一来，也会使得测绘精确度更高。实现整个操作过程更加灵活，也能够更加人性化地进行操作，让无人机飞行测绘得更加全方位，为抢险救援提供更加精确的数据。其次，进一步提高无人机的抗干扰能力，也是很重要的一部分。因为无人机在救援过程中所处的环境大多数是比较恶劣的，这时候对于无人机本身的起降能力会有更高要求，在抗风能力方面同样也需要加强，这样才能使无人机在抢险救灾过程中更加精确和快速地进行数据检测，同时传达灾情，也避免了无人机出现一些突发状况。

5　总结

遥感技术下的无人机和传统无人机相比，在摄像功能上，更加有优势，它还能够根据不同类型的遥感任务去使用相应的设备。这种优势在自然条件更为恶劣的地区就显得更加突出。它可以在较短的时间内，飞往众多的地区，收集、获取、数据、影像，从而满足精确测绘、应急测绘等各种需求。同时，也能进行相应的空间建模，帮助抢险救援行动更快更好地进行。另外，通过无人机遥感技术能够探测到更多人体肉眼无法发现的信息，以及一些人为探测死角的信息。不过，无人机的操控，对于操控者有很高的要求，这些操控人员都需要经过专业的训练，而操纵环境也需要满足一些条件，才能保证无人机作用的发挥。如今，虽然我国抢险救援的无人机发展得已经非常成熟，也已经达到了充分的利用，但是在无人机遥感技术方面，我们仍然还有更远大的期望：一方面是传感器精确度，当精确度发展得更高，整个无人机的操控过程也就会更加灵活，同时对信息的探测也会更加全面；另一方面是进一步提高无人机的抗干扰能力，这样就可以让无人机在更加恶劣的气候下也能够稳定地辅助救援人员执行任务。随着科技的不断发展，未来无人机遥感技术的发展将会越来越好！

参考文献

[1]　林磊. 无人机在抢险救灾中的应用分析 [J]. 科技经济导刊，2019 (20)：73 - 73.

[2]　孙颖妮. 无人机在应急救援中担当大任 [J]. 中国应急管理，2020 (1)：66 - 67.

[3]　谢红刚. 浅谈无人机在消防应急救援工作中的运用 [J]. 消防界（电子版），2019，5 (7)：73 - 74.

[4]　张彬楷，吴佳宁，李鹏坤，等. 一种抢险救灾用无人机：CN210503188U [P]. 2020.

[5]　张建学. 无人机在灭火救援行动中的实战运用 [J]. 数字化用户，2019，25 (4)：40.

[6]　朱明明，雷涛，夏娟娟，等. 无人机在伤员搜救中的应用及研究进展 [J]. 国际生物医学工程杂志，2020，43 (5)：387 - 393.

[7]　潘烁. 无人机灭火救援应用分析 [J]. 消防界（电子版），2020 (15)：64，66.

[8]　范镇. 无人机在消防灭火救援工作中的应用思考 [J]. 今日消防，2020 (5)：6 - 7.

浅谈堤坝脱坡险情应急处置技术

徐志鹏　郭　亮　邓　昱　姚冬杰

（中国安能集团第三工程局有限公司武汉分公司　湖北武汉　430000）

【摘　要】 堤防滑坡俗称脱坡，是由于边坡失稳下滑、内部裂缝破坏坝体、坡脚受洪水影响失稳等原因造成的险情。我国坝体众多且建成年代大多较为久远，一些坝体由于人为原因与自然影响本身就存在安全隐患，在洪水的影响下极易破坏坝体内应力平衡导致险情发生。这类险情严重威胁着堤防的安全，必须及时进行抢护。许多堤段发生过滑坡的重大险情，造成了严重的人民生命财产损失。2021年7月，河南省焦作市遭遇强降雨，因抢险及时才避免了溃口险情的发生，事前控制是防止堤坝脱坡险情发生的有效手段，通过巡堤的方式及时排查和处理安全隐患可有效避免大多数堤坝脱坡，但由于一些原因险情已经发生，因此及时制订有效的处置方案、救援队伍能够在具体的实施行动中有效处置就显得尤为重要。

【关键词】 堤坝脱坡；应急救援；安全质量控制

0　引言

我国是世界上洪涝灾害发生频率最高、受灾最重的国家之一。突发性洪涝灾害包括江河洪水、渍涝灾害、山洪灾害、台风暴潮引起的洪涝灾害，以及由洪水、风暴潮、地震、恐怖活动等引发的水库垮坝、堤防决口、水闸倒塌等次生衍生灾害。堤防滑坡俗称脱坡，是由于边坡失稳下滑造成的险情，开始在堤顶或边坡上产生裂缝或蛰裂，随着裂缝的逐步发展，主裂缝两端有向堤坡下部弯曲的趋势，且主裂缝两侧往往有错动。根据滑坡范围，一般可分为深层滑动和浅层滑动。堤身与基础一起滑动为深层滑动；堤身局部滑动为浅层滑动。前者滑动面较深，滑动面多呈圆弧形，滑动体较大，堤脚附近地面往往被推挤外移、隆起；后者滑动范围较小，滑裂面较浅，在洪水发生时，由于水位冲刷坡脚、水位消退泡水部位滑动、堤坝浸泡裂缝渗水、堤脚遭到破坏等情况下，极易出现滑坡。这种情况都应及时抢护，防止继续发展。堤防滑坡通常先由裂缝开始，如能及时发现并采取适当措施处理，则其危害往往可以大大减轻；否则，一旦出现大的滑动，就将造成重大损失。堤坝滑坡主要是因为坝体内部应力平衡遭到破坏，突破最大承载力极限后产生的形变导致垮塌。我国部分堤防建设年代久远，受限于当时的科技水平存在许多设计缺陷，再加上使用过程中缺少较好养护和遭受自然因素侵袭的影响，导致存在许多安全隐患，在汛期面对洪水侵袭时极易出现险情。本文主要分析了滑坡产生的主要原因和预兆，列举了滑坡抢护的处置原则和工作重点，以及事前预防措施，并以焦作市武陟县沁河东关险工脱坡险情处置为实例，对险情发生后的处置方法进行说明，罗列相关注意事项，旨在为救援队伍处理此类险情提供参考。

1 滑坡险情成因与预兆分析

1.1 滑坡产生的原因[1]

堤坝滑坡主要是因为坝体内部应力平衡遭到破坏，突破最大承载力极限后产生的形变导致垮塌，因平衡力破坏产生的原因不同，可以分为以下两类。

1.1.1 临水面滑坡的主要原因

（1）水位冲刷坡脚，水流应力和堤坝泡水导致的坡脚失稳脱坡。

（2）水位消退后，由于泡水部位吸水饱和导致自重增加和渗流使滑动力加大，堤坡失去平衡而滑坡。

（3）由灾情引发的其他情况破坏坝体引起的滑坡，如重物冲击等。

1.1.2 背水面滑坡的主要原因

（1）由于历史原因，我国部分堤坝建设水平不高，导致坡脚基础不稳固，因洪水浸泡渗漏导致边坡自重增加导致滑坡。

（2）由于坝体结构不合理坡载过重，因洪水浸泡渗漏导致应力进一步增加，边坡自重增加导致滑坡。

（3）由于坝体内土壤材料等含有植物动物等，在年久腐烂后形成中空，以及被动植物破坏坝体形成的裂缝、洞穴等没有及时处置，在洪水的作用下出现滑坡。

（4）堤身长时间在洪水的浸泡下，导致抗滑稳定性下降导致滑坡。

（5）在长时间暴雨或者洪水浸泡下，水流通过已存在的裂缝向下进一步渗透、侵蚀、破坏内部结构导致滑坡。

（6）由于部分地区管理不善，平时不注意堤脚保护，甚至在堤脚下挖塘，或未将紧靠堤脚的水塘及时回填等，削弱堤脚导致的滑坡。

1.2 滑坡产生的预兆

汛期堤防出现了下列情况时，必须引起注意。

1.2.1 纵向裂缝

汛期如堤顶或堤坡出现的与堤轴线平行而较长的纵向裂缝，需要建立观测、测量制度，缝长、缝宽、缝深、缝的走向以及缝隙两侧的高差等要建立测量档案。出现下列情况时，发生滑坡的可能性很大[2]。

（1）以堤中心为参照，远离中心的裂缝低，靠近中心的裂缝高，且高差较大时。

（2）裂缝长度、宽度连续增大时。

（3）裂缝的尾部走向出现了明显的向下弯曲的趋势，如图1所示。

（4）从发现第一条裂缝起，在几天之内与该裂缝平行的方向相继出现数道裂缝。

（5）发现裂缝两侧土体明显湿润，甚至发现裂缝中渗漏。

1.2.2 堤脚处地面变形异常

滑坡发生之前，滑动体和非滑动体相对变

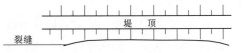

图1 滑坡前裂缝两端明显向下弯曲示意图

形突然增大，使堤脚某一范围变形增大。当发现堤脚下或堤脚附近出现下列情况，预示着可能发生滑坡。

（1）堤脚下或堤脚下某一范围隆起。可以在堤脚或离堤脚一定距离处打一排或两排木桩，测这些木桩的高程或水平位移来判断堤脚处隆起和水平位移量。

（2）堤脚下某一范围内明显潮湿，变软发泡。

1.2.3 迎水坡前滩地崩岸逼近堤脚

堤坝前滩经汛期长时间雨水冲刷、水位消退等影响，容易发生崩岸。当崩岸过大影响堤脚时，会导致堤坝坡度变陡，防滑力减少从而引起滑坡。

1.2.4 迎水坡面防护设施失效

迎水坡面经过洪水、暴雨的冲刷，坡面防护容易损坏导致直接冲刷堤身，使堤身土体流失，严重时也会引起局部滑坡。

2 滑坡险情处置原则与重点

2.1 滑坡抢护的基本原则

（1）事前控制。汛期水位上升后，汛期临水面滑坡抢护难度较高，应在汛前做好隐患排查，采取加固措施。

（2）减载加固。减载即为减少坝体荷载，可有效降低滑动力，是最常用、最简单的抢险方式；加固即采取坡脚加固、填土放坡等方法加强坝体承载力、抗滑力。

（3）因地制宜。兵无常势，水无常行。要根据堤坝现场情况和险情发展态势，充分分析滑坡原因、石料储备、坝体破坏等现实情况选择合适的处置方案。

2.2 滑坡抢护的工作重点

（1）融合指挥体系。险情发生后，通常会由于多部门联合成立指挥部。但由于涉及部门多、指挥结构不完善等原因，在处置行动中容易发生任务对接不顺畅、装备进场受阻、物资材料保障不到位、不能及时接收重要信息等情况。各级地方政府理应考虑将有救援能力的救援队伍加入联合指挥部，全面参与联合指挥决策，便于开展抢险救援行动。

（2）紧密团结协作。救援行动往往是一次多单位参与、多专业力量、多任务类型的综合性救援行动，也是一次与时间赛跑、与任务接力的快速反应、机动灵活的抢险战斗。只有统一高效的指挥协调、齐心协力和团结协作，才能以最小的代价和最快的效率完成好救援任务。任务中要指定专人对接协调，根据任务类型特点统筹分配救援任务，防止出现一锅粥、打乱仗的现象。

（3）做好通信联络。极端恶劣复杂天候造成的自然灾害险情往往会导致大面积停电和网络中断，救援队伍必须第一时间利用有线、无线、卫星、短波、微波等多手段组网，在最短时间内实现依车建所，实现指挥通联；同时也要发展和保留指挥旗语、口哨、喇叭、广播等传统通信手段，确保一旦有险情，能第一时间通知到位，群众能在第一时间撤离避险。

（4）注重思想发动。抢险救援任务通常是时间紧、任务重、强度高、压力大，必须要持续搞好思想发动、锤炼过硬的作风、保持顽强的斗志，才能最大限度激发全体救援人员的精神动力。

（5）强化队伍训练。近年来，我国自然灾害多发频发，灾害种类也由过去常见的内涝、决口、山洪泥石流这些险情向涵闸、溢洪道等非常见险情覆盖，一旦失去防范和警惕，就会发生像郑州内涝、随州泥石流等险情，导致夺去人民群众鲜活的生命。问题告诉我们，必须始终坚持"人民至上、生命至上"，要进一步健全应急体系、技术体系、装备体系、预案体系，搞好监测预警、加强队伍建设、备齐物资装备、开展实战训练、组织避险演练。按照"宁可十防九空、不可失防万一"和"生命至上、避险为要"总要求，以大概率思维应对小概率事件，紧盯重点区域、重点部位、重点环节，时刻绷紧"安全第一"这根弦，在自然灾害来临前，穷尽一切可能，提前做好万全准备，将灾害损失降为最低。

3 事前预防控制措施

事前控制是防止堤坝脱坡险情发生的有效手段，通过巡堤的方式及时排查和处理安全隐患可有效避免大多数堤坝脱坡。巡堤范围包括临背水堤坡、堤顶和距背水堤脚50～100m范围的地面及积水坑塘。巡堤查险队的队员，首先必须挑选责任心强、有抢险经验的人员。巡堤查险任务，应按堤段的重要情况配备力量，分派专组、专人、专地看守。巡查交接时，交接班应紧密衔接，以免脱节。巡查分为白班及晚班，每班分2组由两端开始交叉巡视。

巡查人员一般每组由5～7人组成，同时出发，在迎水坡、堤顶、背水坡、背水堤脚和地面同向巡查。巡查时要做到手到、脚到、眼到、耳到等"四到"。它们之间是有机联系、互相配合的，每一名巡查人员都必须切实做到并互相及时沟通情况，研究磋商。

（1）手到指用手摸探和检查。①堤上有草或障碍物不易看清的地方应用手拨开草或障碍物查看；②检查防浪、护坡工程的木橛、绳缆或铅丝是否过紧或太松。

（2）脚到指在下雨泥泞看不清或看不到的地方，用脚的感觉（最好是赤脚走，感觉灵敏）来检查。①从温度来鉴别。渗漏的水往往是从地层下或堤身渗透而来，水温较地表水温低，所以如感到水凉或是浸骨，就应引起注意，认真检查。②从软硬来鉴别。如果发现溶软不是表层，而是很深且踩不着硬底，或是表层硬里层软似弹簧，就可能有险。③从虚实来鉴别。防浪梢排或是表面铺了草袋、麻袋的险工段，下面是否被冲刷或淘空，可上去用脚踩一踩，如骤然下陷，即说明有险。

（3）眼到指用眼来观察。①看堤面堤坡有无崩挫裂纹、漏洞流水等现象；②看堤防迎水坡有无浪坎、崩塌，近堤水面有无漩涡；③看堤防背水坡、地面或水塘内有无翻沙鼓水现象等。

（4）耳到指用耳听。在夜深人静时，效果更好。①细听附近有无水流声，可以了解有无漏洞；②细听有无滩岸崩塌落水声，可以帮助发现塌岸等情况。

4 险情处置实例

由于一些原因，险情不可避免，必须及时制订有效的处置方案，并高效开展处置行动，以扼制险情进一步恶化。焦作市武陟县沁河东关险工脱坡险情处置便是中国安能近年来处置类似险情的成功案例。

4.1 险情概述

2021年7月22日，受连续强降雨和上游泄洪影响，焦作市武陟县沁河东关险工（丁字坝）16坝背水面发生脱坡险情，脱坡体长约7m、宽6m，如不及时处置，极易导致坝体继续垮塌，影响河堤安全，直接威胁沁河左岸数十万人民群众生命财产和华北平原安全。

4.2 处置方法

4.2.1 处置方案

采取"固脚阻滑，堤顶削载"的方法，保证滑动体稳定，制止滑动进一步发展。滑坡是由于堤前滩地脱坡、坍塌而引起的。首先要制止崩岸的继续发展，根据沁河大堤东关险工实际情况，主要采取堤脚抛石块固脚，堤顶削减石料重量的方法，在极短的时间内制止脱坡与坍塌进一步发展。滑坡示意如图2所示，抛石块示意如图3所示。

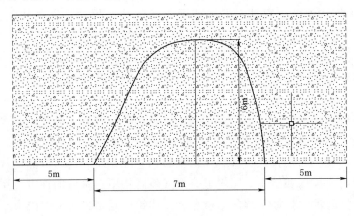

图2　滑坡示意图

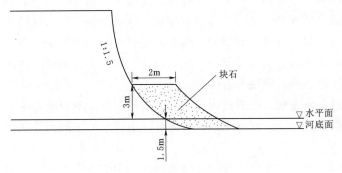

图3　抛石块示意图

4.2.2 处置办法

（1）料场选择。利用东关险工丁字坝坝顶及附近备用料场。

（2）道路、作业平台修筑。采用1台挖掘机由堤顶沿坡面修筑下坡路面，到达坡脚。2台挖掘机沿丁字坝迎水面一侧进入备料区，从2～3号备料区中心区域打通一条进场道路，形成作业平台。

（3）固脚阻滑。堤顶采用2台挖掘机从备料区直接取料，沿脱坡体堤顶抛料，抛投范围为脱坡体左右两侧各 5m，另外 1 台挖掘机在坡底进行修筑加固，抛投料高出水面约 3m，宽 2.5～3m。按照先抛填物料，后修筑加固的顺序，避免在高处作业坠落半径内交叉作业。

（4）堤顶削载。采用 2 台挖掘机将脱坡体堤顶处石料抛投至堤脚，减轻丁字坝坝体荷载力。

（5）防渗处理。在堤顶和坡面铺彩条布，做防渗处理，防止降水进入坝体，造成孔隙水压力，减少渗透力，防止坝体的稳定角降低。

4.2.3 资源投入

脱坡险情处置点位顶部拥有充足的石剁，采取 2 台挖掘机挖料、1 台挖掘机平整进行险情处置。资源投入见表 1。

表 1　　　　　　　　　　　　　资 源 投 入 表

序号	分　类	种　类	数　量	用　途
1	人员	指挥人员	3 名	
2		操作手	6 名	
3		安全员	6 名	
4		技术员	2 名	
5		保障人员	2 名	
6	机械及车辆	指挥车	1 辆	
7		挖掘机	3 台	挖料
8		油罐车	1 辆	油料补给
9		无人机	1 架	侦测
10		无人船	1 艘	
11		发电照明	2 台	照明
12	工具	铁锹	10 把	铲土
13		救生衣	15 件	安全
14	物料	彩条布	3 条	防渗
15		块石	300m³	固脚

4.3　处置成效

因处置措施得当，中国安能仅用 4h 就完成了 5 处 180m 险点任务处置，累计完成填筑石料 300m³、黏土 50m³，填筑长度 180m。

5　安全保障措施

5.1　灾情监测

灾情监测对于抢险安全极其重要，能起到防患于未然的作用，监测主要采用人防与技防相结合的方式。

（1）每个抢险施工点必须配备专职安全员，随时监测周边环境变化，尤其是渗流、边坡的变化情况。

（2）测量人员需观测边坡及其易发生滑动等危险源的变形观测。

（3）安全员与施工人员必须通信畅通。

5.2　预警及避险

根据监测、预测情况及时预警及避险。

（1）在进行抢险前必须制订安全预案，做到心里有底。

（2）施工人员必须听从安全员指挥，做到令行禁止。

（3）避险时应做到先人后物，首先确保人身安全，做到以人为本。

5.3　注意事项

（1）滑坡前出口处地面变形异常情况很难发现。因此应在重要堤防，包括软基上的堤防、曾经出现过险情的堤防堤段临时布设一些观测点，及时对这些观测点进行观测，以便随时了解堤防坡脚或离坡脚一定距离范围内地面变形情况。

（2）抢护应尽量增加抗滑力，尽快减小下滑力，可概括为"上部削坡，下部固坡"。

（3）现场配备救生衣、救生圈、反光背心等必要的劳动保护用品。

参考文献

[1]　刘剑芳，甘荣华. 堤坝滑坡抢险技术论析 [J]. 沿海企业与科技，2011 (4)：91 - 93.

[2]　张智吾. 堤防险情应对措施 [J]. 中国水利，2008 (10)：46 - 63.

[3]　佚名. 长江堤防巡堤查险及抢险措施辑要 [J]. 江苏水利，1998 (9)：23 - 24.

[4]　张卫国，李德志. 浅析洪湖东荆河汛期巡堤查险队伍的组织结构变化 [J]. 科技风，2020 (7)：129.

[5]　刁新国. 水利工程中堤坝滑坡的原因及抢险防治办法 [J]. 民营科技，2011 (10)：283.

浅谈精细化模块编组在抢险救援中的运用

王国强　　林立生

(中国安能集团第三工程局有限公司武汉分公司　湖北武汉　430000)

【摘　要】 我国是世界上自然灾害较严重的国家之一,灾害种类多、发生频率高、分布区域广、造成损失大。中国安能作为一只非现役专业应急救援力量,担负着抢险救援的责任使命,在数次与自然灾害的较量中形成了一套精细化模块编组。这套模块编组结合了抢险救援实际,充分发挥救援人员资源和装备资源优势,合理划分任务区块,做到精准配置人装,最大程度优化人装布置,抢险救援综合效率大幅提升,有效针对了救援任务的急难险特点。结合2021年7月河南地区遭遇特大暴雨引发的洪涝灾害,本文主要论述了精细化模块编组在抢险救援任务当中的运用,实际分析了精细化模块编组运用产生的效果,完善了编组中的不足,明确了此编组未来的应用方向和范围,对其他抢险救援力量有着积极的借鉴指导意义。

【关键词】 精细化;模块;编组;抢险救援

0 引言

随着国民经济的飞速发展,特别是因长期资源消耗型累积带来的自然环境的破坏,以及各类民生能源基站建设产生区域性气候变化、重力环境变化的影响,越来越显著地体现在我们的舆论和生活中。按照"事物只有在变化中才能发展"的原则,同理反映在国土环境的治理上。为了加强国内紧急救援(后称应急救援)建设,我国在第十届全国人大常委会正式通过《中华人民共和国突发事件应对法》。同年,国内第一家综合性民间公益性救援队蓝天救援队正式成立。2008年汶川大地震后,国内对应急救援领域越来越重视,并不断出台相关法规规范。各地属、各种类的救援队如雨后春笋般成长起来,仅此次河南救灾期间,各地向河南省应急管理厅报备参与执行任务的民间救援队就有392个。国家层面在应急救援领域也不断加大投入,重点建设了以森林和消防为主的综合性消防救援队伍、中国国际救援队等,并且重点对中国安能加大硬件支持帮扶力度,努力建设工程救援国家队。同步在全国计划建设5个国家级区域应急救援中心,不断朝着专业救援国家队为主力、社会力量为辅助的趋势发展。

2021年7月18日18时至21日0时,郑州全市普降大暴雨、特大暴雨,累积平均降水量449mm。武汉基地在河南地区共计投入89名人员、48台(套)装备遂行抢险救援行动。基地员工团结协作、上下一心、勇挑重担、坚守信念,发扬铁军精神,连续奋战15天,在郑州、鹤壁、新乡、焦作四个方向完成抽排水204.3万 m^3;加固滑坡险点5处,填筑石料 300m³、黏土 50m³，填筑长度 180m；封堵决口 1 处；搜救转移被困群众 800 余人。抢险救援期间，基地区分任务种类，坚持小编组、小模块、大组合的战斗队形式，在固定时间内，有效、圆满、科学地完成了内涝抽排水、溃口封堵、人员物资转移运输等任务，得到了中国安能集团内部及当地政府的一致好评。

1 当前抢险救援的特点

相比国外抢险救援，我们的起步晚、基础差、对比优势少。但是从其发展过去及现状来看，随着救援行动社会力量参与、国家统筹管理的加强，我国应急抢险救援的时代特点优势日益凸显。

1.1 抢险救援队伍的社会公益性

目前，国内登记在册的以救援为主业的公益救援队伍已有 1300 多支，国内最大的蓝天救援队总人数在 3 万人左右。再看国外应急救援队伍构成，仅加拿大安大略省的消防救援队伍，69％是由志愿者组成。且随着国内民众认知水平的提升，参与社会公益的积极性的提升，将会有越来越多的社会力量参与到抢险救援行动中去。

1.2 抢险救援行动的效率集中性

纵观全球灾害发生的时空因素，灾害普遍具有地域性、瞬发性、次生灾害的延发性。这些都要求我们的抢险救援行动必须在短时间、窄空间内安全高效地完成人员搜救、财产转移、次灾控制等任务。

1.3 抢险救援行动的专业分域性

根据国内常发性灾害分类，国内现已建设专业性救援队伍 10 类，主要是消防救援、地震救援、矿山隧道救援、危化救援、山地救援、水上救援等。2008 年汶川地震救援、2016 年长江流域 98 抗洪抢险就分别属于地震专业、洪涝专业救援，都是依据灾害种类进行区分。因此带来的救援队员专业、救援装备配置、救援培训内容等的不同，充分体现了救援行动的专业分域性。

1.4 抢险救援队伍的品牌效益化

随着各种类专业救援队伍数量的扩张，为方便管理、统一协调、重点建设，国家层面必定会对救援队伍区分专业进行整合。而为了维持队伍整体性，必须提高救援队伍的品牌形象，提高社会效益。像蓝天救援队有官网、下设授权队伍、有统一组织的培训模式，通过开展协助政府应急体系展开防灾、减灾教育培训等不断扩大其社会影响力。可以说，目前国内民间应急队伍中的"第一队"非蓝天莫属。

应急管理部作为全国应急救援行动的协调和指导机构，更多的工作集中在协调资源、统筹工作、检查督导上。对于各种应急救援力量的精细化管理的主要目的在于以下几个方面。

(1) 提升救援行动效率。抢险救援中首要坚持的原则就是"时间等价于生命"。在救人优先的 72h 黄金期内，效率决定一切。所有影响救援效率的一切因素都在应急管理的工作范畴内，如物资补充、装备到位、急救措施、人员分布等。只有在物资及时补充、装备优势明显、人员布置科学的情况下，才能真正提升行动效率。确保在最短的时间内救更多的人。

（2）降低综合损耗。社会主义的最大优势就是能够集中力量办大事。体现在抢险救援中尤为突出，对比 2020 年至今的全球各国抗疫现状，不难得出结论。险情发生后，各种抢险队伍、各类救援物资、各地志愿者的蜂拥而入，往往会因关键节点队伍、物资、人员的集中带来损耗，而偏远地区往往无人问津，从而出现局部损耗、总体不均的问题。应急管理在此时就应当发挥作用，要在调节、调整、均衡上做工作，确保任务点的力量分布、资源配置，从而减少甚至防止综合损耗。

（3）坚持精准介入。险情发生往往都伴随着次生灾害，像洪涝灾害过后易发疫情，地震带来的巨大破坏容易给人造成永久性的心理创伤等。在险情发生的每个阶段、每个时期，甚至细化到从某个楼房下救援伤员的行动中，在以拯救为目的的指引下，如何搭配使用人员、哪个阶段使用哪种专业人员等，都要求我们的应急管理要精准介入，才能最大程度上确保行动的成功圆满。

为开拓平行建设、平衡发展的道路，中国安能武汉救援基地提出精细化模块编组的建设理念。在实际的救援行动中，最大减少损耗、提升综合效率，截至 2022 年 8 月，已经圆满完成 10 余次抢险任务，特别是在河南"7·20"抢险任务中，精细化模块编组得到了很好的验证，效果明显。

2　精细化模块编组的概念

从管理学的概念讲，精细化是建立在常规管理的基础上，并将常规管理引向深入的基本思想和管理模式，是一种以最大限度地减少管理所占用的资源和降低管理成本为主要目标的管理方式[1]。精细化管理的本质意义就在于它是一种对战略和目标进行分解、细化和落实的过程，也是提升企业整体执行能力的一个重要途径。所谓模块化，就是为了取得最佳效益，从系统观点出发，研究产品（或系统）的构成形式，用分解和组合的方法建立模块体系，并运用模块组合成产品（或系统）的全过程[2]。

精细化模块编组是指在某一类任务行动中依据所需工种、专业按照技术精通、分工细化的要求设置模块，并在实际任务中进行综合编组的动作。主要目的是确保第一时间到达现场，第一时间展开任务，第一时间抢救人员。通常是以 1 台集成型装备或者几台单一型装备集合进行模块编程。如排涝编组是以 1 台综合性排涝车为基础，配置指挥员、操控手、辅助手、安全员为 1 个模块。在此次河南"7·20"抢险期间郑州排涝组就是以此为基础进行的布置。

3　精细化模块编组构成

参照军队及地方各类预案组成要素，结合中国安能参加抢险救援案例经验教训，在确保精、专、全的前提下，通常把人员物资按照指挥层、执行层和保障层进行设置。由此划分为以下 8 个模块。

（1）指控模块：通常由总指挥和副总指挥组成，副总指挥同时为各分任务点的总指挥。在实际的抢险行动中，经常把技术保障、物资装备保障和宣传合并入指控模块。

（2）搜救模块：主要负责水域、空域和山地搜救等，通常 1 艘冲锋舟配置 3 名操控手、1 架直升机、3 名救生员等；具体行动时按照任务区域面积、任务量大小进行人员和装备配置。

（3）排涝模块：主要负责操作排涝设备对城市内涝等进行远距离排除。通常由 1 台排涝车和 1 名安全员、1 名指挥员兼操作手、2 名辅助手组成。

（4）运输模块：主要负责任务中装备物资、渣土、人员运输及转移，通常在堰塞体清理、决口封堵等任务中使用。通常由 1 台或多台自卸车或各类型运输车及其驾驶员组成。

（5）挖装模块：主要负责任务中渣土、废弃物装载，通常由 1 台挖掘机、1 台装载机或 1 台挖掘机、1 台推土机及其操作手组成。

（6）电保通模块：主要负责电力抢修抢建任务组织实施，通常由 1 台吊车、1 台皮卡车及 3~4 名电工组成。

（7）通信模块：主要是负责利用卫星网、短波网、移动网等开展工作，用以保障任务行动中的所有沟通联络。通常由 1 台通信指挥车、若干对讲机、1 部卫星电话及其操作员组成。

（8）卫勤模块：主要负责任务中防疫、救治、伙食等保障工作，通常由 1 名卫生员、1 名炊事员组成。

4 实战编组方案

新模式的可操作性、实用性意义需要在实战中进一步检验。在实际的执行过程中，为了进一步控制模块编程人员，提高运行效率，通常采取多种抽组模式。

（1）单一抽组：是指在执行某一类行动时，出动与任务类型相对应的任务模块。如 8 月下旬，为应对武汉短时降雨，按照江夏区应急局指令，基地连续 7 天出动 2 个排涝模块在生物研究院和国药生物制药附近备勤，期间共排涝约 0.7 万 m^3。

（2）混合抽组：是指在某一区域内需要执行多种类型任务时，按照不同模块进行统一编组。如在此次河南抢险的任务中，出动了指控模块、排涝模块、挖桩模块、运输模块、通信模块、卫勤模块。

（3）保障抽组：是指根据现场任务需要，单一抽组保障模块为执行任务需要提供支持，经常使用到的是技术、通信、卫勤等模块。如在 2021 年 9 月初的十堰抢险任务初期，根据湖北省应急厅指令，基地抽组通信模块和技术保障模块，在灾害发生地执行通信保障和技术指导任务。在 2020 年武汉新冠肺炎疫情期间，基地出动卫勤模块、运输模块担负场地消杀和防疫物资运输转运任务。

5 局限性说明

（1）模块编成需确保稳定性。保证编成的在位率，要严格控制模块编成的流入流出；要保证模块编成的后备成熟度，要严密组织以任务类型为主的专业装备操作训练，确保训练时间、人员、内容、质量的落实。

（2）模块编成需严控人装总量。任何类型的抢险救援任务都需要第一时间出发、第一时间到达、第一时间展开。因此必须要确保小模块、小编组、一专多能，才能提升出动速度、到位速度、展开速度。目前，武汉基地战斗模块编组最小的为水上搜救模块，配置为 1 艘舟艇配置 3 人。按照以上任务类型进行分队编制，最小的为 20 人。

（3）模块编成需备足增援。面临重大抢险救援任务时，需要更详细的专业工种进行作业时，为确保任务的完成，必须提前掌握、充分理清整个单位的工种情况，才能在基地内部工种补充不能及时到位的情况下，更加有效地展开救援。在此次河南抢险任务中，基地面对驾驶员和挖掘机操作手不足的情况下，便根据掌握的情况，从就近项目部抽调 2 名驾驶员、4 名操作手、1 名测量工进行增援。

（4）精细化模块编组在大型综合类抢险任务中缺乏契合度。特别是在执行需要更多专业分类的技能操作手的情况下，对抢险救援现场的适用性不足。受专业、总编制的影响，改编成在执行人员密集型抢险任务中缺乏适用性。若时间充足，可广泛开展"精一通二会三"的技能培训。

6 注意事项

（1）精细化模块编成重点在精。特别是在实际操作中，不能因盲目增加任务模块而增加编成总数，应科学合理组织编成人员进行技能拓展。另外，技术要精，要注重采用不同训练方式、不同训练场景开展技能培训，特别是要注重通过工程练兵和实战练兵提升技能水平。

（2）各模块编成中的辅手具有可替代性。通过此次河南"7·20"抢险发现，在排涝作业现场，在有志愿者帮助的情况下，模块编成保留驾驶员（操作手）和 1 名辅手的情况下可进行排涝作业。因此，在实际场景运用中，可以借助志愿者和地方工作人员的力量，对各模块编成进行任务调整，优先满足最大危害区域的任务需要。

（3）要建立稳固的人装结合机制。要根据所属装备数质量情况，科学合理配置机长和第二机长。日常加强人装结合训练，增强机械和人之间的配合默契度；编制规范严密的标准流程、标准配置、标准程序，并抓好标准的对照落实和监督执行。

参考文献

[1]　刘晖. 精细化管理的涵义及其操作 [J]. 企业改革与管理，2007（4）：15-16.
[2]　童时中. 模块化的概念与定义 [J]. 电力技术，1995（4）：22-25.

浅谈洪涝灾害抢险装备配置及保障措施

郭 亮 王 昊

（中国安能集团第三工程局有限公司武汉分公司 湖北武汉 430200）

【摘 要】 2019 年，应急管理部依托中国安能组建"1 个中心＋9 个区域救援基地"的模式进行体系布局，主要担负重大自然灾害导致的城市内涝、堤坝决口、滑坡坍塌、泥石流、堰塞湖和水利电力设施损毁等重大工程救援等任务。中心和基地自组建以来，先后圆满完成了 2019 年西藏白格堰塞湖除险、2020 年江西省鄱阳县问桂道圩决口封堵、2020 年湖北恩施市屯堡乡堰塞湖处置、2021 年河南特大洪涝灾害抢险救援、2021 年湖北省十堰市竹溪县鄂坪水电厂溢洪道除险加固等任务，科学、合理配置好抢险装备是提高战斗力和保障力的关键。本文主要介绍了其原则、依据、规划和主要保障措施。

【关键词】 救援；抢险装备；配置；中心；救援基地

0 引言

抢险装备一般具有机动性强、性能先进、高大精密等特点，对装备配置的科学性、合理性提出了较高要求。搞好抢险装备配置，制定切实可行的装备保障措施，是抢险成功的关键，也是提高战斗力和保障力的主要手段。

1 常见洪涝灾害险情种类及成因

常见洪涝灾害险情主要有城市内涝、江河堤防等险情。其中江河堤防险情又可以分为渗水、漏洞、管涌、滑坡、崩岸、跌窝、裂缝、漫溢、决口等险情。

1.1 城市内涝险情成因

（1）河道、沟渠、湖泊、湿地、蓄滞洪区等被部分甚至全部占用，地面硬化比例逐年上升，导致城市小微流域洪峰呈"瘦尖"型，引发城区内涝，形成"看海模式"。

（2）部分行洪排水设施只是简单随城区扩大延伸，引发行洪排涝能力严重不足，部分设施关键时刻失效，应急保障措施也跟不上，引发灾害升级。

（3）下穿式立交、地下商场停车场、地下交通等地下空间较大规模开发，成为城市的新凹地，但防汛标准不够高。2021 年 7 月河南特大暴雨，郑州城区的地下空间就是重灾区之一。

1.2 江河堤防险情类别和成因

（1）渗水（散浸）。高水位下浸润线抬高，背水坡出逸点高出地面，引起土体湿润或发软，有水逸出的现象，称为渗水，也叫散浸或洇水，是堤防较常见的险情之一。当浸润线抬高过多，出逸点偏高时，若无反滤保护，就可能发展为冲刷、滑坡、流土，甚至陷坑等险情。

（2）漏洞。漏洞即集中渗流通道。在汛期高水位下，堤防背水坡或堤脚附近出现横贯堤身或堤基的渗流孔洞，俗称漏洞。根据出水可分为清水漏洞和浑水漏洞。如漏洞出浑水，或由清变浑，或时清时浑，则表明漏洞正在迅速扩大，堤防有发生蛰陷、坍塌甚至溃口的危险。因此，若发生漏洞险情，特别是浑水漏洞，必须慎重对待，全力以赴，迅速进行抢护。

（3）管涌（泡泉，翻沙鼓水）。汛期高水位时，沙性土在渗流力作用下被水流不断带走，形成管状渗流通道的现象，即为管涌，也称翻沙鼓水、泡泉等。出水口冒沙常形成"沙环"，故又称沙沸。在黏土和草皮固结的地表土层，有时管涌表现为土块隆起，称为牛皮包，又称鼓泡。管涌一般发生在背水坡脚附近地面或较远的潭坑、池塘或洼地，多呈孔状冒水冒沙。出水口孔径小的如蚁穴，大的可达几十厘米。个数少则一两个、多则数十个，称作管涌群。管涌险情必须及时抢护，如不抢护，任其发展下去，就将把地基下的沙层掏空，导致堤防骤然塌陷，造成堤防溃口。

（4）滑坡。堤防滑坡俗称脱坡，是由于边坡失稳下滑造成的险情。开始在堤顶或堤坡上产生裂缝或蛰裂，随着裂缝的逐步发展，主裂缝两端有向堤坡下部弯曲的趋势，且主裂缝两侧往往有错动。根据滑坡范围，一般可分为深层滑动和浅层滑动。堤身与基础一起滑动为深层滑动；堤身局部滑动为浅层滑动。前者滑动面较深，滑动面多呈圆弧形，滑动体较大，堤脚附近地面往往被推挤外移、隆起；后者滑动范围较小，滑裂面较浅。以上两种滑坡都应及时抢护，防止继续发展。堤防滑坡通常先由裂缝开始，如能及时发现并采取适当措施处理，则其危害往往可以减轻。否则，一旦出现大的滑动，就将造成重大损失。

（5）崩岸。崩岸是在水流冲刷下临水面土体崩落的险情。当堤外无滩或滩地极窄的情况下，崩岸将会危及堤防的安全。堤岸被强环流或高速水流冲刷淘深，岸坡变陡，使上层土体失稳而崩塌。每次崩塌土体多呈条形，其岸壁陡立，称为条崩；当崩塌体在平面和断面上为弧形阶梯，崩塌的长、宽和体积远大于条崩的，称为窝崩。

（6）跌窝。跌窝俗称陷坑。一般在大雨过后或在持续高水位情况下，堤防突然发生局部塌陷。陷坑在堤顶、堤坡、戗台（平台）及堤脚附近均有可能发生。这种险情既破坏堤防的完整性，又有可能缩短渗径。有时是由管涌或漏洞等险情所造成。

（7）裂缝。堤防裂缝按其出现的部位可分为表面裂缝、内部裂缝；按其走向可分为横向裂缝、纵向裂缝、龟纹裂缝；按其成因可分为沉陷裂缝、滑坡裂缝、干缩裂缝、冰冻裂缝、震动裂缝。其中以横向裂缝和滑坡裂缝危害性最大，应加强监视监测，及早抢护。堤防裂缝是常见的一种险情，也可能是其他险情的先兆。因此，对裂缝应引起足够的重视。

（8）漫溢。土堤不允许洪水漫顶过水，但当遭遇超标准洪水等原因时，就会造成堤防漫溢过水，形成溃决大险。

（9）决口。堤防在洪水的长期浸泡和冲击作用下，当洪水超过堤防的抗御能力，或者在汛期出险抢护不当或不及时，都会造成堤防决口。堤防决口对地区社会经济发展和人民生命财产安全的危害是十分巨大的。

2 抢险装备配置原则

2.1 区分种类

区分不同险情种类，以任务需求为牵引，结合实际，按照"急用先配、常用多配"的原则，分类形成各类装备配置标准，满足不同任务需求。

2.2 立足长远

坚持立足长远考虑，构建完善的装备建设体系，以自我建设为主，依托国家综合救援队、应急管理部自然灾害工程救援中心＋基地、其他救援队以及装备生产制造企业等，采取签订协议等方式，构建"属地为主、区域联动、覆盖全国"的装备保障网络。

2.3 统筹兼顾

突出抢险救援任务，重点配置专用抢险装备，兼顾指挥通信、运输车辆、后勤保障等其他装备建设，实现重点和全局的协调发展。同时要做到人装结合，发挥装备优势。

3 抢险装备配置方法

抢险装备配置必须做到人装结合，利于管理，满足训练、施工、抢险救援作业需要。

3.1 城市内涝配置方法

城市发生内涝险情后，地铁、隧道、地下室、地下车库、低洼路段以及城市江河湖泊等区域极易发生大水漫灌，导致人员被困、电力系统受损、通信中断等，生活物资难以保障。在应对城市内涝险情处置中，主要任务以人员搜救转移和抽排水为主，应配置指挥通信类、人员搜救类、工程救援类、后勤保障类、灾情侦测类 5 大类别装备。其中指挥通信类装备，主要配置卫星综合通信指挥车、海事卫星电话、超短波电台等，在短时间内组建临时通信手段；人员搜救类装备，主要配置冲锋舟、橡皮艇等装备，用于搜救转移被困群众；工程救援类装备，主要配置"龙吸水"、一体化泵车等专业排涝装备和吊车、挖掘机、装载机等工程机械类装备；后勤保障类装备，主要配置加油车、发电车、照明灯塔、运输车等装备；灾情侦测类装备，主要配置无人机、生命探测仪等装备。

3.2 江河堤防险情配置方法

常见堤坝险情，如渗水、漏洞、管涌、滑坡、崩岸、跌窝、漫溢、裂缝等险情，抢险装备按照指挥通信、工程救援、后勤保障、灾情侦测 4 大类配置。指挥通信类装备，现场配置海事卫星电话和对讲机等通信类装备，根据需要视情配置卫星通信指挥车。工程救援类，根据作业强度配置挖掘机、装载机（推土机）、自卸车等工程救援类装备。挖掘机按每台 1m³ 挖掘机每个班挖装 800m³ 计算配置，装载机根据作业强度与挖掘机匹配配置，自卸车根据运输距离同挖掘机匹配配置。处置崩岸险情时，可增加配置大型船只或动力舟桥等装备；处置裂缝险情时，可增加配置天泵、混凝土罐车等装备，根据现场处置需要，需要制作钢筋石笼或四面体时，可增加配置混凝土罐车、吊车等装备。后勤保障类装备，主要配置加油车、照明车（灯）、运输车等装备。灾情侦测类装备，主要配置无人机、地质雷达、无人侦测船、水下测绘艇、全站仪等装备。

决口险情处置，应遵循"先稳固堤头、再封堵决口"的原则进行抢护。封堵过程中应遵循"科学组织、合理布局、快速高效、防止反复"的原则。抢险装备应配置指挥通信类、人员搜救类、工程救援类、后勤保障类、灾情侦测类 5 大类别装备。其中指挥通信类装备，主要配置卫星综合通信指挥车、海事卫星电话、超短波电台、5G 图传、布控球等装备；人员搜救类装备，主要配置冲锋舟、动力舟桥（可用于转移被困人员）等装备，用于搜救转移被困群众；工程救援类装备，主要配置挖掘机、装载机、推土机、打桩机、自卸车、动力舟桥、应急机动路面、应急机械化桥等工程机械类装备；后勤保障类装备，主要配置加油车、发电车、照明灯塔、运输车等装备；灾情侦测类装备，主要配置无人机、地质雷达、无人侦测船、水下测绘艇、全站仪、流速仪等装备。

4 抢险装备保障措施

洪涝灾害抢险救援具有时间紧急、任务种类多样、现场环境复杂等特点，救援装备能否快速有效到位是完成抢险救援任务的关键。在保障手段上，要拓展渠道，建成一体化装备保障体系，确保遇有任务，第一时间为我所用。

4.1 加强自我保障能力建设

针对自然灾害特别是洪涝灾害多发频发态势，对现有配置装备搞好普查，准确掌握现有装备数量质量情况。在掌握数量质量情况的基础上，认真做好装备需求可行性研究分析。根据洪涝灾害常见易发险情和重特大险情种类，按照指挥通信类、人员搜救类、工程救援类、后勤保障类、灾情侦测类基本配备原则，积极申请装备建设经费，采取逐年梯次配备方式，区分轻重缓急，搞好装备建设规划，制订年度装备配置计划，一旦遂行洪涝灾害抢险救援任务，装备保障首先以自我保障为主。

4.2 构建协议保障救援网络

在属地自有装备无法保障救援任务需要时，可以依托"应急管理部自然灾害工程救援中心＋基地"或其他专业救援队伍，签订战略合作协议，建立洪涝灾害险情处置快速调用机制[1]，进一步扩大保障网络，形成属地为主、区域联动机制，极大提高救援工作效率，事后按照《国务院办公厅关于印发应急救援领域中央与地方财政事权和支出责任划分改革方案的通知》（国办发〔2020〕22 号）中"谁调动、谁补偿"的原则给予补偿。

4.3 建立租赁保障覆盖体系

对大型排涝车、动力舟桥、应急机械化桥、长臂挖机等特种抢险救援装备，筛选出国内外名牌厂家，以国内厂家现有装备品牌为主，签订应急保障租赁协议，建立应急保障机制。当出现洪涝灾害险情需要救援装备时，当现有装备不能快速到位或数量不足时，可以按照协议由厂家实施应急保障。厂家接到通知后，办理约定的简化手续，即动用其全国销售网络中储备的装备，就近保障到位，并对抢险装备实施现场维修保障服务。

4.4 加大储备保障能力建设

为保障抢险装备种类齐全、数量足够，要充分利用大数据平台，建立政府、救援队伍、企业等装备实力数据库，摸清国家战备部门、政府机构、救援队伍、企业等储备的装备种类、数量和分布情况，建立装备储备信息库，加强沟通联系，建立应急响应保障机制，确保装备资源保障及时、足量，满足抢险救援任务需要。

5 结语

在这次洪涝灾害抢险处置中，投入使用的无人机、无人船、龙吸水、动力舟桥、超轻型全地形车等的先进抢险装备发挥出了不可替代的作用。若是把抢险救灾比喻成"刀尖上跳舞"或"虎口中救人"的"瓷器活",那么这些先进装备无疑就是干好"瓷器活"的"金刚钻"。如何配置这些兼具机动性、适应性、融合性的先进技术装备,使其在高效处置各类灾害中发挥关键性作用,需要我们不断地摸索、总结,找到其中优点和不足,加以发扬或者改正,为今后的抢险救援处置提供思路。

参考文献

[1] 李国生,赵秀玲. 武警水电部队工程抢险装备配置及保障措施思考 [J]. 水利水电技术,2013,44 (3):41.

二、内涝抽排篇

子母式龙吸水排水车在城市防洪减灾中的应用

赵玉鄂

（中国安能集团第一工程局有限公司南宁分公司　广西南宁　530200）

【摘　要】　为了解决河南省郑州市 2021 年 7 月 18—21 日连续大暴雨引起的城市内涝，尽快抽排郑州市区京广路隧道积水，应急救援人员采用独立的排水抢险系统子母式龙吸水排水车，结合适用于现场地域特点的"双向抽排、两班轮换、多点铺开、交替作业"的处置战法，组织抽排水抢险作业。郑州市区京广路隧道抢险历时 70h，累计抽排水体积约 500 万 m³，于 7 月 25 日 23 时 30 分实现京广路隧道双向贯通，恢复通行条件，将损失降到最低。此次京广路隧道排水抢险作业表明：子母式龙吸水排水车适用于城乡防洪排涝、基坑围堰等各类低洼集水区抽排水及临时应急供水等工作场景，特别适合不适宜人员进入的排水场合，最大程度地减少洪涝灾害造成的损失，保证抢险救灾人员的生命安全。

【关键词】　子母式龙吸水排水车；防洪减灾；处置战法

0　引言

随着城市经济的快速发展，地铁、隧道、地下管线越来越密集[1]，部分地区由于地势低洼、排水管道建设标准低、收水口堵塞等原因，在遭遇强降雨或连续降水超过城市排水能力时便会出现内涝的情况。内涝会造成街道、停车场、隧道、地铁站被淹，经济损失惨重，甚至会出现人员伤亡[2]。水泵作为排涝抢险设备[3]存在排水量小、不便安放、移动困难等制约因素，不能快速高效地完成抢险任务。针对以上问题，应急抽排水设备近些年来不断改进，已经出现多种先进的抽排水设备。3000 型子母式龙吸水排水车就是最新投入使用的一套独立的排水抢险系统，其额定功率大，机动灵活，无需额外动力源，直接利用汽车底盘上发动机作为动力源，对子车进行远程控制，达到排水目的。在郑州市京广路隧道排涝抢险过程中，3000 型子母式龙吸水排水车作为主要的排涝抢险设备，辅以结合现场实际情况制定的处置战法，提高了工作效率，也保证了作业安全。

1　险情概述

2021 年 7 月 18—21 日，郑州全市普降大暴雨、特大暴雨，累积平均降水量 449mm，局地 24h 降雨量达 457.5mm，突破历史极值；单小时最大降雨量达 201.9mm，超过历史极值。受罕见持续强降雨影响，郑州市常庄水库、郭家嘴水库及贾鲁河等多处工程出现险情，郑州市区出现严重内涝，主要道路——京广路隧道被淹，致使上百余车辆被洪水吞没，形势异常严峻。京广路隧道贯穿郑州市，呈南北走向，全程 5200m，由 6 个主要出入口组成，分别是北出入口、南出入口、西北侧入口、西南侧出口、东南侧入口、东北侧出口。经现地勘察和现场人员介绍，京广路隧道被淹最大水深达到 6m，洪水量估算约 500 万 m^3。

2 抢险方案

京广路隧道贯穿郑州市南北，是主交通要道之一，隧道被淹严重影响市区车辆通行，给市区群众生产生活带来巨大的不便；隧道内百余台车辆被淹，极有可能还有失联人员未被发现。必须迅速组织抽排力量，以最短时间完成抽排任务，找寻失联群众，最大程度降低损失，尽快恢复通行条件。

根据京广路隧道内涝点水量大、出入口多等实际情况，应急救援单位集中 22 台（套）抽排水设备——龙吸水[4]，按照"统一调配、多点部署、同时作业"的总体思路，于 7 月 21 日起开始组织处置行动，以最短时间完成 500 万 m^3 最紧急的抽排水任务。

3 新装备应用及其前沿技术

结合抢险任务实际，应急救援单位主要投入 3000 型子母式龙吸水排水车、通信指挥车两款新型装备用于任务保障。

3.1 3000 型子母式龙吸水排水车

3000 型子母式龙吸水排水车是一套独立的排水抢险系统，系统由母车（厢体车）与子车（移动排水泵站）构成，无需额外动力源，直接利用汽车底盘上发动机作为动力源，对子车进行远程控制，使子车进入地下车库、地铁等低矮环境或农田等泥泞环境中，达到排水目的。

3.1.1 工作原理

利用底盘自带发动机驱动高压油泵，高压油泵与发动机间采用带离合装置的汽车取力器和传动轴连接，液压油通过油泵加压后流向各控制单元到达各执行元件驱动水泵排水、后门开关、绞盘收放、平移收放、子车行驶、水泵翻转、水泵滑动等动作，最后流回油箱。当车辆行走时，可将高压油泵与发动机脱开连接，节省底盘动力，大大提高高压油泵使用寿命。

3.1.2 工作模式

选择积水点 50m 范围以内的合适的停车位置停好车辆，选择遥控模式，通过遥控器将子车从母车上的停放位置操控到地面上，遥控操作排水软管放置平台平移伸出，放出排水软管，将排水软管连接到子车上；继续遥控子车行驶至合适的积水深处，铺设好剩余的排水软管至出水处；启动水泵，进行抽排水工作。

3.1.3 性能特点

（1）通过无线控制模式，控制子车所有动作，无线遥控半径为 100m，机动灵活。

（2）全液压方案，单个水泵额定流量为 3000m^3/h，单个水泵额定扬程为 15m。

（3）整车体积小，长 2.45m、宽 1.8m、高 1.5m，一般低矮环境、地下车库、地铁等均能通过。

（4）重量轻，子车总质量为2070kg，采用橡胶履带，不会对地面产生破坏。

（5）液压驱动，可爬40°坡道或楼梯，可在地铁人行梯、河堤、防洪坡等多种陡峭地形行驶自如，行驶速度可选择2~4km/h，重量轻，最小转弯半径为1.8m。

（6）动力源来自汽车底盘柴油发电机，额定功率为297km，并由取力器输出，通过油管快速接头迅速与母车连接，连接方式便捷、可靠，形成抽排水能力，作业最远距离可达50m。

3.1.4 技术参数

母车技术参数见表1。

表1 母车技术参数

项目	参数	项目	参数
外形尺寸（长×宽×高）	9490mm×2535mm×3720mm	整车总质量	18635kg
最高车速	89km/h	发动机额定功率	297kW
最小离地间隙	230mm	驱动	6×4
整车涉水深度	450mm	液压油管长度	150m
可乘人员	2人	液压系统压力	20MPa

子车技术参数见表2。

表2 子车技术参数

项目	参数	项目	参数
外形尺寸（长×宽×高）	2450mm×1800mm×1500mm	越障高度	250mm
最高车速	2~4km/h	额定流量	$3000 m^3/h$
最小离地间隙	100mm	额定扬程	15m
最小转弯半径	1800mm	水泵转速	1500r/min
最大爬坡角度	40°	水泵功率	200kW
整车总质量	2070kg		

3.2 通信指挥车

通信指挥车是一款基于汽车底盘集成通信指挥设备改装的移动指挥平台，主要运用于洪水、地震、台风等多种自然灾害中的通信服务保障，能在公路、山路等多种复杂路况下行驶[5]。

3.2.1 工作原理

具备动中通卫星通信、现场图像采集、综合信息处理、图像传输、网络接入和数据交换、车载北斗定位系统、现场照明、广播、独立供配电功能，可根据紧急情况需要迅速抵达现场，不受任何地域和时间限制，在现场连接后方地面站，保证现场指挥的畅通。现场视频传输，当灾害事故发生时，在面临公网瘫痪、道路损毁、信号无覆盖等通信问题时，通过通信指挥车视频采集系统，快速组建现场图传系统，在30min内将灾情上报，灾区图像传出。

3.2.2 搭载系统

（1）动中通卫星天线T900。可满足载体在运动过程中实时跟踪目标卫星，与地面主站或其他小站实时不间断地进行话音、数据、图像等多媒体信息通信，满足应急车辆在移动条件下的通信需求。

（2）超轻型卫星便携站。高集成、一体化超轻型卫星便携站，整机重量8kg，不需要拼装拼接只需要找一个合适的位置对上星即可以使用。可满足各种应急场景下的视频应用。

（3）可视化应急指挥调度系统。建设多维立体化应急通信保障能力，融合卫星、4G、5G、Wi-Fi等多种网络，集视频会商、图像传输、监控等功能应用于一体，并实现多系统间的互联互通。

（4）高清布控球，能实现定位、应急、视频、云台操作、双向对讲等功能。

（5）车顶云台摄像机。可设定自动巡航、水平扫描、摄像机模式，内射高亮度红外灯，夜晚能拍出高清图像。

（6）高清微波单兵图传。可结合专用背夹，由现场人员随身携带。专业广播级标准，具有带宽可调、非视距传输、音视频加密、高清晰画质等特点。

（7）无线DV单兵终端。内含GPS、北斗定位，具有快速启动能力，强大的定位能力。续航时间超长，可以连续工作8h。

（8）车载北斗定位系统。集成了北斗多频天线、射频、基带以及主控板，可实现定位、短报文通信和RNSS导航定位等功能。

4 处置方法

4.1 作业准备

4.1.1 作业环境勘察

重点对作业区域周边进行现地勘察，及时排查作业面是否存在坍塌、跌窝、凸起等隐患，寻找确定最佳的抽水口和排水口位置。确定抽排水作业环境类型。城市内涝环境大致可分三类：第一类是公路隧道、低洼地面、平铺式管廊等作业面较为平坦积水部位；第二类是坑、塘、井等属于下沉式积水面；第三类是深井、地铁隧道、地下室等的较难进行直接抽排水的区域位置。

4.1.2 抽排设备选配

4.1.2.1 3000型子母式龙吸水排水车

此装备为常用型排水装备，适用于在第一类作业环境中进行抢险抽排水作业，渐进式地形能够发挥此装备大排量、高压力的作业特点，最大限度的发挥装备效能，装备作业环境较平稳安全。也是此次京广路隧道抢险大范围使用的抽排水设备。3000型子母式龙吸水排水车如图1所示。

4.1.2.2 1500型、3000型、5000型直管式排水车

直管式排水车采用全液压驱动技术，无用电安全隐患；泵头采用叶片式结构，流道简单，防堵塞性高；流道间隙大，杂质通过性好，可通过50mm大颗粒杂质；采用伸缩臂驱动水泵，无须人工搬运或其他任何辅助设备，遥控操作即可实现将水泵深入积水中排水作业，作业半径可达10m[6]。1500型、3000型、5000型直管式排水车流量分别1500m³/h、3000m³/h、5000m³/h。

图1　3000型子母式龙吸水排水车抽排水情况

此装备适用于第二类作业环境，布置在内涝严重的通风井、排水井、采光栏外位置。在此次隧道抽排水抢险作业中，直管作业车配合"龙吸水"布置在隧道的通风采光井位置，充分发挥装备直管伸缩较长的优势，作用明显。但仅适用于路面较好的硬质地面作业，且设备不能远离作业面。

4.1.2.3　一体式排水车

一体式排水车适用于第三类作业环境，通常在子母式或直管式排水车无法进行作业的场所，优势是方便快捷，水泵作业面积小、作业距离远，能适用较为复杂作业环境，作用不可替代。缺点是排量较小。如在此次抢险后期，对部分小区地下室，地下深井的抽排水作业均用此类装备。型号以500型、1000型居多。500型、1000型一体式排水车流量分别为500m³/h、1000m³/h。

4.1.3　抽排作业前安全及装备检查

（1）检查作业区域是否存在坍塌、漏电等安全隐患。

（2）检查作业人员着装是否符合编携配装要求，是否穿着救生衣，是否戴救援头盔，是否携带应急口哨、指挥旗等指挥装具。

（3）密闭环境作业时，检查是否存在有毒气体泄漏等问题，作业人员是否携带防毒装备。

（4）检查设备油路、液压、油压系统等重要部位的运行状况，及时排除故障隐患。

4.1.4　现场计量观测工作

在抽排水抢险作业中，为进一步配合装备排水作业，观察水位、计算方量，检验水泵车作业效果，检测回水量等，都需要实时观测水位变化。由于作业环境特殊，除专用测量装备，学会利用简便器材测量估算抽排水方量尤为重要。如在此次抢险作业中，充分利用竹竿、管子、绳子等简便器材，以标号、U形管、打结等方式观测计量，再对比设备功效，相互验证，效果较好。

4.2　兵力配置

按照"一机三线"的兵力配置，"一机"为龙吸水1台，"三线"为前线操作员1名、中线布线员2名、后线安全员1名。每台设备至少4名队员，相互呼应，互相保障。前线操作员主要负责设备作业位置选定，设备的具体操作，以及设备状况的检查维护和部分故障的排除，特别是在位置选择上，要对设备前进路线进行必要探查；中线布线员主要负责排水管、液压线路、电气线路的位置调整，以及设备、管道状况的检查维护和部分故障的排除，配合操作员调整设备，防止因压线造成漏油、漏电等事故的发生；后线安全员主要负责作业区域后线工作，观察前线、中线位置地形变化，防止房梁、地基位移带来的安全隐患，警戒后线防止突如其来的水流、泥石对设备运行状态的威胁，发现安全隐患及时组织人员撤离，警戒无关人员进入作业区域。兵力配置如图2所示。

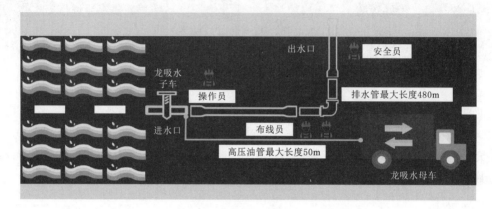

图2　兵力配置示意图

4.3　技术要求

在实施抽排水抢险作业中，操作手要熟练掌握一个"帕"、两个"时"、三个"米"的技术要求，确保设备持续处于稳定、高效、安全运转状态。一个"帕"是指设备压力可调整至15Pa，多数使用11～12.5Pa，因在使用中难免会遇到变向，回弯压力过大极易出现爆管风险。两个"时"是指设备连续运转时间为3h，运转满3h要停机20min，冷却泵车液压油既机械油料；设备连续作业满12h，要组织一次检查保养，重点对泵轴、车轴进行检查养护。三个"米"是指子车与母车通过高压油管相连，最大分体距离为50m；子车通过排水软管实现长距离排水功能，每根软管长为35m，可实现最大排水距离为210m（6根相接）；水泵标准扬程为22m，实际使用扬程为20m。

4.4　处置战法

结合京广路隧道地域特点，主要采用了"多路并举、多点联动""多机互联、多次接力"的战法组织抽排水抢险作业，具体内容如下。

多路并举、多点联动：结合现场总水量大、作业面广、出入口多、单通道窄等实际，难以集中多台设备在同一作业面同时开展抢险作业。以隧道中心为基点，兵分多路、多路并举，将人员装备分散配置于各个出入口，同时展开抽排作业，大幅提升了作业效率。

多机互联、多次接力：在抽排作业中后期，设备深入隧道，相距闸道口距离过长，受设备扬程和排水管长度制约，单台设备难以将洪水排至隧道外部。采用多机联动、接力的方法，最大限度地增加排水距离，实现长距离排水的要求。

5　保障措施

（1）强化现场组织管理。指挥协调组加强现场值班和检查督导，每个班组由经验丰富且责任心强的管理骨干担任组长，做好抢险现场全程的组织管理工作，确保抢险行动有序、安全、高效开展。

（2）强化现场安全管理。现场全体人员着救生衣，小组长、安全员配备应急口哨和指挥旗，遇有情况及时提醒指挥全体人员迅速撤离。同时，加强现场安全检查、巡视，发现安全隐患及时排除。特别注意密闭环境的通风，防止沼气爆燃，防止一氧化碳中毒。

（3）强化现场保障协调。保障协调组全程做好抢险工作的协调保障工作，加强与地方政府的任务对接，做好食宿、车辆、油料、照明、维修以及外围警戒等协调保障工作。

6 结语

城市排涝抢险事关人民群众生命财产安全，事关社会稳定和国家安全，凸显的是应急特性，以最快速的办法对灾情实施有效控制。在排涝任务中，采取饱和式救援，采用最先进的抽排水设备。在河南省郑州市京广路隧道排涝抢险过程中，为尽快实现隧道双向贯通目标，应急救援单位采用当前最先进的抽排水设备子母式龙吸水排水车，充分利用现场环境条件制定处置战法，具有固定泵站所没有的灵活、机动、方便、快捷的功能，提高了排涝抢险工作效率。该次排涝抢险为以后的城市防洪减灾处置战法提供了经验，对子母式龙吸水排水车在市政工程应急排水，防洪抢险，淹没地区排水（城市道路、公路隧道排水），农业抗旱供水、临时调水，消防应急供水，江河湖泊、水库、海洋水环境治理，无固定泵站及无电源地区排水，抽排清理污染水面，作为泵站的补充，应急抽排等相关领域使用推广积攒了数据材料。

参考文献

[1] 黄福云，探讨城市下水系统中防洪排涝体系的建设 [J]. 价值管理，2019, 38 (24)：66 - 67.
[2] 罗奇. 浅谈城市防洪排涝的有效措施 [J]. 装饰装修天地，2017 (24)：135.
[3] 孙柯. 浅谈城市排涝中水泵的选择 [J]. 建筑工程技术与设计，2019 (15)：3715.
[4] 俞茜、韩松. 城市内涝快速排除应急抢险技术与装备研究 [J]. 中国防汛抗旱，2017 (27)：17 - 20.
[5] 潘颖康. 应急通信指挥车的系统集成研究 [J]. 通讯世界，2016 (12)：57 - 58.
[6] 李双. 远程大流量供排水抢险车在消防与供排水抢险领域的应用 [J]. 救援装备，2020, 5 (8)：24 - 25.

［原载于《水利水电技术（中英文）》2022 年 S1 期］

龙吸水排水车参与救援的实用性研究

江永龙　熊　帅

（中国安能集团第一工程局有限公司南宁分公司　广西南宁　530200）

【摘　要】　龙吸水排水车是较为新型的一种城市内涝排水救援装备，在近些年救援中发挥着重要作用。本文根据中国安能参与的多次抢险、救援工作经验和日常演练，对龙吸水排水车的实用性进行了总结。根据在郑州市特大暴雨救援中龙吸水排水车在京广路隧道、滨河花园小区、惠济区丰乐农场 3 种地形及地质条件下的应用，分析其适用性，在京广路隧道抢险中龙吸水发挥了重要作用，但在丰乐农场抢险中因地质条件差、水体含泥沙量大多次出现问题，进而指出了龙吸水排水车的局限性，并提出了改进建议。

【关键词】　城市内涝；应急救援；龙吸水；地质条件

中国安能集团第一工程局有限公司由中国人民武装警察部队水电第一总队转制而来，2009 年纳入国家应急救援力量体系，成为应急救援国家队。2018 年根据中共中央《深化党和国家机构改革方案》总体部署转为非现役专业队伍，组建为国有企业，由国务院国有资产监督管理委员会管理。

中国安能救援队对于应急救援工作有着多年的实战经验，虽然 2018 年转为中央企业，但是仍然承担着自然灾害工程救援的任务，发挥着应急救援国家队、专业队、战斗队的作用。中国安能救援队是全国第一批使用龙吸水的单位，目前拥有龙吸水最多，对龙吸水使用战略战法有着深厚的研究，经历过多年实战演练，技术和实战经验雄厚。龙吸水是较为新型的一种城市内涝排水救援装备，在近些年救援工作中崭露头角，发挥着重要作用。如 2018 年厦门内涝排水、2019 年南昌内涝抢险、2020 年鄱阳湖抢险、2020 年南昌内涝排水、2021 年景德镇内涝抢险、2021 年河南郑州特大洪水抢险救援都使用了龙吸水。

1　当今环境下应急救援面临的新形势

随着全球气候变暖，气温升高所带来的热能，提供给空气和海洋巨大的动能，从而形成大型甚至超大型台风、飓风、海啸等，给沿海及近海城市带来很大危害，也是对城市应急救灾工作的挑战。根据 1980—2020 年全球每日气温数据，2010—2019 年全球范围内平均每年有 26 天出现最高气温不低于 50℃ 的极端高温天气，比此前 30 年的平均水平增加将近一倍。1980 年以来，以 10 年为一个统计周期，全球范围内不低于 50℃ 极端高温天气呈增加趋势，截至 2009 年年均出现 14 天，而 2010—2019 年年均出现 26 天，且出现极端高温天气的地区更多，最高气温不低于 45℃ 的天数也有所增加。与 1980—2009 年平均最高气温相比，2010—2019 年平均最高气温提高了 0.5℃。不过，全球各地增幅不同，东欧地区、非洲南部和巴西等平均最高气温提高超过 1.0℃，北极和中东地区平均最高气温提高超过 2.0℃。我国西藏高原地区有大面积冰川和积雪，2021 年夏季我国西北内陆新疆塔克拉玛干沙漠遭遇强洪水袭击，此次洪水造成近 50 辆勘探车辆、约 3 万套设备被淹，淹水面积超过 300km^2，其根本原因是高温天气造成的冰雪消融。

厄尔尼诺和拉尼娜现象导致全球气候日益极端化，可以预见洪水、内涝抢险是未来抢险救援的核心。在救援战场上早预见一步，早做准备，将挽救无数人生命，而龙吸水可以作为城市内涝应急救援的主要抢险救援装备。

2 龙吸水装备的性能及特点

龙吸水是大流量排水抢险车的简称，根据使用工况的不同主要分为子母式和垂直式两种。

2.1 子母式龙吸水

子母式龙吸水拥有一套独立的排水抢险系统，系统由母车（厢体车）与子车（移动排水泵站）构成。将汽车上发动机作为动力源对子车进行远程控制，无需额外动力源，子车可以进入地下车库、地铁等低矮环境或农田等泥泞环境中，达到排水目的。母车集成了液压系统、油管绞盘、水管液压绞盘、电控单元等。子车拥有完整的橡胶履带式排水泵站，主要由橡胶履带底盘、液压驱动水泵及泵站液压系统及液压管路、控制系统等组成，子车通过外接油管接口与母车相连。

（1）龙吸水工作原理。子母式龙吸水工作时，利用底盘自带发动机驱动高压油泵，高压油泵与发动机间采用带离合装置的汽车取力器和传动轴连接，液压油通过油泵加压后流向各控制单元驱动水泵排水、后门开关、绞盘收放、子车行驶、水泵翻转、水泵滑动等，最后流回油箱。当车辆行驶时，可将高压油泵与发动机的连接脱开，大大提高高压油泵使用寿命。

工作时，首先选择积水点 50m 范围内合适的位置停好车辆，选择遥控模式通过遥控器将子车停放至地面上，遥控操作放出排水软管，并将排水软管连接到子车上；然后继续遥控子车行驶至合适的积水深处，铺设好剩余的排水软管至出水处；最后启动水泵，进行抽排水工作。

（2）子母式龙吸水适用性。子母式龙吸水适用于市政、公路应急排水；突击防洪排涝，围堰抽水；抗旱抢险，农业灌溉；抽排清理污染水面；无固定泵站及无电源地区的抽排水等。特别适用于城市地下车库、地下通道、高速公路隧道、涵洞、地铁、厂矿及其他低矮环境排涝，以及不适宜人员进入的排水场合，最大限度地保证了抢险救灾人员的生命安全。

（3）主要特点。子车（移动排水泵站）主要负责抽排水作业，是一台完整的橡胶履带式排水泵站，遥控操作，机动灵活。整车体积小，长 2.45m、宽 1.8m、高 1.5m，一般低矮环境、地下车库、地铁等均能通过。重量轻，采用橡胶履带，不会对地面产生破坏。液压控制，自行式，可爬 35°坡道或楼梯，根据实际作业环境，行走速度为 2～4km/h，最小转弯半径为 1.8m。子车与母车通过高压油管相连，最大分体距离为 50m，子车通过排水软管实现长距离排水，每根软管长 35m，最大排水距离可达 210m（6 根相接），水泵标准扬程为 22m，实际使用扬程为 20m。

2.2 垂直式龙吸水

垂直式龙吸水由车体和伸缩式垂直抽水臂构成，前方及下方有抽水软管，适用于窨井、矿山、地铁、公路等环境，对于入口小、排水设备难以进入的环境，垂直式龙吸水具有无可替代的优势。

3 龙吸水在河南"7·20"暴雨灾害中的表现

2021 年 7 月 18 日 18 时至 21 日 0 时，郑州出现罕见持续强降水天气过程，全市普降大暴雨、特大暴雨，累积平均降水量 449m。洪水造成郑州市严重内涝，2021 年 7 月 20 日 18 时，积水冲垮出入场线挡水墙进入正线区间，造成郑州地铁 5 号线一列车在海滩寺街站—沙口路站迫停，18 时 10 分郑州地铁下达全线网停运指令，郑州全市内涝严重。

灾情发生后，接应急管理部请求，中国安能从北京、唐山、南昌、武汉等 20 个方向紧急抽调 434 人、149 台（套）装备于 21 日 9 时 54 分抵达灾区，第一时间投入抗洪抢险。先后完成郑州市京广路隧道抽排水和滨河花园小区排水以及惠济区丰乐农场等地抢险排涝任务，累计抽排水 1095 万 m³，泄洪槽开挖 140 余米，封堵决口 60.8m，修筑道路 500 余米，转移被困人员 1491 人，得到地方政府和当地群众的高度赞誉。在郑州市京广路隧道抽排水中，以子母式和垂直式龙吸水为主力，充分利用现场实地环境，采取"双向抽排、两班轮换、多点铺开、交替作业"的方式，历时 70h，于 25 日 23 时 30 分实现双向贯通，累计抽排水约 500 万 m³，并且转战郑州多地进行多线作业，昼夜两班作业，党员发挥先锋模范带头作用，坚定完成救援任务。此次救援环境复杂，任务严峻，龙吸水在各复杂环境的救援中得到了实战演练。

4 不同环境下龙吸水性能

（1）隧道排水性能。京广路隧道是郑州市内贯穿南北的京广快速路的一个"咽喉"，因郑州市连日持续出现特大暴雨，导致城市内涝，加上洪水倒灌，马路变河道，车辆被冲走，无数人被困。京广路隧道、京广北路隧道、淮河路隧道贯穿郑州市南北的 3 个交叉隧道全部被淹，导致交通中断。中国安能救援队携带 18 台大排量龙吸水以及一体化泵车、143 名救援人员在京广北路、淮河路和京广南路隧道沿线 4.9km 的 3 个路段 13 个任务点，采用"多路并举、多点联动""多机互联、多次接力"的方式进行救援和抽排水作业。京广路隧道排水现场总水量大、作业面广、出入口多、单通道窄等，难以集中多台设备在同一作业面同时展开抢险作业。同时隧道积水淤泥比较深，清淤难度非常大，加上洪水倒灌，隧道内堆积了大量车辆、淤泥、石块、木块、箱体、塑料袋漂浮物以及其他杂物，现场环境非常复杂。

中国安能救援队以隧道中心为基点，兵分多路、多路并举，将人员装备分散配置于各个出入口，同时展开抽排水作业，大幅提升了作业效率。在抽排水作业中后期，设备深入隧道，相距闸道口距离过长，受设备扬程和排水管长度制约，单台设备难以将水排至隧道外部，采用多机联动、接力的方法，最大限度地增加排水距离，达到长距离排水的目的。

在这次排险中，不同龙吸水的配合非常重要。在情况复杂的隧道内子车由隧道两端向隧道内部推进排险，保障了救援人员安全，而垂直式龙吸水通过伸缩式垂直抽水臂从隧道上方伸入对隧道内积水进行抽排，增加了排水速度。子母式和垂直式龙吸水互相配合，排水效果较好。

（2）地下车库排水性能。郑州滨河花园小区地下室、隆福国际小区地下室和象湖国际小区对面地下城市综合廊道排水中，地下车库和地下室内部位置狭小，部分小区通道狭窄，大型抽排水设备无法进入，小型抽排水泵工作效率低，无法满足应急救援要求，而子母式龙吸水可以适应狭小空间，在地下车库排水中起到了重要作用。

（3）野外排水性能。郑州市惠济区丰乐农场排水现场地质条件差，水中含泥沙量大，子母式龙吸水在抽排水过程中管道泥沙沉淀严重，影响机器使用寿命，且土质松软子车极容易陷进去，不适用于野外抽排水。垂直式龙吸水伸缩臂太短，无法到达积水点，排水工作无法进行，严重影响抽排水进度。

（4）抽水性能。龙吸水作为一种排涝装备不仅可以在防汛工作中使用，而且可以作为抗旱抽水装备。由于龙吸水车厢前段可以储存大量排水软管，因此可以用作抗旱应急抽水装备。

5　龙吸水使用性能总体分析研判

（1）龙吸水优劣性。任何装备的优劣性必须经受实战检验，经过中国安能多次实战救援及实战演练检验，龙吸水具有固定泵站所没有的灵活、机动、方便、快捷等功能，提高了排涝抢险工作效率，非常适应于市政工程应急排水，防洪抢险，淹没地区排水（城市道路、公路隧道排水），农业抗旱供水、临时调水，消防应急供水，无固定泵站及无电源地区排水，抽排清理污染水面。

但对于农场、天然河道、沼泽、泥塘等地质条件差的地方适应性不是很强。无论是子母式龙吸水还是垂直式龙吸水，在地面强度差的地方自重过大容易下陷。在郑州抢险中采用大面积木模板垫在子车下面增大接触面减小下陷。垂直式龙吸水伸缩力臂因长度有限可能无法到达抽水点，而且水体泥沙含量较大时容易造成其力臂管道泥沙淤积，影响伸缩性能，排水管淤积泥沙将影响其使用寿命，维修成本也急剧上升。

（2）性能总结。我国国土面积宽广，海岸线长，沿海城市多，每年台风、暴雨等自然灾害多，城市内涝频繁。通过实战检验和日常训练演练，龙吸水性能稳定，抽水性能强，适用范围广，可以胜任城市内涝排险。

（3）使用及研发改进建议。子母式龙吸水在使用时建议随车携带大面积轻质木板或者轻质塑料板以增加子车与地面接触面积防止子车在地质条件差的地方下陷。子母式龙吸水研发中对于子车参照全地形救援车做成两栖全地形，以增强地质条件差地区的适用性。

（原载于《人民黄河》2022年S1期）

暴雨天气下城市地下隧道大面积积水
排涝抢险对策研究

何海声

（中国安能集团第二工程局有限公司　江西南昌　330096）

【摘　要】 在特大暴雨中城市隧道积水形成洪涝灾害的现象频频发生，造成了巨大的经济损失，危害了人民群众的生命安全。本文旨在通过分析城市隧道积水的原因，结合 2021 年 7 月 20 日郑州特大暴雨中京广路隧道的实际排涝抢险任务，提出相关策略和建议。在城市地下隧路积水原因上主要从降水量，城市本身排水系统能力，以及京广路隧道结构等方面分析。结合京广路隧道排涝抢险，从灾情侦测工作、技术方案、道路保通、安全保障力量等实际案例研究，总结在快速排涝抢险实际过程中的经验和不足，从而提高未来内涝预防和施救的水平。最终在地势低洼场所基础设施建设、抗洪排涝设备的智能化、加强技术创新与应用、解决排涝的工程措施和非工程措施等方面提出了可行性对策。

【关键词】 郑州暴雨；京广路隧道；隧道积水；隧道排涝抢险对策

0 引言

近百年来，全球气候变暖使得水循环要素的时空分布特征发生了改变，其中突发性暴雨就是其中典型现象[1]。夏季强降雨极易引发城市内涝等次生灾害，影响交通隧道的安全运营[2]。并且随着全世界向城市化发展，城市暴雨洪涝问题日益严重。城市人口数量也随着城市化的发展而激增，目前已经对交通产生较大的压力，大部分城市逐渐开发地下空间来缓解交通压力，例如地铁站、地下停车场、地下商场、地下隧道等地下场所，这些场所为城市内涝增添了更多隐患[3]。而我国对于地下场所防护工作主要集中在防火和防爆上，在防洪防涝方面上还比较欠缺[4]。

地下场所积水会造成巨大的经济损失，甚至是生命的代价。例如 2006 年夏季北京 80mm/h 的强降雨，使首都机场 1 号桥下积水，造成交通堵塞，飞机停运[5]；2020 年广州"5·22"特大暴雨全市共产生 443 处积水，广州地铁增城官湖地铁站、新沙地铁站严重侵水，导致地铁 13 号线停运[6]。因此对于每场暴雨的侵袭，相关专家都从中分析原因，分析对策。黄天宇等[7] 对广州萝岗新城外环路下穿北二环高速隧道防洪排涝方案进行了优化研究，其中主要包括加高临河侧隧道侧墙、对积水区域校核、完善雨水管网、优化泵房配置等措施。陈文龙等[8] 对广州"5·22"特大暴雨进行研究，最终从规划展开、法制建设、防汛应急决策、涝点治理和规范化管理等方面提出应对政策。陈刚[9] 对广州 2010 年

5月7日的暴雨进行了水文气象因素和人为因素分析，得出了城市化对雨洪径流的影响规律，并提出及时进行排水排涝分析计算复核工作，加强预警预报系统的建设，做好日常排水系统的维护、提高排水设施的养护水平、城市规划通过雨水资源化利用减少城区雨水洪涝等建议。浦伟庆[10] 针对上海市近几年洪水的特点，提出了完善防洪标准、开展地下空间洪水的研究、提高安全与防灾意识等三条对策与建议。侯精明等[11] 通过调研西安市2020年7月内涝实况，提出了开展暴雨致涝预报预警工作、加强防洪排涝基础设施建设、提倡系统治理及灰绿协同并举的内陆城市防涝方法等三条对策建议。通过这些专家的研究和探讨发现，"加强预警预防系统"这一点是很多人提到的，很显然这一点是相当重要的。

本文主要围绕郑州"7·20"暴雨中京广路隧道实际排涝抢险进行研究分析。该隧道是贯穿郑州南北京广路上的多条隧道统称，由京广北路隧道、京广中路隧道和京广南路隧道组成，全长约4km。隧道上方有高架桥，下方为南北双向隧道，附近为郑州站商圈，是大流量人群聚集地，也是诸多司机接送乘客的必经之路。此次暴雨，隧道内部积水最深处的水平高度达到13m左右，郑州京广路隧道地势低洼，积水点面积大且附近河道洪水位高，极易形成隧道内涝。曾在2011年，王纪军等[12] 在《城市交通隧道防洪排涝问题初步探讨》中就预警到：一旦积水进入隧道，隧道内泵站抽升能力与地面道路雨水系统的排水能力相差近15倍，隧道内雨水泵站将抽升不及，最终将严重威胁隧道安全运营。

1 特大暴雨城市积水原因分析

近年来，洪涝灾害频发，严重威胁到了人民群众的生命安全和正常生活。此次河南郑州超强暴雨更是"百年一遇"，强到超乎我们的想象。洪涝灾害也再次为我们敲响了警钟，重大灾害背后的成因值得我们深究和思考。

1.1 暴雨强度超过防洪标准

2021年7月16—20日，河南遭遇历史性罕见持续性强降雨。20日16—17时，京广路隧道所处区域遭到最强烈暴雨，一个小时降雨量达到201.9mm，超过我国陆地小时降雨量极值。郑州虽然在几年前还进行了大规模的基建建设，打造可以有效防止内涝的"海绵城市"。但此次暴雨强度和破坏力极强，已经远远超过原本的防洪标准，并且完全超出了原本的防洪预案[13]。再者，超强暴雨对隧道的安全结构也会产生危害，从而留下安全隐患[14]。

1.2 城市本身排水系统能力不足

正如上文所说，此次暴雨破坏性极大，达到内涝防治标准的2.4倍，很显然这不是海绵设施、管网排放系统、调蓄设施就能够解决的[15]。在京广路隧道中，隧道内短时间汇集大量积水，伴随着杂物堵塞排水系统，导致雨水不能迅速排出。除此之外排水设备不能正常工作，排水泵站被淹，电源自动切断，排水泵未起到排水作用。加之排涝装备也比较短缺，不能够应对大面积内涝排险任务。

1.3 城市高密度化

对于高密度化的城市，洪涝灾害有以下特征：人员和财产损失大，暴雨突发性强，内涝速度快，洪涝交织。在城市快速扩张中，原本的湖泊，农田等"天然蓄水池"被占用，郑州市不透水面积从2000年的373km² 增加到2021年的1147km²，增加了2倍以上，城市的调蓄能力明显下降。在建设过程中，许多重大设施未考虑自身洪涝风险，一旦损坏，会导致一系列的连锁反应，例如在此次郑州暴雨中某医院发生大规模停水、停电。暴露出城市内部应急管理能力也存在明显短板，例如预警准确度低，公共事件应急预案可操作性不强，联动效果不好，不能够在短时间内有效地统筹资源[16]。

1.4 京广路隧道面临的威胁

京广路隧道是郑州市目前较长的地下城市交通隧道，京广南路隧道、北路隧道单孔断面积 $69.53m^2$，长约 $4km$，可汇集总雨水量约 55.6 万 m^3，并且埋深大，地面与隧道底板最大高度差约为 $9m$。隧道内部配置大量监控、消防等设备，一旦积水将会造成巨大的财产损失。

在排水系统上也分为地面和隧道内两个排水系统。隧道也采取了一些防水措施，例如设置防水驼峰、提高泵站设计重现期标准、设置排入河道的压力管、配置备用泵，泵站地面控制系统等。虽然有很多排水措施，但是由于隧道周边区域是郑州市最严重的区域之一，同时对于排水系统出口的金水河，熊耳河等河道水位较高，也严重威胁着隧道的安全[17]。京广北路隧道和京广南路隧道各设有两座排水泵站，泵房位于隧道箱涵结构的中隔墙，距离隧道东西两洞入口各 $200m$，每座泵站设 3 台水泵，两用一备，单个泵机功率 $18.5kW$，设计流量 $295m^3/h$，集水池容量 $18.75m^3$。泵站具备远程自动控制和手动控制功能，每台泵均可以设置自动启泵水位和停泵水位，暴雨无值守时，水泵可自动启动、自动关闭；如果雨量较大，第一台泵抽水时，第二台泵、第三台泵也会自动启动，保证及时抽水。郑州市遭遇"7·20"特大暴雨时，熊耳河水位快速暴涨，水位从 $1m$ 左右出头暴涨到 $4m$，河畔低洼地区积水一度达到 $1m$ 深，因此，隧道排水体系可能在积水涌入隧道前已经失效。

隧道排水泵房位于隧道箱涵中隔墙底部，设置的排水泵站是能够应对 50 年一遇的暴雨，但遭遇"7·20"特大暴雨时，在隧道排水体系失效的情况下，雨水快速涌入隧道，容易淹没泵站配电房，导致隧道排水设施停运，更何况泵站的抽排能力相对"7·20"特大暴雨来说微乎其微。若按小时降雨量 $201.9mm$ 计算，预计约 $30min$ 的雨水汇水便将京广南路隧道、北路隧道淹没。

2 郑州京广路隧道快速排涝抢险战例

此部分针对 2021 年河南省暴雨中郑州京广路隧道的快速排涝抢险实际战例研究，旨在通过深入研究，寻找到在快速排涝抢险实际过程中的经验和不足，提高未来内涝预防和施救的水平。

2.1 加强侦测，科学研判

众所周知，我国是一个多暴雨的国家。2021 年 7 月 17 日起，河南出现了连续数日的极端强降雨，从 21 日 8 时至 22 日 13 时，中北部累计降雨达到 $200\sim400mm$，其中郑州、鹤壁、新乡局部地区超过 $900mm$。暴雨事件的成因复杂且特殊，不仅在中国，在全球大气科学研究领域也是热点和难点问题。应持续攻关预报难题，完善应急预案体系，做好未雨绸缪的工作[18]。

灾情侦测是开展抢险救援任务的基础，信息的准确性和及时性直接影响救援工作的效果。京广路隧道在不到 3h 就灌入了 30 万 m^3 的积水，数据远远超出了预测范围。为了后续有效的抢险工作，侦测组充分利用携行的侦测设备（无人侦察机、三维激光扫描仪、流速仪、无人测绘艇）加强侦测，及时准确获取有效信息，如灾情起始和发展情况，影响救援的水情、雨情等天气情况，工程构筑物的基本情况，周边环境和舆情情况等。为方案制订提供了部分关键参数，使其更具有科学性，可行性。灾情侦测系统建设的根本目标是提升救援队的战斗实力，建设一支基于信息系统的"装备精良、手段先进、方法科学、训练有素"的专业化侦测队伍，做到"查得清、测得准、传得快、报得实"[19]。

2.2 封控道路，快速到位

在河南郑州京广路隧道快速排涝抢险中，由于道路大量积水，主要交通堵塞，一定程度延误了救灾时间。交通顺畅对于快速排涝抢险救灾具有重要意义，有利于设备和技术人员的第一时间达到作业现场。灾害发生后，迅速加强道路封控，确保人员装备快速到位。及时抽组人员装备，人员设备集中主要交通隧道和学校、医院等重要区域。

2.3 优化方案，创新战法

在排涝抢险救援中，注重研究把握抢险作业特点规律，针对内涝点多面广、隧道抢险环境复杂、媒体及百姓时刻关注等因素，坚持技术先行，组织技术组充分现地勘察、研判灾情形势，及时制定城区排涝抢险方案、群众转移方案，确保"安全、科学、高效"完成抢险救援任务。在此次郑州城区排涝抢险中，我们注重战法运用创新和和力量部署方案优化。

在战法运用中，针对郑州城区排涝装备紧缺、排涝点多、排涝量大、排水口少且远、京广路南北隧道排水任务重等实际困难，采取"多路出击、多面布点、多泵齐抽、梯次接力、友邻协同"等战法进行排涝，实际抢险排涝如图 1 所示。

图 1　京广路隧道实际抢险排涝照片

在力量部署中，主要是在京广南北隧道科学部署子母式、垂直式不同型号的龙吸水，实行（1＋2）×2"金三角"轮班组合（即 1 名驾驶员、2 名操作员为一组，两组轮班）、人歇机不歇，保证抽排水 24h 连续作业，累计抽排水约 563 万 m^3。

在多面布点中：结合现场抽水量大、作业面广、单通道窄等实际，难以集中多台设备在同一作业面同时开展抢险作业，采用将人员装备分别配置于隧道进出口引坡段和镂空段，同时展开抽排作业，大幅提升排水效率。排水设备配置情况见表 1。

表 1 京广路隧道排水设备配置情况

序号	任务地点	投入人员	装备数量/台	装备型号	参　数
1	郑州站西广场（京广北路隧道北侧）	36 人	3	龙吸水（子母 3000 型）	排水量 3000m³/h，扬程 15m
			2	龙吸水（垂直 1500 型）	排水量 1500m³/h，扬程 17m
			1	龙吸水（子母 1000 型）	排水量 1000m³/h，扬程 22m
2	京广北路隧道南侧	21 人	2	迪沃 5000 型	排水量 5×1000m³/h
			4	龙吸水（子母 3000 型）	排水量 3000m³/h，扬程 15m
			2	龙吸水（垂直 1500 型）	排水量 1500m³/h，扬程 17m
		6 人	1	龙吸水（垂直 1500 型）	排水量 1500m³/h，扬程 17m
3	京广南路隧道北侧	6 人	1	迪沃 5000 型	排水量 5×1000m³/h
		12 人	2	龙吸水（子母 3000 型）	排水量 3000m³/h，扬程 15m
		6 人	1	龙吸水（垂直 3000 型）	排水量 3000m³/h，扬程 15m
	合计	87 人	19		

在梯次接力中：在抽排作业后期，排水设备深入隧道，距路面排水口距离过长，受设备扬程和排水管长度制约，单台设备难以将积水排至隧道外部，采用多机联动、梯次接力、开挖排水沟等方法，最大限度地减少排水距离，实现快速排涝，尽早打通交通要道。

2.4　加强宣传，科学防范

据了解，7 月 19 日 8 时开始，当地水利和气象部门已经发出暴雨预警，并且级别不断上升。群众也在前一天晚上通过手机短信、电视新闻、互联网等多个渠道收到预警提示，减少不必要的外出。在后续 48h 内，市防指、防办共发布工作指令 20 多个、预警信息 20 多期，发出紧急通知 40 多份、工作明电 40 多份，指挥调度险情灾情应对[20]。

任务后期，因郑州部分地区疫情反弹，重点加强了消杀和防控措施，对人员、设备和物资等进行全方面消杀。另外，加强个人防护力度，为每个人配发消毒液，口罩，严格落实戴口罩措施，并且要求全体队员禁止购买快餐及外卖食品。

2.5　保障有力，安全有序

救援现场环境复杂，因雨水不断、水位上涨、连续作业、夜间作业等因素，面临较大的安全风险，在人员和设备安全方面需要得到很好的保障。因此，分别成立了技术保障组和后勤保障组。

京广路隧道抢险中，中国安能携带龙吸水、动力舟桥、无人船搭载多波束云数据采集系统一大批高精尖救援装备，在这次抢险中发挥了重要作用。郑州市政府协调装备公司和企业提供设备支持，例如油料、发电机等，使外地来的救援工作队在排涝设备方面得到保障。同时也为工作人员提供了强有力的后勤保障，协调住房，紧急采购防暑降温、防疫消杀等各类药品，调拨采购排水管、迷彩服、雨衣和日常生活用品等各类物资，最终实现了河南省委省政府提出的抢险救援目标。

3　暴雨天气抗洪排涝应对策略

针对暴雨天气，需要从基础设施、抗洪设备、抗洪排涝措施等多方面进行联合管控。

通过上述对郑州京广路隧道此次排涝抢险思考研究，极端暴雨天气主要对地势低洼的场所影响最大，例如地下隧道、地下停车场、地铁站等，因此对于这些场所应该有更加针对性的应对策略。

3.1 地势低洼场所基础设施的建设

（1）在易发生积水的低洼场所，安装水位预警报警系统，积水水位达到一定程度后迅速拉响警报，场所内应设置应急广播。

（2）在地势低洼的隧道或下穿立交桥入口处安装自动栏杆，当强降雨红色警时，防止更多车辆进入而造成交通堵塞。

（3）对隧道排涝基础设施进行升级改造，尤其是在电力设备方面，一方面要保证安全，不能由于积水出现停电、漏电等状况，建议配电柜安装于地面，这样保证了总电源的安全，同时也便于控制电力系统；另一方面要保证线路安全，大部分排涝设备离不开电，有电才能使高科技设备得到保障。

3.2 抗洪排涝设备的智能化

（1）研究多功能排涝车。目前的排涝车功能还是太过于单一，应打造全能性"战车"，例如排涝车应兼具排涝、起重、拖拽、照明等多项功能。

（2）建造防洪机器人"大军"。在这个人工智能时代，机器人的功能越来越多样化，充分利用机器人安全、高效等功能特点，让机器人代替人类工作。研制两栖排涝泵和排涝机器人，并且主要针对地铁隧道和小区地下停车场、危险厂矿等复杂条件环境进行排涝。

（3）研制多功能设备修复机器人，主要对排涝设备、电力设备、管路设备等救援设备进行维修，保证在积水的情况下，各项设备系统出现故障后能够迅速修复。

3.3 加强排涝技术创新与应用

（1）加强灾情侦测。①安排专人加入联指，及时准确获取灾情、水情、舆情等各类信息；②成立侦测组与先遣组同步前出，第一时间掌握现场情况和发展态势；③针对现场态势运用好侦测设备和救援装备，通过设置布控球机，加密无人机和无人测绘船侦测频次，为抢险决策提供依据。

（2）强化技术支撑。①指挥员和技术员前出一线全过程指导，确保高效救援；②利用信息手段，加强技术方案讨论研究，对方案查缺补漏；③抢险过程中加强统计分析，及时改进方案，解决瓶颈问题，提高抢险效率；④此次抢险新型装备发挥了巨大作用，各单位要探索、研究、使用新型装备、新型战法，不断提升抢险机械化、智能化水平。

（3）严格落实方案。①组织技术方案交底。技术方案要落实分级部署要求，现场作业前，要集中人员布置，让每个人都明确任务要求。②严格方案措施要求。过程中，要加强检查，对封控要求、安全措施等要严格落实，方案不科学的要立即整改。③做好技术总结。抢险任务完成后，各单位应指定专人做好技术总结，要总结好的做法，正视问题不足，不断提高技术支撑能力。

（4）加强力量保障。在多方向、多点作战模式下，增设"装备保障组"。此次抢险中，龙吸水、动力舟桥等一大批高精尖救援装备发挥了重要作用。建议抽调装备骨干，成立装备保障组，保证装备的完好率和利用率；协调合作的装备厂家，及时提供装备、操作手和维修人员，使救援装备在抢险中发挥更大效用。增设"安全工作组"。抽调有安全工作经验的人员，设立安全工作组，加强安全风险评估、安全隐患排查、安全方案制订等安全管理工作，确保救援全程安全有序。

3.4 解决排涝的工程措施

（1）完善周边雨水设施改造。复核金水河、熊耳河特别是熊耳河西支排涝能力及水位，必要时对河道断面或阻水设施实施改造，避免道路积水。

（2）提高地下工程的防洪意识。重视地铁、隧道等地下工程内部防洪排涝设计和设施建设，提高设防高度，相关的设施建设规范标准和建设水准要高于地面建筑。

（3）加强雨水设施的管理维护。完善道路沿线防洪排涝设施，综合运用防、排、堵、截等措施，应对隧道等地下空间洪水侵入。

3.5 解决排涝的非工程措施

（1）坚持会商研判制度。对接政府、气象、交通等部门，获取气象信息和隧道设计信息，加强会商研判，利于统筹资源、精准决策，定下方案。政府相关部门也应提高防御意识，建立起基于高新技术的灾害预测和防御体系。制定汛期预警联动预案、应急处置预案、抢险救援预案。预警方面应做到风险防控、风险监测、风险预警，其中预警措施中包括，"关闭或限制使用易受突发事件危害的场所和设施，控制或限制容易导致危害扩大的公共场所的活动。

（2）提升公众应急避险能力。在面临极端天气条件时，公众的洪涝灾害风险意识和自救能力极其重要。京广路隧道淹没，造成重大财产损失和人员伤亡，其中重要一点是公众应急避险意识急需加强，增强危险状态下的自救能力、互助能力和理智行为能力，提高恶劣环境下公众自身对洪涝灾害的适应性，采取科学方式正确自保。

（3）科学完成灾后重建工作。灾后重建工作必须在深刻的反思之后进行，通过对技术的创新和对未来风险的防控，设计和建造出更坚实的基础设施。同时把相关灾后重建的规划向社会公开，注意收集市民的建议与意见。

4 结语

现代应急管理的发展要求应急管理的重心前移，即从重视事后的应急响应转向事前的风险防范。随着全国城镇化的发展，城市的洪涝灾害防御系统、应急治理能力也需要不断提升和完善。此次郑州"7·20"超强暴雨对郑州是一次考验，同时也让我们从超强暴雨灾害中认真反思总结，深刻汲取经验教训。面对自然灾害，每个部门、每个人应该时刻准备着。

参考文献

［1］ 张建云，宋晓猛，王国庆，等. 变化环境下城市水文学的发展与挑战——Ⅰ. 城市水文效应［J］. 水科学进展，2014，25（4）：594-605.

［2］ ZHANG W，LI R，SHANG P，et al. Impact Analysis of Rainfall on Traffic Flow Characteristics in Beijing［J］. International Journal of Intelligent Transportation Systems Research，2009，17（2）：150-160.

［3］ 王怀鋆. 城市内涝灾害成因分析及其防治对策［J］. 南方农机，2019，50（24）：235.

［4］ 王纪军，申国朝，王巨涛. 城市交通隧道防洪排涝问题初步探讨［J］. 城市道桥与防洪，2011（7）：131－135.

［5］ 曹洪林. 北京城区下穿式立交桥下积水成因分析及对策［J］. 市政技术，2007（1）：14－16.

［6］ 陈文龙，夏军. 广州"5·22"城市洪涝成因及对策［J］. 中国水利，2020（13）：4－7.

［7］ 黄天宇，易冠廷. 广州萝岗新城外环路下穿北二环高速隧道防洪排涝方案优化［J］. 城市道桥与防洪，2021（9）：111－115，138.

［8］ 陈文龙，夏军. 广州"5·22"城市洪涝成因及对策［J］. 中国水利，2020（13）：4－7.

［9］ 陈刚. 广州市城区暴雨洪涝成因分析及防治对策［J］. 广东水利水电，2010（7）：38－41.

［10］ 浦伟庆. 城市地下空间防洪与对策研究［J］. 水运工程，2008（10）：223－228，233.

［11］ 侯精明，康永德，李轩，等. 西安市暴雨致涝成因分析及对策［J］. 西安理工大学学报，2020，36（3）：269－274.

［12］ 王纪军，申国朝，王巨涛. 城市交通隧道防洪排涝问题初步探讨［J］. 城市道桥与防洪，2011（7）：131－135.

［13］ 章卫军，廖青桃，杨森，等. 从郑州"2021.7.20"水灾模型推演看城市洪涝风险管理［J］. 中国防汛抗旱，2021，31（9）：1－4.

［14］ 江辉，曾亚光，徐田坤，等. 强降雨下地铁过渡段洞口/车站出入口降水量阈值研究［J］. 北京交通大学学报，2015，39（1）：52－58.

［15］ 王家卓. 三大疑问解析郑州暴雨—八大警示加码城市安全［N］. 中国建设报，2021－08－26（005）.

［16］ 陈文龙，杨芳，宋利祥，等. 高密度城市暴雨洪涝防御对策——郑州"7·20"特大暴雨启示［J］. 中国水利，2021（15）：18－20，23.

［17］ 王纪军，申国朝，王巨涛. 城市交通隧道防洪排涝问题初步探讨［J］. 城市道桥与防洪，2011（7）：131－135.

［18］ 郭静原. 暴雨预报难在哪？其形成机制仍是全世界气象领域难题［J］. 决策探索（上），2021（8）：30－31.

［19］ 刘世祥，白文军，刘刚. 关于加强灾情侦测系统建设的研究［J］. 水利水电技术（中英文），2021，52（S1）：294－297.

［20］ 石大东，孙新峰，李娜. 郑州，闪耀在暴雨中的那一抹红［N］. 郑州日报，2021－08－18（001）.

浅谈城市隧道防洪度汛措施

（中国安能集团第三工程局有限公司武汉分公司　湖北武汉　430000）

【摘　要】 本文对我国城市隧道洪涝灾害形成过程、灾害特点、形成原因进行了归纳，并结合 2021 年郑州市京广路隧道洪涝灾害案例，对暴雨特性、隧道结构特点及灾害发生原因进行了分析，提出了增强城市隧道防洪度汛的措施建议。

【关键词】 城市内涝；隧道；防洪度汛

0　引言

全球气候变化加剧导致了极端天气气候事件的发生，在全球气候变暖的背景下，我国极端天气气候事件近年来明显增多，城市面临的大暴雨和特大暴雨事件及其引起的洪涝灾害不断出现，最具代表性的事件包括 2012 年北京"7·21"特大暴雨、2018 年厦门"5·7"特大暴雨、2020 年广州"5·22"特大暴雨以及 2021 年郑州"7·20"特大暴雨等。这些极端暴雨事件均造成了较大的人员财产损失，尤其是 2021 年 7 月 20 日郑州特大暴雨及洪涝灾害，暴露了我国在城市极端暴雨及洪涝灾害防控上还存在一些明显的薄弱环节[1]。城市道路隧道（以下简称"城市隧道"）因受到地形及周边建筑的限制，加之城市隧道纵坡较大，是遭受暴雨洪涝灾害的重灾区。一旦发生城市隧道洪涝灾害，必将给城市道路交通带来众多不便，给社会和经济带来巨大的损失。为了解决此类问题，有必要认识和了解城市道路隧道洪涝灾害形成过程及其特点。

1　城市隧道洪涝灾害形成过程

当遭遇暴雨天气，强降雨会引起地表径流水位上升，导致洪水的出现。由于暴雨强度大、持续时间长，城区下垫层透水能力差，大量的雨水会停留在城市道路表面，汇集于地势低洼的区域。而城市道路隧道往往受城区建筑物和相接道路的选线限制，其标高一般相对较低，处于地势低洼区域，一旦遇到暴雨天气，常常会有大量的雨水汇集于此，隧道的截水和排水设施难以及时排走流向隧道的雨水，雨水漫过截水沟和排水沟，直接流向隧道洞内，造成隧道路面逐渐积水，最终造成隧道洪涝灾害[2]。

2　城市隧道洪涝灾害的特点

城市隧道是城市中非常重要也是极其特殊的基础设施。一旦遭遇洪涝灾害，后果十分严重。其特点如下。

2.1 发生频率高

由于城市隧道一般处于地势低洼地段，雨水容易大量汇集于此，当遭遇持续性强降雨时，大量的雨水容易流向城市隧道，使得隧道内积水很深，以至于严重影响车辆通行。

2.2 影响范围大

城市隧道往往承载着巨大的车流量，一旦隧道遭受了洪涝灾害，那么在一定范围内隧道所在的道路交通基本上就会严重受阻，甚至造成长时间的交通瘫痪。

2.3 影响时间长

与露天的城市道路不同，城市道路隧道在遭受到洪涝灾害以后，隧道内的积水需要通过泵房水泵往外抽排。在雨量较大时，水泵抽排的效率往往低于雨水涌入隧道的效率，就需要更多的时间来排水。情况严重时，洪水位很有可能漫过泵房的机电箱，造成隧道内水泵断电无法工作，因此会浪费大量的时间。

2.4 社会损失大

城市隧道连接城市道路交通，通常还兼作管线和行人等通道。城市道路隧道内部往往安置数量较多而且较为昂贵的通风设施、照明设施及排水设施等，较为严重的洪涝灾害会导致隧道内的设施受损严重，给隧道运营造成重大的经济损失。有些司机在通过隧道时因为对路面积水情况不清，往往会尝试通行，导致车辆熄火，车辆停放在道路中间，阻碍后面通行的车辆和救援的车辆。更有甚者，车辆熄火停在路中间，积水越来越深，导致车上人员被困，危及生命安全。

3 城市隧道洪涝灾害原因

城市隧道是连接城市道路交通的重要基础设施，而连接城市道路的部分为隧道的出入口，所以，隧道洞口段的物理特性在很大程度上决定了城市隧道在暴雨条件下对洪涝灾害的敏感性。

3.1 隧址区地形和地质条件

城市隧道出入口所在的地理位置和地形条件在很大程度上决定了出入口处的汇水面积和径流水量。若隧址区的地势处于相对低洼的地区，一定范围内的雨水容易在隧道洞口处汇集，给城市道路隧道造成潜在的雨水倒灌的危险。

隧址区的水文地质条件对隧道的防洪排涝也会产生较大的影响。一般情况下，隧道内的排水沟主要用于排除隧道内的地下渗水。当隧道处于地下水较为丰富的地段时，隧道的排水设施则主要用于隧道内地下水的排放，对于排放隧道洞外涌入大量雨水的能力就明显削弱。

综上所述，隧址区的地形条件、地质条件对城市隧道的防洪排涝影响显著，隧址区的选择尤为重要。

3.2 防洪排涝设计标准

城市道路隧道排水设计一般是按照现行国家标准《室外排水设计规范》（GB 50014—2006）[3] 中立体交叉道路排水的规定，按照该规范其暴雨重现期应不小于 3 年。在近几年的工程实践中，许多城市规划、设计都调高了其重现期标准，各大城市目前一般的城市道路隧道执行标准大多在 10～20 年，对中、长距离城市道路隧道，上海、南京、郑州在内的城市己参照地铁露天出入口排水设计的要求，将设计重现期标准提高到 50 年一遇。

由于目前国内规范与标准中关于城市道路隧道的防洪排涝尚没有明确的规定，多数城市道路隧道是按照以往的排水设计经验进行设计。由于气候变化，城市的降雨强度发生了较大的变化，以往的排水设计已经不能适应现在的防洪排涝需求，加之长距离隧道的不断增加，其受灾后果严重，城市隧道防洪排涝问题形势严峻，面临着很大的挑战。

3.3　高强度暴雨频发

在全球气候变暖的背景下，我国极端天气气候事件近年来明显增多，城市面临的大暴雨和特大暴雨事件及其引起的洪涝灾害不断出现，最具代表性的事件包括 2012 年北京"7·21"特大暴雨、2018 年厦门"5·7"特大暴雨、2020 年广州"5·22"特大暴雨以及 2021 年 7 月 20 日郑州特大暴雨等。城市隧道因受到地形及周边建筑的限制，加之城市隧道纵坡较大，是遭受暴雨洪涝灾害的重灾区，给城市道路交通带来众多不便，给社会和经济带来巨大的损失。

4　城市交通隧道防洪排涝实例分析

2021 年 7 月，河南省郑州市遭遇连续的极端强降雨天气。17 日 8 时至 21 日 14 时，郑州地区出现特大暴雨，平均降水量 461.7mm，20 日 16—17 时郑州本站降雨量达 201.9mm，超过我国陆地小时降雨量极值。特大暴雨导致郑州市出现严重内涝，京广路隧道全线被淹。根据河南省政府防汛救灾新闻发布会通报，截至 26 日 12 时，共从 3 处隧道内拖移安置各类车辆 247 辆，现场排查发现 6 名遇难者。

4.1　河南省 7 月 20 日暴雨特性分析

4.1.1　降雨特点

2021 年 7 月 17 日以来，郑州、焦作、新乡、洛阳、南阳、平顶山、济源、安阳、鹤壁、许昌等地出现特大暴雨，强降雨中心位于郑州，最强时段在 19—20 日。特点如下：

（1）累计雨量大：17 日 8 时至 21 日 6 时，河南省平均降水量达 141mm、郑州市平均降水量 452.6mm，郑州新密市白寨累计降水量最大达 906mm、郑州国家级气象观测站 720mm，部分地区累计降水量已超当地年平均降水量（郑州全年平均降水量 641mm）。

（2）持续时间长：该次过程从 7 月 17 日 8 时开始，最强降雨时段出现在 19 日至 20 日，郑州连续两天出现大暴雨到特大暴雨。

（3）短时降雨强：郑州、开封等多地 1h 降雨量超过 100mm，其中郑州气象观测站最大小时降雨量达 201.9mm（20 日 16—17 时），突破中国大陆小时降雨量历史极值（198.5mm，河南林庄，1975 年 8 月 5 日）。郑州局地 3h 最大降雨量达 333mm。

（4）降雨极端性突出：该次强降雨过程中，郑州、嵩山、新密等 10 个国家级气象站日降水量突破建站以来历史极值。其中，郑州市二七区侯寨气象站日降雨量高达 692.2mm，超过郑州全年平均降水总量。

4.1.2　暴雨原因

（1）大气环流形势稳定。西太平洋副热带高压和大陆高压分别稳定维持在日本海和我国西北地区，导致两者之间的低值天气系统在黄淮地区停滞少动，造成河南中西部长时间出现降水天气。

（2）水汽条件充沛。7月中旬河南处于副高边缘，对流不稳定能量充足，18日西太平洋有台风"烟花"生成并向我国靠近。受台风外围和副高南侧的偏东气流引导，大量水汽向我国内陆地区输送，为河南强降雨提供了充沛的水汽来源，降水效率高。

（3）地形降水效应显著。受深厚的偏东风急流及低涡切变天气系统影响，加之河南省太行山区、伏牛山区特殊地形对偏东气流起到抬升辐合效应，强降水区在河南省西部、西北部沿山地区稳定少动，地形迎风坡前降水增幅明显。

（4）对流"列车效应"明显。在稳定天气形势下，中小尺度对流反复在伏牛山前地区发展并向郑州方向移动，形成"列车效应"，导致降水强度大、维持时间长，引起局地极端强降水。

4.2　京广路隧道结构分析

4.2.1　隧道概况

郑州市京广路地下隧道是河南省目前最长的地下城市交通隧道，南起郑州市陇海路南350m处，北至中原路北276m处，全长1815.26m，由地面道路与地下隧道两部分组成，其中地下隧道主体箱涵暗埋段约1305m，其余引道段为开敞式，并分别在中原路路口南侧、陇海路路口北侧设置了4个进出主隧道出入口及相应匝道。

4.2.2　防排水措施

（1）设置防水驼峰，以阻止外部雨水进入隧道。根据地形和周边的现状，为防止外部雨水进入隧道，在隧道的出入口匝道与地面道路连接处尽最大的可能（受周边现状建筑条件限制）修建反坡，陇海路南侧主箱涵匝道反坡高度0.62m（驼峰标高102.27m），陇海路北侧匝道反坡高度0.43m（驼峰标高101.73m），中原路南侧匝道反坡高度0.59m（驼峰标高102.33m），中原路北侧主箱涵匝道反坡高度0.36m（驼峰标高103.04m）。

（2）设置排水泵站，以抽排隧道积水。公开资料显示，在京广北路隧道和京广南路隧道，每条隧道在两头各有一个泵房，一个泵房有两台泵机，单个泵机18.5kW，设计流量295m³/h，泵房内的集水池容量为18.75m³。另外，在隧道的最低点，设置一个废水泵房，主要用来排出隧道清洗的废水、火灾消防用水，以及意外渗水。

（3）设置压力管，以保证隧道内的雨水排水通畅。隧道内雨水泵站直接设置压力管排入金水河；同时在压力管道沿途加阀门与市政雨水管道连通，正常状态下阀门关闭，压力管道出故障或维修时，打开阀门，雨水也可经地面雨水管网排入金水河内。

（4）泵站设置地面控制。隧道雨水泵站采用PLC自动控制、微机远传控制、低压现场控制箱就地控制3种方式。设备既可按PLC预先编制的程序自动运行，也可由操作人员在地面控制室通过监控机对现场设备进行人工操作。若出现泵房被淹、人员无法进入泵房等极端状况，可通过设置在地面的转换开关将隧道内现场控制切除，直接在地面开关柜上对水泵进行控制。

4.3　灾害原因分析

4.3.1　极端暴雨雨量太大

根据数据显示，从7月19—20日，郑州降水量超过300mm的监测点有94个，相当于全年降水量的一半，且仅7月20日16—17时，一小时降雨量就超过200mm，突破我国大陆小时降雨量历史极值（198mm），郑州国家观测站最大日降雨量达 624.1mm，接近该站年平均降雨量 641mm，也就是说，相当于一天下了将近一年的雨。在极端暴雨中，郑州市众多道路积水严重，尤其是陇海路、航海路、南三环等道路路面更加严重，这些道路都与京广路隧道产生交叉，或紧邻隧道出入口，其路面积水不仅淹没了隧道出入口挡水板倒灌入隧道，更淹没了隧道出入口周围护栏直接流进隧道内。

4.3.2 隧道积水无法排放

京广路隧道积水是通过隧道泵机连接的压力管道向北排放到金水河中，但在极端暴雨来临后，金水河水面不断上升，直至满溢，从隧道泵机里排出的积水等于是随着满溢的河水又流回到地势最低的隧道内。

4.3.3 排水泵站未正常工作

京广路隧道内雨水泵站自 7 月 20 日晚上就不再工作，雨水泵房正常设计在隧道内的地势低点，但配电室也一起内置于地下，进水断电。

4.3.4 内涝防治标准偏低

《公路隧道设计规范》（JTG D70—2004）[4] 按照长度将公路隧道分为短隧道、中隧道、长隧道、特长隧道 4 类，除了对濒临水库地区的高速公路、一级公路隧道规定"设计洪水频率标准为百年一遇"，对隧道其他情况的防洪及排涝标准并未明确规定。郑州的中、长距离城市交通隧道参照地铁露天出入口排水设计的要求，重现期标准大多是 50 年一遇。显然，京广北路隧道的重现期设计标准远远无法抵御这场极其罕见的强降雨。

5 措施及建议

针对上述出现的问题，建议充分汲取经验教训，做好以下应对类似事件的有力措施。

5.1 优化城市雨洪调度能力

综合分析城市内涝灾害特性，评价已建防洪排涝工程体系的防洪排涝能力，查漏补缺，适度提高城市防洪排涝标准，优化防洪排涝工程布局，进一步建设和完善城市防洪排涝工程体系。此外，制定和优化区域防洪排涝调度方案，综合利用防洪、排涝和排水工程体系，通过蓄、截、拦、排、泄等多种措施联合调度，减轻内涝灾害对城市的影响，提高对雨洪资源的利用。

5.2 完善周边雨水设施，避免道路积水

一般城市隧道工程新建的地面雨水排放系统承担不了设计范围外的地面雨水径流，一旦外部积水进入隧道，隧道内雨水泵站将无法承受。因此为避免隧道被淹。首先需要与隧道工程同步改造周边雨水设施，截留、疏导周边地区排向隧道的地面雨水，减少汇向隧道的地面径流，避免在隧道出入口附近形成内涝。

5.3 加强城市居民内涝灾害危机宣传教育

积极开展多种形式的防汛防灾知识培训和教育，例如，将传统媒体与新媒体相结合，开展线上线下的防洪排涝宣传教育和应急避险、自救互救技能，尽量使洪涝灾害的防御知识普及覆盖到全民；此外，鼓励市民群众参与各级政府组织的防汛演练行动，促进民众防灾避灾和自救互救水平的提升，进而逐渐降低城市内涝灾害对市民造成的损失。

5.4　优化相邻区域地面竖向高程

对周边区域地面、道路竖向高程进行优化，尽量避免在隧道出入口附近等重要设施附近形成高程的局部最低点，尽量避免可能的地面积水对重大设施构成安全威胁。

5.5　加强道路沿线雨水设施的日常管理维护

隧道建成投运后，进一步加强道路沿线雨水设施的日常管理维护，避免由于道路上垃圾进入雨水收水井、管道淤积等原因导致收水能力下降和排水不畅。加强对隧道雨水泵站机泵、电器设备的管理维护，确保雨季时具备抽升能力。

5.6　制定汛期预报与抢险应急预案

加强对河道水位、地面道路积水、雨水系统排放、隧道积水高度等情况的监控，市政排水管线、河道、隧道等不同管理部门建立联动机制，制定汛期预报与抢险应急预案。尽最大可能避免地面道路积水，减少外部雨水进入隧道的风险，同时采取在隧道内设置积水警戒水位、配置抢险提升设备、备用防洪砂袋等措施。一旦地面道路积水进入隧道，应及时关闭隧道，做好地面交通组织，做好隧道内人员车辆的疏散，避免发生安全事故。采取堆放砂袋或其他措施阻水，尽最大可能避免外部雨水再进入隧道，同时启动抢险抽升设备，避免因隧道积水高度升高而造成重大经济损失和安全事故。

参考文献

[1]　张建云，王银堂，贺瑞敏，等. 中国城市洪涝问题及成因分析［J］. 水科学进展，2016，27（4）：485－491.

[2]　王纪军，申国朝，王巨涛. 城市交通隧道防洪排涝问题初步探讨［J］. 城市道桥与防洪，2011，7：131－135.

[3]　中华人民共和国住房和城乡建设部，中华人民共和国国家质量监督检验检疫总局. 室外排水设计规范：GB 50014—2006［S］. 北京：中国计划出版社，2006.

[4]　中华人民共和国交通运输部. 公路隧道设计规范：JTG D70—2004［S］. 北京：人民交通出版社，2004.

浅谈大型排涝设备在城市内涝中的战法应用

廖 岩 莫守平

（中国安能集团第三工程局有限公司武汉分公司 湖北武汉 430200）

【摘 要】 随着我国城市发展速度加快，极端天气频发，局部地区内涝严重，城市内涝已经成为威胁市民出行和破坏城市秩序的主要灾害。为了研究大型排涝设备在应对不同场景下城市洪涝灾害的抽排水情况，本文以2021年7月河南郑州遭遇的极端强降雨为背景，针对城市内涝问题，为快速降低水位，使用了大型排涝设备"龙吸水"3000型垂直供排水抢险车、子母式供排水抢险车等。结果表明，在应对一般城市道路积水时，可有效快速完成抢险任务；在隧道及桥下低洼地区，可通过多台大型排涝设备联合运作的方式，采用"人歇机不停，两班连续战"的战法，使得水位有效下降，可以达到人车通行的效果。实例表明，大型排涝设备在应对城市内涝、快速降低水位、恢复城市秩序等方面有效、可行，对类似研究具有一定的参考价值。

【关键词】 城市内涝；大型排涝设备；"龙吸水"；战法应用

0 引言

由于全球气候变暖导致极端天气不断，我国许多城市面临着不同的气象灾害。而城市内涝会对居民人口、住房建筑、公共设施等造成严重损失。据住房和城乡建设部资料统计显示，2007—2016年，全国超过360个城市遭遇内涝，其中1/6单次内涝淹水时间超过12h，淹水深度超过半米；水利部数据显示，2010—2016年，我国平均有超过180座城市进水受淹或发生内涝。

城市内涝常表现为路面积水、隧道淹没、桥下积水等，伴随着短时间大规模的强降雨，城市排水系统几乎瘫痪，极易对市民造成危害。而国内一些城市管道老化，排水标准比较低，有的地方基础设施建设滞后，排水设施不健全，排水系统建设跟不上城市发展速度等都是造成内涝的重要原因。另外，城市大量的硬质铺装，如柏油路、水泥路面，降雨时水渗透性不好，也容易形成路面积水，从而导致内涝。大多数城市排水常用的方法如人工排水、小型柴油抽排水泵、提前修建排水措施等，不仅费时费力，经济效益不高，在防涝效果上更是杯水车薪，难以达到预期的效果。采用"龙吸水"系列大型排涝设备，在普通道路积水路段可快速排险；遇到隧道淹没等情况，可根据现场具体水位，通过多台设备联动，均可达到预期效果。

本文以河南郑州"7·20"抢险为研究对象，以大型排涝装设备为硬件支撑，战法运用为理论依据，通过日常训练、险情模拟处置、参加演练等方式，强化人员配合、排涝设备操作、战法应用等流程。努力做到在实际运用中能够做到针对不同城市内涝险情，运用不同战法，使用不同装备，为解决现阶段处理城市内涝问题提供有效参考，真正做到召之即来、来之能战、战之必胜。

1 城市排涝研究现状

1.1 研究背景及意义

1.1.1 研究背景

自改革开放以来，城市的发展关乎着社会进程，而城镇化是进入现代化的必要条件，我国的城镇化虽然起步较晚，但是发展速度快。据统计，截至 2018 年，我国城镇化率已经达到 61.7％。随着城镇化进程加快以及城镇化率不断提高，一些城市基础设施与城市发展速度开始出现断层，由此引发的城市内涝、公共卫生、生态环境等问题开始涌现。由于内涝对城市影响范围广、发生频率高、造成损失大，城市内涝俨然已经成为城市众多问题中最凸显的问题之一。

城市化改变了原有的土地利用情况，大量的硬质路面使得雨水的渗透减少，大量雨水在短时间内聚集，导致城市排水系统瘫痪。早在 2010 年，住房和城乡建设部对 351 个城市进行专项调研结果就显示，仅 2008—2010 年，全国 62％的城市发生过城市内涝，内涝灾害超过 3 次以上的城市就有 137 个。在发生过内涝的城市中，57 个城市的最大积水时间超过 12h。2012 年 7 月 21 日，北京遭遇暴雨及洪涝灾害，当地道路、桥梁、水利工程受损，多处民房倒塌。2014 年，深圳两次遭遇"水漫金山"，一场暴雨造成深圳 200 处积水内涝，部分河堤坍塌损毁，约 2000 辆汽车被淹。近些年来，城市内涝也频繁发生，在降雨较频繁的夏季几乎逢雨必淹。尤其今年的罕见暴雨，不仅造成了严重的内涝还给市民出行带来了困扰，影响了城市经济的正常发展。

1.1.2 研究意义

城市作为区域政治、经济、金融、贸易、文化的中心对国家繁荣起着主导作用，但近些年来我国城市内涝问题频发，在一定程度上影响城市快速稳定发展。一般城市在应对内涝灾害时大多采用市政公路排水、小型水泵站等方式，但在面对特大雨情或短时间强降雨时就显得力不从心。本文以郑州市此次强降雨为例，针对城市排涝建设及能力不足等问题进行分析。

因此，非常有必要分析当前城市排涝问题，对推动我国城市内涝治理、建立城市内涝风险预警，提升城市抵抗内涝灾害的能力、保护城市居民生命财产安全、保障城市健康和稳定发展具有重要的指导意义。

1.2 目前存在的问题

1.2.1 城市排水面临的问题

（1）设计标准低。目前大多数城市排水设施采用下水管网，口径偏小，难以应对强降雨，即使是新建的排水设施设计标准也比较低，再加上各管道管线之间铺设混乱，无法达到基本排涝标准。而我国大多数城市排水管道标准只限于"1 年一遇"，一旦发生强降雨就容易出现大面积内涝，造成城市"看海"局面。

（2）基础设施投入不足。城市地下系统建设是公益性质，难以盈利和吸引资本进入。地下建设基本靠政府投入，再加上城市大量路面硬化，导致城市渗水能力削弱，进一步增加了内涝的形成。

（3）城市发展与基础规划不匹配。在城市化进程中，一味地追求发展速度和经济增长导致城市规模急速膨胀，地上建筑与地下排水设施不匹配，造成不合理规划。

（4）排水设备落后、管理不善。长期以来，我国在应对暴雨造成的城市内涝最常用到的就是人工疏导、泵站排水及地面排水，但在一些极端情况下就显得力不从心。一些泵站年久失修、锈蚀严重，甚至不能正常运行；在日常管理中也出现只有人建没有人维护的现象。

1.3 国内外排水研究现状

1.3.1 我国排水研究现状

我国城市在长期发展中，由于早期排水系统建设受到城市发展模式和经济等因素影响，形成了老城区基本为合流制，新城区为分流制；排水系统下游为分流制，上游为合流制；街道为分流制，小区为合流制的格局。在管网建设中，常以路带水，以小区建设带动管网铺设，从而造成管网不成系统。

1.3.2 国外排水研究现状

不同国家有着不同的标准，对于大多数经济发达国家来说，并不是把防洪标准定得很高，而是采用最佳经济标准，进而使城市防洪与排涝标准趋于一致。如日本农业地区堤防一般为 50 年一遇，城市堤防 100 年一遇，美国则把 100 年一遇作为标准洪水。

目前，国外大城市基本采用城市暴雨雨水"源"的控制及"下游"控制的"蓄排结合"法。"源"的控制，指通过渗塘、地下渗渠、小型水库等工程设施，对雨水下渗暂时蓄存，延长雨水排放时间，以达到削峰、减流的效果；"下游控制"是对污染地区雨水结合或者混合雨污水进行处理。

2 城市排涝的实践

2.1 城市内涝的原因

城市内涝的产生涉及气候变化、暴雨产汇流、雨洪调蓄、城市防洪排涝工程建设和管理等诸多方面。

2.1.1 地理地貌

以郑州市为例，郑州市作为省会是河南省政治、经济、文化的中心，位于河南省中部偏北，北部与黄河相邻。市域总面积 7446km²，中心城区建成区面积 549km²，市域城市建成区面积 831km²。郑州市东西长 135～143km，南北宽 70～78km，地理位置介于东经 $112°42'～114°14'$ 和北纬 $34°16'～34°58'$ 之间。

郑州市处于秦岭东部余脉、山前丘陵与黄河冲积平原的过渡地带，地形大致呈西南向东北倾斜，呈阶梯状下降，由山丘过渡到平原，二者分界较为明显。全市山区面积 2377km²、丘陵区面积 2255km²、平原地区面积 2814km²，市域海拔高度为 73～1512m，中心城区海拔为 75～150m。

2.1.2　气候条件

郑州地处暖温带南部，属于大陆性季风湿润气候，四季分明，气候温和，雨热同季。全年日照时间约 2400h。郑州地区年平均气温为 14.3～14.8℃，郑州市区为 14.3℃，无霜期 220 天。7 月最热，月平均气温 27.3℃。1 月最冷，月平均气温为－0.2℃。郑州地区年降水量 586.9～668.9mm，其中郑州市区 623.3mm，降水主要集中在每年 6—9 月，约占全年降水量的 70%。

2.1.3　内涝原因

（1）郑州原来的城市范围较小，下水管网在早年设计时是可以满足排水要求的，因为排水线路比较短，周边有很多可以蓄水的坑塘，但在城市扩建的过程中，坑塘逐渐消失，而城市管理者抱着万一不会出现的心里，没有重新的规划地下管网，结果"万一"出现了。

（2）郑州以南本是丘陵地带，本不应该出现内涝，因人为地把以前干涸的池塘、低洼地等建成了高楼大厦，修路遮挡，把老祖宗千百年形成的自然排水系统破坏了，人工排水又没有按照高标准去建（往往是按国家规范的最低标准），从而造成了内涝。

（3）海绵城市的理念很好，但也仅限于新城区，老城区无法享受，缺乏了大地自然的蓄水作用，城市排水系统就显得微不足道。因为科技的进步缺乏对大自然的敬畏之心，抛弃了老祖宗千百年的水系，科技却没有在排水系统上有所体现。

2.2　城市排涝的发展历程

2.2.1　逃避式城市排涝体系

随着人口增长、经济发展、生活水平不断提高，在湖泊河流处修建堤坝，在容易发生洪涝的地方修建堤防。由于洪水具有随机性、突发性、破坏性、持续性等特点，一旦发生，将会给人类的生活带来巨大影响[1]。所以，单纯地依靠躲避洪水或简单地依靠堤防很难达到防治洪涝带来的危害。因此，人们更加需要一种新的对策来应对洪涝灾害。

2.2.2　"防、排"为主的排涝体系

为了适宜社会发展，减小洪涝灾害对人类的危害，在 20 世纪末，人们开始着手建造规模庞大的水利工程体系，力求控制洪水。水利工程成了应对洪涝灾害的有利手段，在"征服自然，改造自然"等一系列号召下，开始了大规模的江河工程修筑[2]。

随着生产力提高，人类改造自然能力越来越大，各种社会经济活动对自然界的影响都在日益增加。对洪水、泥沙以及河道形态都有着不同的影响。

2.2.3　生态型城市排涝体系

在人类近千年与洪涝的斗争中，我们逐渐认识到，洪涝的形成远远超过了我们的控制，就目前的经济技术条件想要完全消除洪水灾害是不可能的[3]。我们必须以科学的态度，从长远的角度考虑，既要适当地控制住洪涝又要合理的改造自然，与自然和谐共处。要约束人类自身的各种不顾后果、破坏生态环境和过度开发利用土地的行为，并采取综合措施，将洪涝灾害减少到人类社会可持续经济发展所容许的程度[4]。逐步调整人与水的关系，对江河的整治由过去的以防洪为主要目标逐渐转换为防洪减灾、水资源保护、改善环境与生态系统的多目标的综合整治[5]。

2.3 城市排涝的启示

（1）在经历过强降雨所带来的城市内涝后，城市建设应当重视地下空间挡水墙的布置，将此作为竣工验收的一部分。

（2）每座城市的防汛应急预案应根据本市以往灾害经验制订，并提高等级防止突发情况的发生。

（3）目前城市排水设施以及方法比较单一且不够灵活，因此急需一种机动性强、抽排能力高且可以连续工作的设备来进行内涝整治。

3 排涝设备状况

3.1 大型排涝设备结构

3.1.1 3000型子母式"龙吸水"供排水抢险车

（1）该车是一套独立的排水抢险系统。系统由母车（厢体车）与子车（移动排水泵站）构成。子车通过外接油管接口与母车（厢体车）相连组成一个排水车系统。可以利用遥控器操作将子车（移动排水泵站）开至排水点，连接排水软管，进行排水，其中子车（移动排水泵站）不携带任何能源装置，可保证使用的安全性。

（2）技术特点：①子车采用遥控操作，机动灵活；②全液压方案，安全、可靠、流量大，整车体积小，重量轻；③自带动力，作业距离长，可达100m。

（3）适用范围：适用于抗旱抢险、农业灌溉、突击防洪排涝、围堰抽水、无固定泵站及无电源地区抽水，以及市政、公路应急排水等领域。

3.1.2 "龙吸水"3000型垂直供排水抢险车

（1）"龙吸水"3000型垂直供排水抢险车采用全液压方案，无需外接电源、额外发动机和起吊等辅助设备，吸水深度大，抽水所需水位低，排水扬程高，全部机构由液压驱动，平稳可靠，模块化手动按键操作，具有机动性高、作业区域广、使用便捷、排水流量大等特点。

（2）工作原理：采用汽车底盘自身的发动机通过全功率取力器带动高压齿轮泵，液压油通过控制系统加压，通过高压管路推动水泵的液压马达高速旋转，达到排水目的。

（3）适用领域：抗洪救灾，城市道路，高速公路隧道排水，城市内涝排水，应急调水，农业灌溉等。

3.2 大型排涝设备的选择

纵观全球，最近几年极端天气频发，尤其是今年全国各地洪涝灾害不断，很多省份遭受百年难遇的特大暴雨，在这样突发的灾害情况下，如何快速地处理好城市内涝成为了摆在各个城市发展和各应急队伍面前的一大难题。除了常规使用的城市基础排水设施以外，大型排涝设备成为了快速排涝的好帮手。但是，一个城市该如何配备或者有无执行标准呢？答案是暂时我们国家还没有相关排水抢险车的配备标准，各地相关单位大多是根据当地往年的雨水和排涝经验进行装备。

不过，由于近年暴雨灾害在多地时有发生，一些地方已经开始在政府文件中关注排涝装备的配备。比如，2014年8月1日起施行的《上海市防汛条例》就规定，明确乡镇街道设立相应的防汛指挥机构，配备应急抢险队伍及装备。江苏省高邮市也在2016年2月5

日发布的《关于加强城市防洪排涝工作的实施意见》中明确了量化指标：各责任单位排涝应急抢险队伍按照城市建成区每平方公里应急排涝能力不低于 $150m^3/h$ 的标准。

4 实例分析

4.1 战法的选择

每一种战法的应用都离不开实战演练，通过在不同场景中的实战摸索从而总结出来的经验就形成了相应的战法。那么在实战演练中制订好周密的计划及分工就成了抢险救援成败的关键所在。

（1）确定指导思想与目的。做好人员思想上的认知比任何方式都要来的直接，明确任务及所要达到的效果是战法实施的第一步也是最关键的一步。

（2）确定组织领导与任务分工。战法的制定和选择离不开领导的决策，也是在大项任务面前如何安排和指挥的重要环节。确定任务分工能更好地划分各单元所属人员的职责，更加有力地推进战法的实施。

（3）确定人员、装备。根据任务大小选择不同战法，依据领导指示确定所需的人员数量和主要作战装备以及大型装备的出动前准备等。

（4）组织实施。到达指定的抢险作业面之后，根据现场环境、受灾范围、影响大小来制订相应的预案，选择不同的战法展开救援行动。

（5）事后总结。所有的成功都离不开自我总结与反思，把在抢险救援中遇到的重点、难点记下来以便于加深预案的完整性，在以后遇到类似的灾害可以提供一个良好的借鉴，所以事后总结是非常有必要的。

4.2 战法应用的实例

4.2.1 江西鄱阳湖排险

2020 年 7 月，江西普降大到暴雨，鄱阳湖长时间超警戒水位，九江市永修县三角联圩出现溃堤，洪水大量涌入三角乡，该区域 14 个村委会 5.036 万亩耕地、2.6 万群众受灾。

中国安能接到江西省防指任务请求后，立即分析灾情形势，于 7 月 23 日 10 时派遣抢险救灾大队的 27 名专业操作手携带 6 台排涝利器紧急出动，赶往永修县后垄三角联圩白水湖村，执行排水除险作业。到达现场后，浑浊的湖水几乎与堤坝持平，不远处有房屋浸泡在水里，新一轮的降雨随时可能来袭，防汛形势十分严峻。技术人员首先进行灾情勘测，制定抽水方案。农田久泡险多，土质松软，为防止水土流失对堤身造成过多损害，基于现有作业条件和险情实际，决定对不同堤段采取增减设备数量、控制或降低设备运转功率的方式进行处置。救援人员配合默契、技术娴熟，协同排涝队伍将 3000 型"子母式"远程控制龙吸水及 20 余台拖车式移动泵站的进水管布置到险区，完成"抽""排"两端的管口对接和排水管铺设，迅速展开排水行动。为尽快打通村民回家之路，抢险人员 24h 不间断作业，连续奋战 5 天 5 夜，发扬"攻坚克难，敢打必胜"的战斗精神，截至 28 日 14 时，已累计抽排水超过 50 万 m^3，圩堤内水位有明显降低。

4.2.2 河南郑州内涝抢险

2021 年 7 月，河南省郑州遭遇极端强降雨引发的内涝，中国安能武汉救援基地第一时间启动抗洪抢险应急响应机制，紧急调度 40 名工程救援力量，携带推土机、挖掘机、装载机等大型主战装备以及全地形两栖车、冲锋舟、"龙吸水"等专业装备 18 台（套），组成第一梯队，于 21 日 9 时出发，紧急赶赴河南参与抢险救援任务。7 月 21 日傍晚 6 时许，中国安能武汉救援基地水上搜救分队 14 人，携"龙吸水"和一体化泵车赶到郑州站西广场，开展抽排水抢险。

为高效应对各类灾情险情，湖北省应急管理厅已指导该基地开通视频指挥系统，统筹救援力量严密组织抢险救援行动，依托通信指挥车成立前进指挥所，同时要求正在该基地备勤的救援直升机做好各项准备。21 日 7 时，该基地主任李贵平已经同水文、地质、爆破等 5 名专家，先期赶赴河南向当地党委政府请领任务。

由于郑州站西广场积水严重，中国安能武汉救援基地投入 15 名指战员、2 台"龙吸水"、2 台一体化泵车，采取"人歇机不停、两班连续战"的战法，在京广北路由北向南道口左右两侧和西南侧抽排水。其中每个作业面点位专门配置 1 名安全员、3 名操作员，不仅能够确保抢险人员装备的安全，也大大提高抽排水效率。

7 月 25 日 23 时 30 分许，随着中国安能武汉救援基地最后两台"龙吸水"排水抢险车从郑州京广北路隧道安全驶出，标志着京广路隧道的排涝全部完成。在郑州市内涝排水中，中国安能抽组 3 个救援基地 143 名救援队员，分布在 13 个任务点，昼夜鏖战 106h，累计排水 1095 万 m^3。

4.3 战法应用的思考

由于每次抢险任务的不同、灾害大小的影响不同及各个地域的差异化，在进行战法选择的时候就要求指挥人员和一线救援之间要配合默契、行动迅速、组织严密，遇到问题要及时进行调整，灵活运用战法以实现快速完成救援的目的。

5 结语

5.1 创新点

本文从以往城市排涝的特点出发，结合当前城市基础排涝设施存在的问题和机动性不足和在应对特大灾害时尤其在局部排水系统瘫痪的状态下，使用大型排涝设备加以配合战法来实现快速有效的排涝。由于当前城市相关制度的不完善，用相应的战法提供了较好的思路，为后续应对类似灾害提供了宝贵的经验。

5.2 后续改进

由于此类战法是根据相应的设备来使用，不能做到十全十美，且实施起来对团队要求比较高，需要一定的指挥能力和协调沟通能力，要能对发现的问题及时处理，能快速给出方案，所以在程序性上还有优化的空间。此外，大型设备也只能用于场地较为开阔地带，对路面基础要求较高，对于城市比较密集的地方可能会存在不便于进场的尴尬局面，在灵活性方面还有待加强。

参考文献

[1] 向立云. 洪水灾害特性变化分析 [J]. 水利发展研究，2002，22（12）：44 - 47.
[2] 赵春明. 探讨 21 世纪中国防洪策略 [J]. 中国水利，2000（2）：18 - 19.

［3］ 万本太. 中国水资源的问题与对策［J］. 环境保护，1999（7）：30－32.

［4］ 夏军. 可持续水资源系统管理研究与展望［J］. 水科学进展，1997（4）：370－376.

［5］ 钱正英，张光斗. 中国可持续发展水资源战略研究综合报告及各专题报告［M］. 北京：中国水利水电出版社，2001：62－79.

三、决口封堵篇

河南鹤壁浚县卫河河堤决口封堵技术

柳　欢　张陶陶　王晓龙

（中国安能集团第一工程局有限公司唐山分公司　河北唐山　063000）

【摘　要】　2021年7月河南遭遇极端强降雨天气，卫河鹤壁段出现超标准洪水，浚县新镇镇彭村段发生决口。针对决口封堵任务，通过现场侦测、科学分析、审慎研判，采取扩宽保通道路、抢筑防护裹头、宽戗立堵合龙、堤身防渗闭气等技术方案，优化储备料源和道路平台，拓展水上运输通道，加强现场指挥管理等关键技术措施，最终圆满完成了决口封堵任务。

【关键词】　决口封堵；堤防；抢险技术；卫河

2021年7月河南遭遇极端强降雨天气，河南北部、中部出现暴雨、大暴雨，局部特大暴雨天气。从17日8时至22日8时，鹤壁平均降水量达562.1mm，最大累计降雨量达到1122.6mm，最大日降雨量达到777.5mm，降雨导致卫河鹤壁段出现超标准洪水。与此同时，共产主义渠洪水漫堤，涌入卫河，致使卫河水位抬升，进一步加大了卫河河堤的压力。由于雨势、水势太大，22日21时左右，卫河河堤新镇镇彭村段发生决口，左岸16个村瞬间成为一片汪洋，决口附近的彭村、侯村、牛村等村庄内积水严重，造成重大经济损失。

1　卫河河堤决口基本情况

经现场实地勘察，决口位于浚县新镇镇彭村卫河河堤左岸，堤身为均质土坝。卫河彭村段河堤呈梯形，顶宽7m，底宽25m，高4m，迎水面坡比1：4.5，背水面坡比1：1，堤顶高程49.0m，右岸水位高程48.3m，左岸水位高程48.0m，决口段宽度约40m，龙口流速3m/s，平均水深2.7m，流量127m³/s，封堵土石方量约3万m³。

2　决口封堵任务

（1）决口水位居高不下。连日强降雨，卫河水位连续多日超警戒水位，决口处水位距离堤顶高度仅为1.2m，堤身结构长期浸泡在洪水中，按照原堤防体型结构开展封堵，机械化作业将受到戗堤顶宽的制约，需要采取宽戗封堵的方法。长时间处于高水位状态，堤身下部结构稳定性差，水下抛填物料流失大，对封堵技术和质量控制提出了更高要求。

（2）道路通行条件较差。决口位于农村，道路多为乡村土路，堤顶不具备双车道通行条件。左岸河堤顶宽6～7m，土质堤防，堤顶道路受高水位洪水影响承载力降低，为满足工程车辆双向通行需对道路进行加固加宽。右岸堤顶道路宽度仅为4～5m，距离新镇镇彭村约 20km，道路受洪水影响极易发生新险情，难以实现双向进占。

（3）抢险任务重时间紧。7 月 22 日 21—23 时，险情从渗水直接发展到决口，截至 23 日 16 时，口门宽度一度达到 40m，受上游持续暴雨影响，龙口流量大，流速快，抛投石料损失大，现场处置难度大，决口还有进一步扩大趋势。如果不尽快对两岸裹头进行保护，将会影响进占合龙的效果和时间。为尽快实现决口合龙，尽量挽回经济损失，经过反复测算，按照 3 天时间完成封堵，封堵工程量超过 3 万 m³。每车按 20m³ 计算，合计 1500 车，每小时要抛填 20 车。

（4）现场作业环境影响大。此次河南暴雨得到了全国驰援，现场有解放军、武警、央企、民企、地方救助力量、宣传记者和当地群众，大量非工作人员在抢险现场往来穿梭，对救援效率造成不利影响。水流持续冲刷右侧土堤，当左侧进占、龙口缩窄、水位抬升、流速加大后，在没有稳固护脚情况下右侧将发生垮塌，对右岸作业人员带来极大安全风险。

3 决口封堵技术方案比选

为尽快完成决口封堵任务，最大限度减少受灾群众财产损失，需综合现场道路交通、物料供应及机械设备情况，采取安全、科学、高效的技术方案。常用封堵方法有平堵、立堵和混合堵三种方式。立堵能够缩短准备时间，适应性强、效率高，适合大规模机械作业。平堵和混合堵适合水流条件稳定，流速流量小，准备时间充裕的封堵，同时要在龙口搭设浮桥。根据现场实际情况，只能采用单向单戗立堵方法进行封堵，制定总体方案为"右岸裹头抢护、左岸立堵合龙、整体防渗闭气"。

4 抢险方法

4.1 抢险准备

（1）料源准备。卫河彭村段河堤决口附近石料稀缺，为解决封堵决口所需，在距现场 40～50km 的多个石料场同时开采以满足封堵需要的块石；土料储备较为丰富，优选在距决口约 2km 的料场开采，调派 200 台自卸车不间断运送至决口封堵作业面。堵截所需要的钢筋笼单个尺寸为 1m×1m×1m，为保证封堵效果，将 4 个钢筋笼相连成整体，作业时利用反铲现场装填块石并在龙口进行抛投。考虑流速过快，物料流失大，按理论计算量 2 倍准备。主要包括块石 3 万 m³（含道路修整），反滤料 0.2 万 m³，黏土 1.28 万 m³，钢筋石笼 200 个。

（2）准备抢险机械设备。大型的推挖装设备采取以自有为主和协议租赁为辅相结合的方式进行保障，部分急缺设备当地政府就近协调保障，土石料运输车有当地政府动用社会力量支援保障。抢险机械设备投入反铲挖掘机 3 台、长臂挖掘机 1 台、25t 自卸车 200 台、推土机 3 台、装载机 4 台、发电车 1 台、55kW 发电机 1 台、动力舟桥 1 艘、碾压机 1 台、橡皮艇 1 艘、全站仪 1 台、指挥车 9 辆。

（3）修整道路及错车平台。左岸道路长约 500m，宽 6～7m，道路承载力低，路况差。决口封堵前，对堤顶狭窄段、弹簧土段填筑碎石和块石料，平整压实，按照间隔 50m 修筑错车平台，平台以 30m 长、5m 宽为宜。为确保抢险安全、避免外部干扰、提高工作效率，堤防沿线每隔 30m 设置交通指挥岗指挥交通，及时平整道路，禁止无关人员进入，确保道路顺畅。

（4）稳固堤头。当堤顶道路满足通行需要时，及时加固以保护堤头，防止洪水持续掏刷导致堤头坍塌，决口扩大。左岸堤头由自卸车运输块石料和钢筋笼。挖掘机将块石装入钢筋笼，推土机将钢筋石笼、块石料推入水中，稳固堤头。右岸堤头采用动力舟桥运输挖掘机、自卸车、块石料、钢管等至右岸，钢管绕堤头采用挖掘机打入水中，钢管桩与堤头间放入钢筋笼，里面抛填石块。

（5）修筑回车平台。修筑回车平台的目的为拓展工程自卸车通行空间，形成调头、卸料、驶离流水作业过程，提升卸料速度。为满足 2 台自卸车同时卸料，需要修筑 3 个车道，回车平台宽度应能满足现场转弯半径最大的自卸车的掉头回转。

4.2 抢护裹头

左岸决口堤头利用自卸车运输抛填直径 40~80cm 的块石，推土机辅助推平，填筑形成的戗堤需高于水面 1m 以上。决口右岸采用挖机削坡减载，顶部高于水面约 1.5m，按照 1:3 坡比进行整修；在迎水面坡脚处每隔 30cm 打入钢管，将制作好的钢筋石笼每 6~8 个为一组并列排放，利用反铲挑放在坡脚，也可配合抛填混凝土预制板、石块、沙袋等达到稳固右岸的目的。

4.3 戗堤进占

戗堤进占采取水下抛填大块石、水上填筑石渣料分层碾压法。戗堤进占沿卫河原河堤线推进，堵截料采用自卸车倒退法进入卸在堤头，推土机推铺抛填。为减少决口缩窄、流速增大、水位抬高而带来石料严重流失，在戗堤上下端抛填块石做挑头，中间石渣料、沙袋及时跟进，推土机推进时，向上游倾斜一定角度，反铲配合平整、抛填，振动碾碾压。

4.4 决口合龙

当决口封堵至宽 20m 时，流速 2.74m/s，最大水深 5m，流量 92.6m^3/s，封堵难度持续增大，为满足停放 1 台挖掘机、1 台推土机和 2 台自卸车同时卸料要求，需要进一步拓宽、降低堤头，修筑宽 20m、长 30m 的堤头平台。当戗堤进占宽度剩余 5m 左右时，口门处水流速度进一步加大，需要一次性备好大块石、钢筋石笼等封堵材料，堆放至龙口两侧，利用推土机双向推填，实现合龙。合龙采取自卸车有序装卸、推土机集中抛填钢筋石笼、大块石、石碴等物料，通过快速双向封堵，确保一次成功合龙。合龙后还需对戗堤进行整平，整平标高高于水面 0.5m，静碾 1 遍，振动复碾 2~4 遍。

4.5 加高培厚

戗堤合龙后，以堤轴线为中心，测量确定填筑边线，按照"先培厚再加高"的流程进行，注意加高均衡，分层碾压，每层厚度不宜大于 0.5m，分别向两侧拓宽至填筑边线。水下部分一次性抛填，水上部分用自卸车在堤身上游侧倾倒填料，推土机配合推平碾压，按照上游侧到下游侧的顺序进一步培厚。重复上述施工，直至封堵段顶高程与原卫河河堤顶面高程一致。

4.6 防渗闭气

决口合龙后封堵段堤防仍会出现渗水情况，主要是由于采用大块石、钢筋石笼等透水材料戗堤进占，不具备防渗条件，仍存在崩塌、滑塌等可能，易发生二次决口，所以应及时防渗闭气。作业时自卸车将填料沿河堤轴线卸至迎水面附近，推土机配合推填，反铲夯实。先沿迎水面填筑一层 0.5m 厚的碎石随后再填筑 0.5m 厚黏土料，此时工程抢险人员立即在黏土面上铺设双层土工布。铺设时注意利用沙袋压脚，避免土工布漂起，同时在坡顶预留 2m 长接茬，加高培厚过程中及时覆盖，保证土工布沿迎水面铺设稳定。最后反铲对封堵段进行修坡整形，尽量与原卫河河堤坡面平顺相接。

5 抢险关键技术

（1）合理优化道路平台。受领任务后，首先对道路交通优化完善。针对堤顶道路狭窄，道路塌陷，自卸车通行不畅等问题，采取的措施有：①组织推、挖、装、碾等机械化装备，快速修复损毁道路，保障双向通行要求；②对堤头要平整换填，形成可以放置重型机车、满足 2 辆自卸车共同卸料进占的作业平台。通畅的交通，保证龙口高峰强度下 1h 约 50 车 1000m³ 的抛填强度。

（2）全面加强裹头保护。龙口两侧都必须做好裹头保护，避免决口水流冲刷造成堤口溃退。对于重型机械难以抵达的堤头，要采取打钢管桩，抛填钢筋笼、沙袋、块石、树木、预制板等物品保护坡脚。

（3）改善决口水力条件。针对龙口流速快、流量大的实际，采取的措施有：①沉车压脚，用满载石料汽车推入龙口，减小水流落差；②采取宽戗进占，通过修筑不小于 9m 的戗顶平台，进一步降低水流落差，改善决口水力条件，方便堤顶作业。

（4）做好封堵物料准备。要充分预储符合封堵要求的大块石，合理设置中转场地，对于石块不充足或不满足需要的，采用混凝土块体、隔离墩、预制板、钢筋石龙等确保物料连续供应，确保满足封堵决口要求。

（5）强化现场安全管理。作业现场抢险单位众多、人员复杂。现场安全管理措施有：①严格实施封控，特别在作业关键时段、关键环节应禁止一切无关人员进入，保证作业高效实施，确保现场安全管理；②保障夜间照明，决口封堵必须 24h 连续作业，要配足配齐照明设备，此次抢险在交通道路和堤头平台使用液压升降应急灯、高空无人机应急照明系统保证夜间正常作业。

6 结语

抢险实施过程中，通过加强指挥调度和安全管理提升了运输封堵效率，采用宽戗进占方案解决了高水位大流速技术难题，发挥组织、指挥、装备优势加快了救援进度，累计封堵决口 60.8m，填筑块石 3 万 m³，铺设土工膜 1180m²，填筑反滤料 8280m³，修整坡面 4000m²，抛填钢筋石笼 200 个。通过高效的指挥、科学的决策、有力的保障，经过 70 多小时艰苦鏖战，最终圆满完成决口封堵任务。这些好的做法为北方平原地区类似堤防决口处置提供了有益借鉴。

（原载于《人民黄河》2022 年 S1 期）

浅谈卫河决口封堵处置的几点经验

李法乾

（中国安能集团第一工程局有限公司合肥分公司　安徽合肥　231100）

【摘　要】　卫河是海河水系的一条重要河流，源出太行山辉县之百泉，东北流至临清与京杭大运河交汇，经山东德州自天津入海。本文所指卫河流域包括现属河南省的修武、获嘉、新乡、辉县、汲县、淇县、滑县、浚县、林县、汤阴、安阳、内黄、清丰、南乐，河北省的临漳、魏县、大名、元城、馆陶和山东省的冠县和临清。其流经之地大致沿太行山东侧，自西南向东北延伸。卫河在历史上由清水而白沟，从隋唐之永济渠至宋元时的御河、明清时期的卫河，均担负着南北沟通的重任，具有极其重要的地位及价值。

【关键词】　卫河；决口封堵；抢险

1　灾情概述

2021 年 7 月中下旬河南省遭遇罕见强暴雨，造成郑州、新乡、鹤壁、卫辉等多个城市洪涝，贾鲁河、卫河、共产主义渠等多个河流发生超警戒洪水，部分堤坝出现管涌、滑坡、漫溢甚至决口险情，造成 150 个县（市、区）1616 个乡镇 1391.28 万人受灾，全省累计转移安置 147.08 万人。

2　堤坝决口成因和类型

2.1　决口的成因

决口有多种原因：①当发生超标准洪水、风暴潮或冰坝壅塞河道，水位剧增漫过堤顶而形成决口；②水流、潮浪冲击堤身，发生坍塌，抢护不及而形成决口；③堤身、堤基土质较差或有隐患，如獾、鼠、蚁洞穴及裂缝、陷阱等，遇大水偎堤，发生渗水、管涌、流土、漏洞等严重渗漏现象，因防堵不及险情扩大而形成决口；④有计划扒口分洪或以邻为壑或军事上的水攻，人为的掘堤开口；⑤地震使堤身塌陷、裂缝或滑坡而导致决口泛滥。

2.2　决口的类型

按成因分，决口有漫决、冲决、溃决、扒决等 4 类。因水位漫顶而决口称漫决，因水流冲击而决口称冲决，因堤坝塌陷决口称溃决，因人为掘堤而决口的称扒决。

按决口后洪水分流情况可分为两类：①决口后主流或全河夺流，进而形成河流改道称改道决口；②决口后一部分水流从口门流出，大部分水流仍走老河道称分流决口。

不论何种类型的决口，堵口的难度都很大。但是，为了最大限度地减少决口损失，务必尽快组织堵复。

3 决口封堵处置实例

3.1 基本情况

2021 年 7 月 22 日晚，河南省鹤壁市浚县新镇镇一处卫河河堤突然决口，导致附近多个村庄被淹，当地干部群众已经奋战十余小时，奋力堵塞决口处。截至 7 月 23 日，口门宽度已达 40m。河堤顶宽 7m，底宽 25m，口门流速 3m/s。

3.2 处置方案

由于险情紧急，大堤交通阻断，确定采用"抢筑裹头、单向进占、快速合龙、防渗闭气"的处置战法，如图 1 所示。

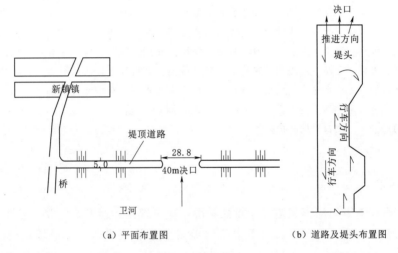

（a）平面布置图　　　　　　　　（b）道路及堤头布置图

图 1　卫河决口处置示意（单位：m）

决口处置主要施工步骤及方法如下。

（1）道路、平台修筑。采用反铲挖掘机配合车载大块石修筑扩宽堤顶道路，具备双车通行条件。在堤防决口前 20m 修筑错车、施工平台，平台宽度最少 15m，保证料源堆放、机械设备作业，提高进占速度。

（2）抢筑裹头。在决口两侧堤头采用长臂挖掘机配合普通挖掘机抛投块石料、砂袋和铅丝石笼进行裹护，稳固堤头，防止决口进一步扩大。

（3）戗堤进占。在道路、物料具备条件后，戗堤进占沿左岸原堤线推进，堵截料采用自卸车倒退法进入卸在堤头，推土机推铺进占，为减缓水流冲刷影响，采用在戗堤上下端抛填块石做挑头，中间石渣料、沙袋及时跟进，推土机推进时，向上游倾斜一定角度，挖掘机配合平整、抛填，振动碾碾压。水下部分采用抛填、水上部分碾压密实。抛填总方量约 8000m³，合 400 车，单头进占速度按照 20 车/h 计算，抛投强度 400m³/h，预计完成进占封堵时间为 20h。

（4）防渗闭气。戗堤合龙后，在迎水面抛填反滤料，再抛填黏土料，形成可靠的防渗体实现防渗闭气。反滤料填筑采用推土机从堤顶向迎水面推进铺料，挖掘机在坡上随后跟进修坡。黏土料采用分层压实填筑，层厚 0.4m 左右。

3.3 资源配置

决口封堵机械设备配置见表 1。

表 1   决口封堵机械设备配置

序号	名 称	型号	数量及单位
1	长臂反铲挖掘机		1 台
2	反铲挖掘机	PC250	2 台
3	推土机		1 台
4	翻斗自卸车	20t	100 辆
5	块石料		8000m³
6	黏土料		2000m³
7	全站仪		1 套
8	照明设备	智能	6 套
9	指挥车辆		9 台
10	装载机		3 台

3.4 保障措施

（1）现场所有人员穿戴救生衣。

（2）堤顶道路每间隔 50m 安排 1 人负责指挥车辆和安全警戒。

（3）夜间照明灯具配齐配全，保证夜间作业安全。

（4）加强现场安全检查、巡视，发现安全隐患及时排除。

（5）加强施工道路维护，确保畅通。

4 决口封堵处置经验

4.1 技术优化是完成抢险任务的根基

针对强暴雨导致决口封堵任务，中国安能始终坚持技术先行、科学救援。

（1）新型装备是支撑。要求行动前要制订方案，充分考虑水文、气象、资源、环境、装备、保障等因素，必要时通过水力学、结构力学、材料力学等进行专业技术演算，制订最佳除险方案，确定任务工程量，合理配置人员、装备采取合理的保障措施，实现科学、高效、安全除险。此次卫河决口封堵中我们配备了无人侦察机、无人侦测船、水下测绘艇、手持式测流计等装备器材，对于险情周边环境、水下通行状况、决口水文情况进行侦测，准确把握龙口流速、底部宽度和龙口水深数据，为科学制订方案提供基础数据。在卫河河堤决口封堵中，在充分了解水情基础上，结合工程截流经验，制定"道路拓宽保通、抢筑裹头防护、宽戗立堵合龙、堤身防渗闭气，加高加固复堤"的除险方案，科学确定封堵时机、物料规格、堵口堤线、强度要求和辅助措施，实现在落差大、流速大、冲刷大情况下的龙口合龙。

（2）优化调整。抢险现场可变因素多，各种风险叠加，情况瞬息万变，应及时调整抢险方案，做到因情而变，动态调整。7 月 24 日眼看就要合龙了，此时对岸再次发生垮塌，已经缩小的龙口一次次被强劲的水流冲开，刚卸载的填满石块的钢筋笼，一入水就被冲刷到几米外。面对突发情况对在左岸单戗进占的方案上，加强对右岸裹头保护，采取削坡减载、打钢管桩、抛填钢筋石笼、预制板等技术措施，确保了龙口合龙过程右侧堤头稳定。在除险过程中又配备了动力舟桥，运送重型装备和石料，为顺利完成抢险任务奠定了扎实的基础。

4.2 协同配合是完成抢险任务的保证

抢险不是一个人的事情，需要靠团队的密切协同配合，个人和个人之间、个人和团队之间、团队和团队之间都需要紧密配合，才能圆满完成抢险救援任务。

（1）要健全指挥机构。在接到任务后，要充分分析形势、研究任务、判断险情，第一时间启动应急预案，成立组织指挥机构，研究抢险救灾方案和部署具体任务，明确基地指挥所和前进指挥所主要人员。前进指挥所要建立健全组织机构，成立临时党支部，充分发挥战斗堡垒作用。在抢险施工中，各级指挥员要强化现场组织指挥，靠前摸实情，攻坚讲战术，施工有章法。

（2）加强现场管理。不管是道路导调员还是安全员，每个岗位都肩负着重要的职责。作为指挥员要加强现场管理，认真落实各项制度，划分班组，做到定人、定位、定职责，同时要注重每个环节的沟通交流，做到政令畅通，传达的事情有人做、有回应，始终做到忙而不乱，紧张有序。

4.3 物料储备是完成抢险任务的基础

决口封堵就是与时间赛跑的一场战斗。决口封堵的关键就是在有充分石料的基础上，一鼓作气完成初步封堵合龙。前期主要是用块石料，防止入水后被冲走而达不到填充效果，中期选择小粒径的块石料进行填充，减小水的渗流同时满足车辆和装备向前推进的需求。初步合龙后使用黏土进行防渗闭气。在每年的汛期前要充分研判形势，在各危险点附近要配备充足的物料，确保险情处置一开始就能及时投入。

4.4 道路保通是完成抢险任务的前提

交通顺畅是抢险的基本要求。随着防洪度汛工作的规范化，适时、适度的交通管制能更有效地推进抢险工作的顺利展开。有了充足的料源，交通的不顺畅同样制约着抢险的进程。但在近几年的抢险中，大多数的堤坝都是沙土坝，年久失修，难以满足重车的通行条件。在今年的卫河决口封堵过程中，就是由于河堤路面狭窄，路基松软，专门抽出时间进行紧急加固堤坝、拓宽夯实路面，以保障运输料源。同时还要注意解决狭窄路段重车与空车的通行矛盾问题，确保在决口封堵的关键阶段石料能源源不断地投入决口处。

4.5 上料强度是完成抢险任务的保障

决口封堵抢险旨在兵贵神速。现在的内河坝体绝大多数为沙土坝，随着龙口的不断缩进，水流会急剧加强，通过时间的推移，对裹头的保护会显得尤为重要，特别是在单向进占的狭小空间内更为凸显。因此，在有充足料源和道路顺畅的前提下，提高上料强度能快速完成决口的封堵。在卫河决口封堵过程中，水流的加速和河水的冲刷对岸裹头一直在垮塌，导致合龙困难，被迫中止合龙抢修裹头，同时加强协同配合，提高上料强度，达到一小时 90 余台车，一鼓作气进行合龙。

2021 年 7 月 22 日晚，鹤壁市浚县新镇镇卫河突发决口，接应急管理部请求，中国安能紧急抽调 169 人、68 台装备赶赴现场处置，经过两天两夜的艰苦鏖战，完成封堵决口 60.8m，修筑道路 500m，得到地方政府和当地群众的高度赞誉。

5　结语

防汛抗洪一靠堤防，二靠人防。河防工程是抗洪抢险制胜的基础，1997 年以来，国家加大了工程建设和水毁修复力度，新建和修复加固了一批防洪工程，使工程体系日益完善，防洪能力不断加强，在抗御渭河洪水中发挥了举足轻重的作用。同时，也取得了不少成功的经验，主要得益于六大法宝：一靠工程及其基础设施、二靠人及物、三靠制度、四靠信息、五靠科学，六靠基础工作。

无人船测量技术在决口封堵中的应用

王彦龙

（中国安能第三工程局有限公司武汉分公司　湖北武汉　430000）

【摘　要】　2021 年河南省出现了极端的特大暴雨，多地出现严重洪涝灾害，鹤壁市浚县新镇镇彭村的卫河河堤决口，中国安能承担决口封堵任务，决口附近的 16 个村庄内积水严重，洪水几乎达到房子的屋顶。灾情特别严重，封堵任务时间紧、任务重，现场环境复杂，特别是决口封堵现场附近长度约 500m，宽度约 100m 的受灾区域，水下部位较深，水下抛填物流稳定性及体型难以控制，封堵复堤技术、质量控制要求高。武汉分公司使用新配备的无人船多波束进行现场扫描，快速了解现场受灾情况。基于实时图传数据判断出大致的隐患点位置及区域，基于声呐点云数据及处理成果更快速准确地得知水深水位等基础数据，以此根据水下地形来选择泄洪和防洪点，同时为填堵决口的任务提供最基础的水深、水面宽度数据。这些数据为前线指挥所制订应急预案，防止次生灾害造成的损失，为防洪泄洪做提前准备，提供了坚实的数据支撑。

【关键词】　无人船；多波束；决口封堵

0　引言

2021 年 7 月，河南省出现了极端的特大暴雨，多地出现严重洪涝灾害。7 月 22 日 17 时，鹤壁市浚县新镇镇彭村的卫河河堤上，巡查人员发现险情，一处穿堤涵洞出现漏水。与此同时，共产主义渠洪水漫堤，涌入卫河，致使卫河水位抬升，排泄能力下降，进一步加大了卫河河堤的压力。由于雨势、水势太大，21 时左右，卫河河堤新镇镇彭村段发生决口（见图 1），左岸 16 个村瞬间成为一片汪洋，决口附近的彭村、侯村、牛村等村庄内积水严重，洪水几乎达到房子的屋顶，造成严重的经济损失和巨大社会影响。

中国安能累计投入 169 名工程救援人员以及挖掘机、推土机、装载机、动力舟桥等 26 台套主战装备，承担决口封堵任务。7 月 23 日 18 时受领任务，7 月 24 日凌晨 1 时开始抢险作业，7 月 26 日凌晨 2 时 27 分决口成功合龙，7 月 28 日 21 时 45 分完成加高培厚及防渗闭气，圆满完成决口封堵任务。

由于连日强降雨，卫河水位连续多日超警戒，决口处水位距离堤顶高度仅有 1m，水上高度较低，水下部位较深，水下抛填物流稳定性及体型难以控制，封堵复堤技术、质量控制要求高。受领任务后，武汉分公司第一时间携带精密装备赶赴决口现场，在执行通信保障任务的同时，使用无人侦察机和无人测量船进行灾情侦测[1]。

图 1　卫河决口现场

特别是使用无人船多波束进行现场扫描，快速了解现场受灾情况。基于实时图传数据判断出大致的隐患点位置及区域，基于声呐点云数据及处理成果更快速准确地得知水深水位等基础数据，以此根据水下地形来选择泄洪和防洪点，同时为填堵决口的任务提供最基础的水深、水面宽度数据。这些数据为前线指挥所制订应急预案，防止次生灾害造成的损失，为防洪泄洪做提前准备，提供了坚实的数据支撑[2]。

1　决口封堵测量作业难点

（1）灾害急。暴雨湍急，内涝严重，现场设施被冲走，租不到船，传统测深方式不便下水。

（2）环境险。现场交通不便，信号飘忽不定，洪水随时袭来，救援人员处境危险。

（3）响应快。时间就是命令，效率就是保障，需要急速出成果、赶时间救援。因此，灾区无人化作业需求迫在眉睫。

2　无人船性能简介

无人船应急救灾系统集成了声呐发射阵、声呐接收阵、惯导系统、GNSS、声速仪等多种传感器，可搭载到测量船、无人船等多种平台作业，快速获取洪灾点水下不可见区域地形，用于快速得到水下地形，并且得到水深、水面高、河面宽度等基础数据，为防灾减灾以及泄洪排水提供水下不可见区域的精确数据[3]。

2.1　船体的优势

（1）全碳纤维船身，轻便，方便下水。对于应急抢险现场，水上难以找到载体的情况下，碳纤维类轻便船只方便运输及搬运，吃水浅，浅水区域可作业。

（2）可拆卸三体船，方便运输，保证稳定性。两侧浮体可拆卸，拆卸后普通 SUV 即可运输，安装浮体后可保证船只横向稳定性。

（3）绝对直线技术，更好的条带覆盖率。大面积堰塞湖水下地形测量时，可选自动模式，规划航线后船只自动跑线，避免人员接触水域，保障人员安全。

（4）搭载多样化，可搭载各种水上设备。除多波束测深仪以外，可拓展搭载侧扫、水质等其他设备，实现水上作业多样化。

2.2 Norbit 多波束的优势

（1）集成度高，免安装校准，轻便易携带，安装简单。省去非集成多波束的姿态换能器安装偏差校准过程，省时，提高数据精度。

（2）横向 210°超大开角可提高工作效率，波束可旋转，可测边坡。超大开角提高扫描效率，波束旋转功能在保证不对换能器进行物理旋转情况下进行边坡测量，最大限度保障设备安全，提高作业设备安全性。

（3）STX 纵向 20°扫描，可减少水下盲区，可实时 3D 显示。STX 技术的纵向扫描可以保证数据更精细，最大限度减少水下测量的盲区。

（4）锂电池供电。免除发电机负重 10～28V 支流宽电压，可使用无人船编配锂电池供电，免除携带发电机，免除发电机无法加油的困惑。

3 决口封堵无人船测量方案

3.1 测量区域

该次无人船应急救灾地点位于河南省鹤壁市浚县 S224（经度 114°21′43.83″，纬度 35°31′7.18″），长度约 500m，宽度约 100m 的受灾区域。

3.2 测量思路

船载水上水下一体化测量系统分为水上三维激光扫描与水下多波束/单波束两个部分。水上三维激光扫描部分作业流程与机载激光雷达较相似，但在资料收集及路径规划中应顾及多波束测线布设要求，主要作业流程详见图 2[4-5]。

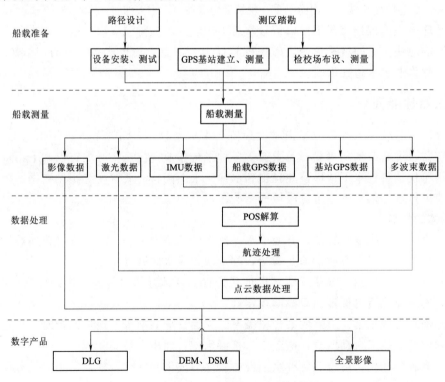

图 2　船载一体化测量系统作业流程

（1）水上水下一体化集成。首先通过刚性支架将三维激光扫描仪、多波束测深仪和组合导航系统进行集成，保证水上水下数据稳定获取；其次通过多传感器采集监控端及核心控制器有机协调各传感器的时间同步、运行响应、数据传输与存储，实现水上水下数据同步获取。

（2）水上水下一体化标定。建立线性特征约束的非线性整体严密平差模型，解算各个传感器同惯导之间的视准轴误差参数，使得各个传感器数据最优融合，解决激光扫描仪、惯导平台和多波束测深仪的坐标系统统一的问题。

（3）多传感器数据融合。实现对船载一体化测量系统获得的原始激光扫描仪、多波束测深仪数据通过定位定姿数据、多传感器检校参数进行融合。

（4）水上水下一体化成果。对测量、处理、改正并归化到规定基准面后的数据，生成水上水下一体化点云图和水上水下整体数字高程模型等，并采用自由分幅或标准分幅方式绘制符合要求的水上水下一体化地形图。

3.3 测量作业流程

根据作业规范和现场实际情况，制定作业流程，如图 2 所示。

4 决口封堵无人船测量方法

4.1 作业准备

船载水上水下一体化测量系统在测量工作之前，需做好设备安装测试、收集测区相关资料、设计作业路线。

4.1.1 收集资料

收集已有的水下地形数据、天气及交通信息，结合现场实地勘察，选择船舶扫描路径和扫描时间，确认扫描作业方案。

4.1.2 室内连接通电测试

正确连接换能器和甲板单元并连接到采集软件中，设置正确的端口和参数，检测系统各部分是否正常工作。通电连接示意如图 3 所示。

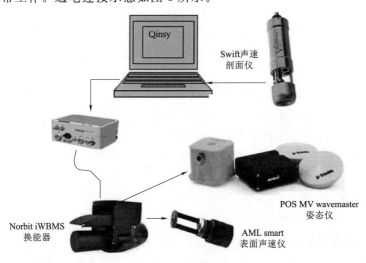

图 3　通电连接示意

将声速剖面仪放入水池内，测试端口通信和数据输出，检查数据是否有异常。

进行换能器数据采集，按照校准步骤，确保得到理想的校准结果，消除电路延迟。

4.1.3 室外安装调试

（1）在测量船上，将换能器连接好后，利用支架将拖鱼固定在船舷一侧。

（2）换能器通过支架入水，并置于船龙骨以下，如图4所示。

图4 无人船多波束系统调试

（3）将所有传感器连接到采集软件中，检查GNSS信号、姿态信号、表面声速等是否正常。

（4）打开声呐采集软件，查看图像是否有严重弯曲变形等。

（5）调节增益，获得满意的声呐图像。

4.2 路径设计

参照《多波束测深系统测量技术要求》（JT/T 790—2010）中测深线布设要求[6]，即主测深线间应不大于有效测深宽度的80%，在重要航行水域，测深线的间距应不大于有测深宽度的50%等要求布设多波束计划测线，而后精确量取系统相对参考点的各传感器相对船载位置关系并存储于所建立的采集项目内的船配置文件中。

在路径规划时，可以叠加航卫片影像，方便进行路径规划选取。通过轨迹路径叠加航卫片影像，管理作业任务范围。

4.3 基站架设

选择在已知的控制点上架设RTK进行GNSS静态采集，设置基站采集时间间隔为1s，卫星截止高度角为10°，保证在测量作业前5min开启基站设备。静态GNSS采集数据，将用于船载水上水下一体化测量系统后差分PPK解算。

4.4 系统校准

在测量开始和结束阶段，IMU需要进行初始对齐，因船载设备无法绝对静止，所以在船载三维激光扫描系统开机后要让船体进行高动态运动使IMU设备对齐，船体行驶的轨迹、速度、方向以及GNSS信号状态都易对IMU的收敛有所影响，对齐时可采用直线、8字形或者圆形轨迹进行收敛。

在测深之前需进行多波束测深系统的校准工作，在校准前首先确定典型地形和目标物，按相应测线对两者进行Roll、Pitch、Yaw检校。每次设备安装均需校准，更换设备或改变传感器位置也需校准；校准参数计算的先后顺序如下：首先是Roll，然后是Pitch和Yaw，多波束校正数据计算时要注意进行潮位改正。

4.5 数据采集

4.5.1 三维激光数据采集

三维激光数据采集时，为了保证点云精度符合航道测量的需求，根据具体搭载的三维激光扫描仪性能选择扫测距离。根据激光扫描仪垂直扫描开角确定扫测距离，采集水下部分数据包括位置信息、水深信息、姿态及表面声速。水下测量作业流程如图5所示。船载水上水下一体化测量系统在工作时依照等角模式采集水上数据。水上测量作业流程如图6

所示。应用区域动态实时差分作业模式确定区域平面控制基准，依测区形状可围绕测量对象由近及远或沿河道往返中低船速扫描，实现全覆盖点云数据采集。

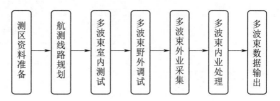

图 5　水下测量作业流程

4.5.2　外业数据采集

外业测量数据采集工作流程主要包含测量前的控制点寻找和精度评估、测量基准站假设、船载一体化测量设备依次开机测量、数据下载及设备依次关机等具体步骤。图 7 为无人船作业现场。图 8 为外业测量工作流程。

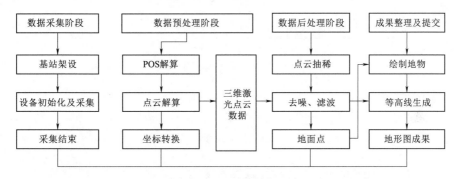

图 6　水上测量作业流程

图 7　无人船作业现场

4.5.3　水下数据采集

应实地了解测区自然地理、水文情况，核对已有资料的适用性，寻找适宜架设 GNSS 基准站的空旷位置。根据项目技术要求，结合现场踏勘情况，在综合考虑测区航道的水深、通过性、基站 GNSS 差分信号覆盖情况等进行测线规划。

水下数据采集规划的基本原则如下：

（1）基于主要河流水深及通过性规划测线，条带宽度一般为 3～4 倍水深。

（2）测线尽量规划在无遮挡区域，这样有利于基站差分数据传输，同时采集路线避免重复。

（3）在跑完测区后选取水下地形有坡度变化的位置做校正线。其中平地往返测线用于校正横摇，坡地往返测线用于校正纵摇，坡地平行测线用于校正艏向。

水深数据采集要求：

（1）选择水深适宜、通过性良好的航线。换能器置于水下，需确保仪器安全。

（2）选择风浪较小的天气进行外业工作，确保人员安全。

水下数据采集作业：

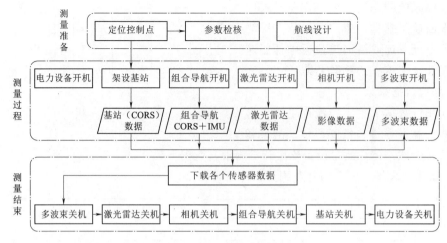

图 8　外业测量工作流程

（1）采集作业前，需要对多波束测深仪进行姿态校正，打开多波束控制软件，依照软件提示，激活调整惯导系统（见图 9），沿 8 字形航线顺逆流航行，直至姿态精度符合既定要求，通常为 0.5°。校正结束后即可进行正式采集工作。期间保证 GNSS 信号为固定解。

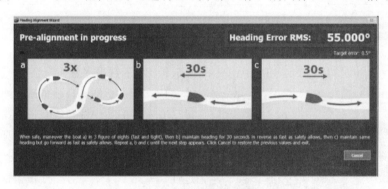

图 9　激活调整惯导系统

（2）使用米尺测量各硬件相位中心距离安装法兰中心的相对位置，输入软件。根据测区实际情况设置多波束测深仪的开角、深浅门限、频率。软件采集界面如图 10 所示。

（3）打开多波束数据采集软件，选择与基站对应的工程参数，添加换能器硬件，编辑测区矩阵图形，添加计划航线，设置显示分辨率等参数。数据采集界面如图 11 所示。

（4）开始记录数据后，使船按照计划线路航行，并根据扫宽实时修正航线，如图 12 所示。

（5）声剖测量。

（6）检查设计的采集路线是否已完成采集，漏采集的路线应及时补充采集。数据采集完成界面如图 13 所示。

4.6　数据处理

船载水上激光点云数据处理与激光雷达测量系统一致，主要包括 POS 解算、点云融合、点云与影像配准、点云过滤、数字测图，最终得到水上矢量化成果。

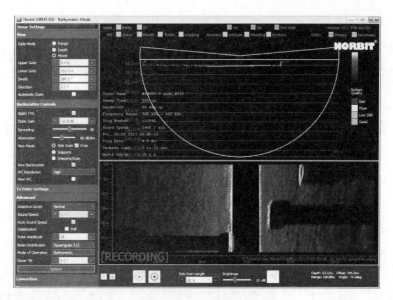

图 10　软件采集界面

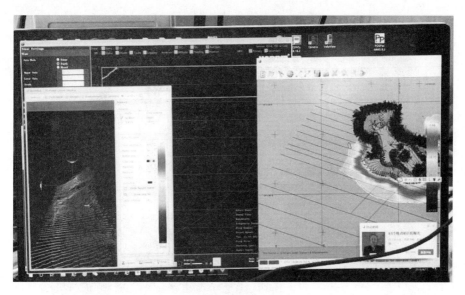

图 11　数据采集界面

水下多波束数据在处理之前，需要检查数据处理软件中设置的投影参数、椭球体参数、坐标转换参数、各传感器的位置偏移量、系统校准参数等相关数据的准确性，然后结合外业测量记录，根据需要对水深数据进行声速改正、潮位改正；随后检查每条测线的定位数据、罗经数据、姿态数据和水深数据。根据水底地形、陆地近岸地形数据的质量设置合理的参数滤波，经线模式编辑、子区编辑等人机交互处理后，抽稀水深，对特殊水深点应从作业区域、回波个数、信号质量等方面加以进一步判读、分析。在数据经过编辑及各项改正后，应再次对所有的数据进行综合检查，根据制图比例尺和数据用途对水下数据部分进行处理。

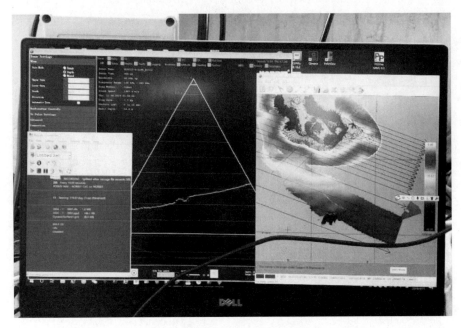

图 12　数据采集时实时修正航线

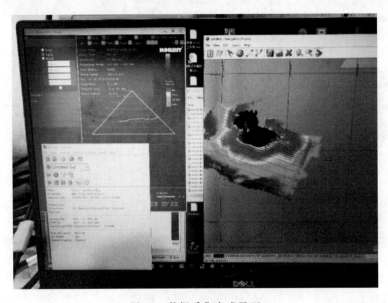

图 13　数据采集完成界面

最后，结合水上矢量化成果，导入到"空地水"一体化测绘多源数据融合处理及可视化编辑系统平台，进行多源数据融合、展示及分析[7]。

5　无人船使用效果总结

（1）实现无人化现场作业，避免次生危害，确保人员安全。

（2）设备轻便易携带，节省人力，轿车托运，使命必达。

（3）设备动力强劲，位置追踪防丢失，汛期适应性强。

（4）系统算法稳定、精度高，多种通信信号好。

（5）水上水下一体化，单平台完成多项任务，多元数据融合，一昼夜交成果。

6　结语

此次河南抢险救灾任务，主要通过多波束无人船采集决口水深数据和决口宽度数据，为决口封堵提供实时有效的基础数据。此次任务时间紧张，中国安能救援人员在第一时间到达现场，以最快速度调试下水，在决口进行应急测绘，为救援队伍开展决口封堵处置作业提供数据支持。

参考文献

［1］耿明全. 2021 年 7 月卫河浚县彭村堤防堵口的启示［J］. 人民黄河，2021，43（9）：59 - 63.

［2］田振凯，勾昆，王刚，等. 基于无人船技术的水下探测应用研究［J］. 测绘与空间地理信息，2021，44（S1）：275 - 276，278.

［3］彭涛，黄会宝，高志良，等. 无人船搭载声呐设备在大岗山水下检测中的试验应用［J］. 四川水力发电，2021，40（4）：13 - 17.

［4］付明亮. 基于无人船测深技术的淀浦河纵横断面测量［J］. 测绘与空间地理信息，2020，43（7）：210 - 212，215.

［5］关雷，曹景庆，张东林. 无人船测量技术在矿区堰塞湖水下地形监测中的应用［J］. 测绘与空间地理信息，2021，44（S1）：194 - 197.

［6］中华人民共和国交通运输部. 多波束测深系统测量技术要求：JT/T 790—2010［S］. 北京：人民交通出版社，2010.

［7］刘冰洋. 无人船辅助激光雷达在跨河测量中的应用［J］. 铁道勘察，2021，47（3）：43 - 47.

［8］张毅胜. 水下地形测量中无人船的应用与数据处理研究［J］. 工程技术研究，2020，5（21）：243 - 244.

堤防决口封堵处置方法探究

姚冬杰

（中国安能集团第三工程局有限公司武汉分公司　湖北武汉　430000）

【摘　要】 近年来，社会经济发展迅速，大气、水环境污染严重，全国平均气温升高，降水量增多，导致各地洪涝灾害偏重，河道、水库堤防压力增大，多地发生堤防决口，造成了重大的经济损失及甚至是人员伤亡，对堤防决口封堵处置方法提出了更高的要求。堤防决口作为常见的堤防险情之一，是水利水电工程施工及洪涝灾害处置中的重点。决口封堵的处置方法发挥着关键作用，所以一定要合理的采取处置方法。本文主要结合近年来发生的重大堤防决口及实际抢险经验对堤防决口形成的原因进行分析，从常见的堤防决口类型、决口封堵处置的特点、堤防决口高效处置技术措施、决口封堵处置的关键点及各方面保障措施等方面进行了详细的探究分析，以达到科学、合理、高效处置堤防决口险情，挽回人民群众生命财产损失的目的。

【关键词】 堤防；决口封堵；保障措施；处置方法

0　引言

堤防工程是在沿河、沿湖等修建的挡水建筑物，主要用于调节水流流向、控制流势、防御洪水兼有抵挡风浪功能的工程，是世界上最早广为采用的重要防洪工程，是保障人民生命财产安全的重要工程。早在公元前 3400 年古埃及人就修建了尼罗河左堤。中国先秦也早有记载，秦汉时期，黄河下游堤防工程逐渐完善，分为遥堤、缕堤、隔堤、月堤，处处体现前辈的治水智慧。

然而随着堤防的使用时间延长，洪水对堤防长期浸泡、磨损、冲刷，加之近年来降水量增加，堤防工程压力越来越大，还有人为养护不规范、不及时，发现险情苗头时不能及时抢护或处置方法措施不当，堤防决口也是时有发生。1998 年长江九江决口、2016 年湖北黄梅考田河决口、2016 年的河北邢台七里河决口，2021 年河南卫辉决口等，都造成了巨大的财产损失，甚至是人员伤亡。决口发生时，前期的决口封堵尤为重要，处置必须符合时效性、高效性及经济性等。因此，必须对堤防决口封堵处置方法进行探究，针对不同的水利、地形、地质条件，在合理的时段采取合理的方式，高效率进行决口封堵，既要考虑人员配置、装备配备、材料准备、协同指挥、分工负责、技术指导、方案正确，又要研究决口处的水力特征，确定不同流速、落差相应性质的抛填物料，才能尽最大可能降低损失。本文主要对堤防决口的原因进行了分析，列举了常见的决口类型，对封堵决口平堵法、立堵法及混合堵方法的适用性、高效处置决口的关键技术措施及相应保障措施进行了汇总。

1 堤防决口及其原因分析

堤防决口就是堤防工程受到洪水或者其他因素的破坏造成过水口门的现象，其原因可归纳为以下几种。

（1）发生超标准洪水，降雨量骤增，上游泄洪，主河道来水流量大，导致堤防工程受到的水压力增大，超过堤防预先设计承载力标准，影响抗滑稳定，使堤防产生沿着基础面的滑动破坏或者产生裂缝并由此引发决口。如图1所示，2016年7月，河北邢台连续强降雨，7月19日8时至7月21日8时，局部地区降雨量超过700mm，七里河在大贤桥迅速收窄，造成洪水漫过河堤决口，使开发区12个村进水[1]。2021年7月以来，河南省多地发生罕见强降雨，持续时间长，累计雨量大，局部点降雨量最大达到1159mm，卫辉等地发生决口（见图2），受灾严重[2]。

图1　河北邢台七里河决口

图2　河南卫辉卫河决口

（2）堤防工程产生质量问题。随着使用年限的增长，堤身、铺盖、压载基面及堤防结构内部含有鼠、蚁穴、裂缝等现象，在水压力作用下渗水严重，极易发生管涌、流土、漏洞等问题，不及时处理而导致堤防决口[3]。

（3）老堤加高培厚不及时，病险工程抢护不及时，汛期来水压力过大导致堤防决口。

（4）堤防工程长期处于浪压力、冰冻、冲磨作用下，堤防工程损坏严重，发现不及时导致堤防决口。

（5）处于地震带，在地震惯性力、水平向地震动水压力和土压力作用下，堤防土体之间黏聚力和内摩擦角变化，加上上游水位升高导致堤防浸润线位置抬高，渗透坡降增大，产生渗透破坏进一步导致堤防失稳破坏[4]。

（6）为了减少上游来水淹没城市重要部位而进行的主动爆破泄洪等人为活动，2016年湖北省梁子湖破垸分洪（见图3），成功缓解了梁子湖流域防汛形势，确保了人民群众生命财产安全。

图3　湖北梁子湖破垸分洪

2 堤防决口类型

按照成因将堤防决口分为以下几类。

（1）漫决[5]。当遇到河道堵塞，上游来水流量突然增大，上游水位抬高，洪水通过堤顶溢流而过，对堤顶产生冲刷，导致决口产生。

（2）冲决。受到水压力的作用、浪压力的冲击，堤防受到的冲击磨损严重而超过了承载能力，导致决口产生。

（3）溃决。堤防发生质量问题或者质量缺陷未及时解决，内部裂隙、渗水通道未及时处理，长期受到渗透压力导致决口产生。

（4）扒决。人为掘堤导致决口产生。

3 堤防决口处置的特点

3.1 协调难度大

防汛抢险往往由事故发生地的水行政主管部门或流域机构会同应急管理部门临时组成前方指挥部，还涉及地方政府部门、交通部门、水文气象部门、电力监管部门、公安交管部门、社会应急力量、专业救援力量、堤防工程参建单位及运管单位等，指挥链条复杂、涉及人员多，协调难度大。

3.2 处置条件差

堤防决口往往发生在降雨量大、地形复杂、地质条件差、自然环境差等综合不利因素下。这对方案的制订、人员进场、物资储备、抛投料储备、机械设备的选型、进场道路的修建等提出了更高的要求。

3.3 施工强度高

决口封堵往往具有时限性，必须在规定的时间内完成封堵，以防止对附近堤防及水库造成更大的损失，施工强度必须满足封堵时限要求。

3.4 技术要求高

封堵决口要确保速度快、效果好、经济性、损失小等，必须在分析上下游水位差、流量、流速、单宽功率、抛投料重量等的基础上，进行水力计算，以最经济的方案、最快的速度将决口封堵完毕。这对计算的精确性、施工方案的选择及相关技术提出了严格要求。

4 堤防决口高效处置的技术措施

4.1 合理选择施工时段

结合水文气象部门的观测资料分析结果，要在大降雨量到来前、上游泄洪前将决口封堵完毕，以确保堤防满足防汛要求。

4.2 加大分流量，改善分流条件

分流条件的好坏直接影响着龙口的流量、落差及流速，影响着决口封堵的难易程度。综合分析河道上各分水闸的位置、泄流能力，采用打开上游分水闸或其他形式的泄水通道协助泄流，减小施工难度，待封堵完毕后关闭分水闸等。

4.3 改善龙口水力条件

当水位落差较大时，可以采取双戗截流、三戗截流、宽戗截流等形式利用多道戗堤分担落差，采取平抛垫底形式在龙口一定范围抛投填料，抬高河床底部高程，以减小抛投强度、降低龙口流速，从而降低封堵难度。

4.4 增大抛投料稳定性，减少物料损失

结合前期截流水力计算分析结果，增大抛投料稳定性，可以采取特大块石、葡萄串石、钢构架石笼、混凝土块儿（四面体、六面体）等形式提高抛投料稳定性，减小物料损失，提高封堵效率。

4.5 加大施工强度

可以通过加大材料供应强度、改善施工方法（结合场地条件，改单向进占为双向进占）、增加设备投入、采用两班倒、人歇机不歇、持续施工、降低抛投料损失等方式，以达到降低封堵施工难度、提高效率的目的。

5 堤防决口的处置方法

5.1 决口封堵基本方法

5.1.1 平堵法

采用在龙口建造浮桥及栈桥等方式，自卸汽车或其他运输工具运输抛投块石、石枕等，使堆筑戗堤均匀上升，逐渐高出水面，达到减小流速、封堵决口的目的。该方法适用于易冲刷地基，可减小对地基冲刷，可实现机械化施工。

5.1.2 立堵法

采用自卸汽车或其他运输工具运输抛投物料，以端进法施工，进占戗堤，直至全部封堵。当截流落差不超过 4m 时，宜采用单戗立堵；截流落差大于 4m 时和龙口水流能量较大时，可采用双戗、多戗、宽戗立堵截流。

5.1.3 混合堵

混合堵分为平立堵和立平堵两种方式。为了充分发挥水力条件好的优点，降低架桥费用，可采用先立堵后架桥平堵的方式。对于软基河床，单纯的立堵容易导致河床冲刷，可以先进行平抛垫底保护河床，然后进行立堵截流。

5.2 灾情侦测

对决口发生位置一定范围内进行地质勘探，测量水位、流速等，绘制水下地形图、龙口位置剖面图，实时监测水位及流速变化情况，对灾情进展态势进行研判，结合观测资料分析结果进行水力计算，模拟水位、流速变化情况，并及时调整施工方案。

5.3 戗堤进占

在探明决口发生位置的地形地质条件后，决口长度较长时，根据现场的地形地质条件，合理地选择施工机械，结合进场道路及物料供应强度实际情况，确定单向或双向进占，按照先下游口门、后上游口门的原则封堵。随着抛投料的填入，龙口逐渐变窄，水流流速增大，结合抛投料流失及口门冲刷情况适时进行裹头保护。

5.4 龙口加固

随着龙口逐渐变窄，水流流速逐渐增大。水流能量越大，对龙口的冲刷也越严重。此

时需要重点对龙口处进行加固，可采取抛投大块石、钢丝石笼、铅丝石笼，必要时利用钢管、扣件、木桩等组成框架，稳定抛投料，或进行打桩处理，防止口门进一步扩大，冲毁戗堤。还可以利用沉船、集装箱和自卸汽车等方式，提高截流封堵效率。1998年九江决口截流封堵时，采用了沉船封堵技术，将长达80m、满载1650t煤炭的大驳船铆定并沉搁在距堤防7.5m的决口正面，再将6条小驳船和1条拖船分别沉在煤船的两头和外侧，决口处水头明显降低，流速减小，为后来的抢险创造了必要条件[6]。2021年河南卫辉决口封堵时，采用了自卸车封堵技术，将自卸车装满石料，分批推进龙口，达到了良好的封堵效果。

5.5 合龙闭气

合龙闭气是封堵决口的最后一道工序，关系到整个决口封堵质量。在决口封堵完毕后，受抛投料颗粒级配、空隙率、填料方法、填料质量、压实质量及施工工艺等的因素影响，堤身存在孔洞、空隙，如不及时处理，将会形成渗水通道，导致漏洞，在水压力的长期作用下，极易产生决口。可以向堤内侧抛填黏土做防渗铺盖，或在堤内侧铺设土工布且上抛填石渣等方式压牢实现闭气。也可修筑黏土心墙，阻止渗水通道。或者在合龙后修建月堤，月堤内填土完成闭气。

6 决口封堵关键点

6.1 进场道路修建

堤防决口位置往往地形地质条件复杂、自然环境差、施工工作面小，严重影响封堵效率与高强度施工要求不相适应，为了解决机械设备无法进场问题，实现机械化施工，需要首先结合前期地质勘探情况，在合理的位置修建进场道路，修建道路为双向车道，能够同时满足运料、卸料、铺料、调头、回驶流水作业，并具有一定的强度和耐久性，不至在使用过程中发生地面沉陷，影响封堵效率。2021年9月，在处理十堰市竹溪县鄂坪水电站险情时，中国安能第三工程局武汉分公司在现场临时修建了800m长的施工便道，多台混凝土罐车同时运输，在极短的时间内完成了挑流鼻坎混凝土浇筑任务，为人民群众转移和泄洪争取了时间。

6.2 料场选择

为了满足高强度的施工要求，源源不断的物料供应是必要条件，按照"近者为先、远者优选"的原则进行料场选择，首先考虑堤防或险工预留石料开采，其次在100km范围内寻找可利用砂石料厂，同时在现场进行立膜、钢筋架立、浇筑混凝土块（四面体、六面体），制备封堵决口材料，多管齐下，同步开展。2021年7月，中国安能集团第三工程局武汉分公司在河南焦作处理东关险工滑坡险情时（见图4），将堤防上方预留的石垛开采填筑，在短时间内完成了险情处置，防止了险情进一步扩大。

图4 河南焦作滑坡险情处理（开采石垛）

6.3　堤防加高培厚

合龙闭气后，要对堤顶、堤坡进行加高培厚，采取分层填筑、均匀上升、推土机铺料摊平、振动碾振动压实的方法施工，并进行堤坡修整，防止在水压力、浪压力作用下发生滑坡险情。

6.4　指挥协同联动

在全灾种、大应急的时代背景下，我国应急管理体系逐步完善，按照"属地为主、部门协调，分工负责、协同应对，专业指导、技术支撑"的原则开展应急管理工作。遇有险情时，运管单位及时汇报，防汛指挥机构召集相关人员防汛会商、灾情研判，技术单位灾情侦测，地方政府转移受灾群众，交警部门交通管制，水文气象部门实时监测，交通部门、医疗卫生单位、专业救援力量、社会救援力量等密切协同配合，缺一不可。所以，各部门协同配合也是封堵决口、处理险情高效有序的关键点之一。

6.5　保障措施

6.5.1　人力资源保障

进行决口封堵前，必须建立健全组织机构，配备相应的技术、经济、卫生等专业技术人才，可面向社会寻找有经验、有实力的施工、设计单位，或建立地方专家库，从专家库中遴选人才，参与封堵决口任务处置。

6.5.2　物资装备保障

一种是应急力量携带自有装备进行灾情处置；另一种是第一时间将灾情现场周边距离最近的装备厂商纳入数据库，遇有情况随时准备调动；再有就是国家定期向救援力量配发一定数量的救援装备，增强抢险硬实力。

6.5.3　应急经费保障

建立可靠的应急经费保障体系。国家和地方政府向社会和专业救援力量每年发放应急资金补助，申请救灾专项经费，平时可用于人才培养、专业救援训练，战时用于应急资金，做到养兵千日用兵一时。成立专门的财务保障组，用于保障封堵决口期间人员食宿、卫生医疗、设备调遣及财务监管等。封堵决口一般时间紧迫、技术复杂，来不及进行详细的计划和商谈，可以通过成本加酬金的方式，事后由相关单位向地方政府申请相关经费。

6.5.4　信息通信保障

2021年7月，河南省发生了严重的洪水灾害，导致大面积停电，多处通信基础设施受损，中国电信基站断站9764个，多个地方通信受阻，沟通交流困难，严重影响抢险效率。因此，良好的信息通信保障是防汛抢险指挥部获取灾情现场关键音频、视频信息的关键，也是进行快速灾情研判及提高灾情处置效率的关键。可以通过卫星通信车、350M无线通信、短波通信、通信指挥车等方式有效实现各部门之间的互通互联[7]。中国安能第三工程局武汉分公司在参与河南特大洪涝灾害抢险及十堰市竹溪县鄂坪水电站抢险中依托通信指挥车建立移动式指挥中心，有效地实现了前方指挥部与基地指挥部之间信息的实时共享，为灾情研判提供了可靠的实时监测数据。

7　结语

堤防工程在调节水流、挡水、保护人民群众生命财产安全中发挥着至关重要的作用，也是水利工程中重要的挡水建筑物。随着社会的发展，人均社会资产增加，堤防决口将造成越来越大的经济损失。这对堤防工程质量、决口封堵技术、各部门之间协同应对险情提出了更高的要求，因此，必须重视堤防决口处置方法的每一个环节。本文结合实际经验为堤防决口封堵提供了良好的理论参考。

参考文献

[1] 贾永江，王燕，王晓端，等. 重特大自然灾害预警 [J]. 中国应急管理科学，2020 (5)：82 - 83.

[2] 刘昌军，吕娟，翟晓燕，等. 河南"21·7"暴雨洪水风险模拟及对比分析 [J]. 水利水电快报，2021，42 (9)：9.

[3] 张利荣，严匡柠，张海英. 唱凯堤决口封堵抢险方案及关键技术措施 [J]. 施工技术，2014，43 (12)：27.

[4] 蔡新，李益，吴威，等. 地震作用下堤防风险分析研究 [J]. 水力发电学报，2011，30 (6)：79.

[5] 谷剑鸣，王善聚，张保民. 水利工程施工中的水坝堤防堵口施工技术分析 [J]. 农业开发与装备，2020 (7)：79 - 80.

[6] 任建斌. 堤防决口封堵材料应用分析 [J]. 中国水能及电气化，2017 (7)：63.

[7] 刘韬，冯胜. 地质灾害事故救援中通信保障措施和方法 [J]. 信息化研究，2021 (2)：70.

四、搜救转移篇

浅析动力舟桥在应急抢险救援中的应用

纪海瑞　王文波　刘　宁

（中国安能集团第一工程局有限公司合肥分公司　安徽合肥　231100）

【摘　要】 本文以新乡市暴雨抢险为例，介绍了动力舟桥在转移人员方面的应用。在新乡被困群众转移中，按照"就近组装、抢时调试、分组作业、迅捷安全"的总体思路，以动力舟桥为主力装备制订最佳除险方案，确定任务工程量，合理配置人员装备和安全质量保障措施，实现科学、高效、安全除险。

【关键词】 抢险救援；动力舟桥；舟艇接力

1　险情概述

2021年7月17日8时至23日7时，河南省新乡市普降大暴雨、特大暴雨，新乡市平均降雨量830mm，最大降雨量965.5mm，超过日历史极值。受罕见持续强降雨影响，新乡市境内卫河及共产主义渠全线水位暴涨，新乡市107个乡镇受灾严重，其中新乡前稻香村、后稻香村发生严重内涝，积水达3～4m，3000余名群众受困"孤岛"。险情发生后，还有2000余人被洪水围困，必须立即转移。根据受困群众所处孤岛为积水深度达3～4m、长度超过1000m、宽度超500m、流速较大、转移作业时间窗口期短等实际情况，中国安能采用安装动力舟桥辅助配备冲锋舟，按照"就近组装、抢时调试、分组作业、迅捷安全"的总体思路，于7月22日22时起开始组织人员搜救转移行动。

另外，7月22日晚，鹤壁卫河新镇镇彭村段出现决口。由于卫河水位暴涨，决口持续扩大，严重威胁人民群众生命财产安全。受地形限制，大型装备无法抵达救援现场，中国安能采用动力舟桥开辟水上抢险救援通道，将大型挖装设备、封堵材料及救援人员运送至现场，加快决口封堵进度。

2　动力舟桥的特点与工作原理

动力舟桥是一款重型舟桥装备，适用于在流速不大于3.0m/s的江河上架设浮桥和结合漕渡门桥，保障履带载60t或轮式载轴压13t以下的保障救援车辆装备克服江河障碍。

2.1　主要特点

动力舟桥是舟、桁、板合一的密封箱体构成的浮桥和漕渡门桥，是连续的带式浮体；每个河中舟（岸边舟）就是浮桥或漕渡门桥的一段，每个河中舟上配置两台船外机，增强了河中舟水上的灵活性；桥节门桥和漕渡门桥的结构相同，浮桥渡河和门桥渡河转换容易；浮桥有较宽的车行道，当重型荷载通过时作单行道，轻型荷载通过时作双行道使用；门桥渡河时不需要构筑码头，门桥靠岸后利用自带的跳板即可完成装、卸载。

2.2 工作原理

2.2.1 动力系统

舟体动力系统由船外机、回转支承、启动电瓶及燃油箱等组成。回转支承安装支座通过销轴与舟体连接，回转支承在垂直方向上可以旋转90°，船外机固定在回转支承上，在水平方向上能360°旋转，因此船外机可以提供各方向上的水上推力。

2.2.2 卸载系统

当岸坡坡度较大时，经常使用自动下滑的卸载舟体。作业手操纵绞盘放钢索，从折叠圆钮上取下钢索，作业手再操纵绞盘手钢索至钢索回圈位于摆动滑轮下方。将车倒至泛水点停稳，作业手松开两边舟体紧定具，操纵舟体挡销油缸，使舟体挡销下行收回，脱离舟体，舟体即可靠自重分离下滑泛水。

当无岸坡或岸坡坡度较小，舟体自重分力不足以使舟体自动下滑卸载时使用卸载系统。作业手操纵绞盘放钢索，从折叠圆钮上取下钢索，再操纵绞盘手钢索至钢索回圈位于摆动滑轮下方。将车倒至泛水点停稳，作业手放下舟车稳定支腿，使舟车后轮刚好离地，作业手松开两边舟体紧定具和移动平台紧定具，收回移动平台锁定插销。作业手翻转移动平台到一定角度后，向后移动移动平台一段距离，使舟体尽量接近水面。作业手收回舟体挡销，舟体靠自重分力下滑入水。

2.2.3 装载系统

在岸差2m以下时，移动平台不需移动，可直接用绞盘和吊架完成舟体的装载。将吊架翻转，作业手拉出绞盘钢丝绳，舟车倒至岸边，将钢丝绳挂在舟体上。收紧钢丝绳，使舟体上升并折叠。调整吊架翻转角度和舟体提升高度，让舟体滑道落在舟车尾滚轮上，用限位导板挂住舟体端部限位圆钮。将钢丝绳抽出，挂在舟体的牵引圆钮上，再收回吊架。收紧绞盘钢丝绳，将舟体牵引到设定位置，并完成固定。

舟车还可以利用移动平台的移动能力在3m高的岸坡上撤收舟体。舟车倒车至岸边，翻转吊架，穿好钢丝绳并落下稳定支腿。翻转架旋转并将移动平台伸向舟体，舟体上的作业手挂好钢丝绳。

3 动力舟桥的技术参数及作业准备

3.1 技术参数

动力舟桥的技术参数详见表1。

表1　　　　　　　　　　　　动力舟桥的技术参数

类别	项　　目	参　　数
舟车	外形尺寸（长×宽×高）	13m×3.5m×4m
	整备质量	31.5t
	承载人员	4人
	最高行驶速度	80km/h
	最大爬坡度	大40%

类别	项　　目	参　　数
船外机	型号	YAMAHA85AETL
	引擎形式	3 气缸
	排气量	1140cm^3
	供油方式	预混
	交流发电机	10A
动力浮桥	承载能力	履带载 60t，轮式载轴压 13t
	浮桥宽度	8.3m
	适应最大流速	3.0m/s
	车行部宽度	大 5m

3.2　作业准备

3.2.1　作业环境勘察

对作业区域周边进行现地勘察，重点对作业区域交通情况、周边水情展开调查，选择适当的区域组装动力舟桥，同时方便后续人员转移救援任务。顿坊店乡牛场村共产主义桥附近区域交通方便，便于动力舟桥的运输进场，积水区水深大于 1.2m 且靠近公路路基，满足动力舟桥临时码头要求。

3.2.2　动力舟桥组装

HZFQ80 动力舟桥主要有两种作业模式：一种是多个河中舟和两个岸边舟连在一起，形成带式浮桥，保障履带载 60t 或轮式轴压力 13t 以下的荷载通过江河；另外一种是将若干河中舟和岸边舟拼接组合，作为漕渡门桥使用，起到渡船的作用。新乡救援中，将 3 个河中舟、1 个岸边舟拼在一起。动力舟桥由运载汽车直接运输至临时码头附近，解除绑定装置后系缆直接入水，牵引靠岸后，安装作业员和操作手上舟，分组完成 2 个展开锁销的就位及完成展开，操作手分组完成动力机桨展开和油料加注，在下个河中舟就位前完成连接锁销的限位解除。连接河中舟及接岸舟作业按照先展开、后连接、再机桨的方式依次连接完成。每台展开后长 40m，宽 8m，车行道宽 5m，总承载力可达到 65t，每台可按 10.8km/h 的速度，此次操作手 6 人，搜救人员 20 人，一次满载 450 人；单台工效可达 200 人/h。对于狭窄道路、分散的房屋，由冲锋舟、自扶正救生艇、橡皮艇等搭配使用，完成搜救、转移任务。

3.2.3　检查调试

按照方案要求，组装完成的动力舟桥系缆固定，组装作业员对每一个展开锁销、连接锁销进行检查，主要检查锁销是否旋转固定到位；操作手对机桨进行检查及加注燃油等工作，并发动马达，检查动力机桨的操作性。保障组负责动力舟桥上救生衣、安全绳配置。警戒组对作业区域人员、杂物进行清理，检查系缆桩的稳定性，保障物资人员顺利上下动力舟桥。

4　装备应用注意事项

（1）在运行环境方面，动力舟桥搭设场地选择在运输车辆能直接就位、直接下水、后期拆除阶段能直接牵引上车的部位。搭设区水深大于 1.2m，流速小于 0.5m/s。动力舟桥行进控制速度 10.8km/h 以内，适应水流流速不大于 3m/s，以确保作业安全。

（2）在安装操作方面，按照先展开、再连接、最后动力系统的原则进行搭设，各种限位装置及锁销要按要求拧转到位，动力系统调试按照运行、转向、输出的顺序进行。从 6 名动力操作手中，指定 1 名主操作手，在指挥员的指挥下统一协调操作，运行中速度控制在 10.8km/h 以内。

（3）在协同配合方面，鉴于动力舟桥体型庞大，且行进、停靠点需要有 0.8m 以上吃水深的特点，对于水深不足、狭窄巷道、分散的房屋等作业环境，需要冲锋舟、自扶正救生艇、橡皮艇等协同配合使用。在执行搜救、转移任务过程中，指挥员在引导员的提示下，指挥动力舟桥行进至受困点，选择安全便利的临时区域进行停靠，在冲锋舟、自扶正救生艇、橡皮艇等协同配合下，全力开展救援工作。

5 装备应用效果

（1）圆满完成新乡人员搜救转移救援任务。此次抢险中，中国安能结合当地地形水势特点，主要采用了"分片负责、舟艇接力、搜转配合"的战法组织人员转移作业。受困群众主要集中在前稻香村、后稻香村，舟桥一分队行动方向为前稻香村，舟桥二分队行动方向为后稻香村，各自负责行动方向上的人员搜救和转移作业。舟桥行动至受困点且临时停泊安全后，由救生艇接近受困点，搜索转移受困群众，满员或者更换搜索点时，及时将人员转移至动力舟桥，完成片区搜索后，舟桥及救生艇转移至新的搜索点，确保救援行动高效、安全。救生艇搜救转移受困群众至动力舟桥，舟桥搭载能力为 450 人，达到满员或转移至较远搜救点时由动力舟桥运载群众至码头并转移至安全的地方，由当地政府组织安置。此次行动共计转移群众 1491 人，出色完成了救援任务。

（2）圆满完成浚县新镇卫河决口封堵中大型挖装设备转运任务。受地形限制，大型挖装设备无法抵达浚县新镇卫河决口封堵救援现场，需紧急开辟水上抢险救援通道。接到任务后，中国安能迅速拼组动力舟桥，将大量的决口封堵所需的大型挖装设备、封堵材料及救援人员运送至救援现场，经过 70h 的奋力鏖战，出色完成了决口封堵任务。

6 结语

在此次河南洪灾救援行动中，许多新型救援设备被作为救灾科技利器运用到抢险救灾的一线，并发挥重要作用。动力舟桥作为一种运载能力强、机动效率高、拼接方便且安全可靠的水上应急救援装备，将会更广泛应用到自然灾害的救援行动中。我们也期待有更多新装备研发落地并形成战斗力，为抢险救援工作提供坚实有力的装备保障。

动力舟桥在特大洪涝灾害抢险中的应用研究

陈伯智

（中国安能建设集团有限公司　北京　100055）

【摘　要】　在特大洪涝灾害中，如何科学、高效地打通救援通道并运送救援物资对保障人民生命财产安全至关重要。动力舟桥作为一种先进的水上救援设备，具有机动效率高、运载能力强、安全可靠、拼接方便等特点，在抗洪抢险中得到了广泛应用。本文首先基于 HZFQ80 应急动力舟桥详细介绍了应急动力舟桥的结构特点以及主要功能；随后通过应用案例分析介绍了动力舟桥的应用成效；最后针对现有技术的不足提出了动力舟桥抢险技术创新应用研究的建议。本文旨在为动力舟桥抢险技术的发展提供启发和帮助。

【关键词】　动力舟桥；洪涝灾害；抢险救援；应用实例

0　引言

近年来，全球气候变暖引发越来越频繁的极端天气导致我国洪涝灾害频发[1-2]，严重威胁着人民的生命财产安全。灾害过后往往伴随着道路损坏、交通阻塞，严重影响着救援物资的运送以及受灾人员的转移[3]。灾害发生后，如何科学有序地组织抢险救灾，已成为当下重要的研究课题[4]。科学救灾，装备先行，救援装备作为抢险救灾的重要基础，是能否快速打开救援通道的关键[5]。随着科学技术的发展，越来越多的救灾科技利器被运用到抢险救灾的一线[6]，为高效调度和应急处置提供了科学依据，有效提高了抢险的机动性和时效性[7]。这其中，动力舟桥作为一种机动效率高、运载能力强、安全可靠、拼接方便的水上应急救援装备，在特大洪涝灾害抢险中得到了广泛应用[8]。动力舟桥是一种单元浮体自带动力、架设快速、机动灵活，集浮桥、渡运于一体的新型舟桥[9-11]。在紧急或非正常状态时，动力舟桥即可在水上快速架设通道，保障重型装备和大型车辆迅速克服江河、湖泊等障碍，也可作为运输船在水面航行，运送救援物资及重型设备，大大提升抢险救援效率[12]。本文基于 HZFQ80 应急动力舟桥详细介绍了动力舟桥的结构组成，总结了应急动力舟桥的主要功能；通过应用实例分析了动力舟桥在抢险救灾过程中的应用成效；并根据现有应用经验提出了动力舟桥抢险技术创新应用研究的建议。

1　动力舟桥的基本介绍

本文以 HZFQ80 应急动力舟桥为例，详细介绍动力舟桥的结构组成，并简述动力舟桥的主要功能。

1.1 HZFQ80 动力舟桥的结构组成

HZFQ80 应急动力舟桥是目前国内最为先进的水上救援装备之一，可实现快速架设浮桥和结合漕渡门桥，组合成各种形式的浮式结构，保障大型装备和人员通行，有效解决涉水抢险难题。其主体结构主要由河中舟、岸边舟及舟车三部分组成，主要技术参数见表1。

表1　　　　　　　　　　　　　主 要 技 术 参 数

项　目	参　数	项　目	参　数
舟桥单元长度	10m	坦克运输挂车（单向）	80t
舟桥宽度	8.3m	车辆荷载间距	30~60m
车行道宽	5m	通行速度	5~10km/h
舟体型深	0.80m	适应流速通载	3m/s
舟体空载吃水（包括船外机）	0.51m	架设	3m/s
舟体满载吃水（包括船外机）	0.91m	满载漕渡	3m/s
容许通过荷载	履带式（单向）：72t 轮载式（单向）：83t		

1.1.1 河中舟

河中舟主要用于架设河中桥段，由两个方舟和两个尖舟连接而成，总重约10t，展开后的河中舟长10m、宽8.3m、高1.3m。舟体两则各装有一套动力系统，可推动舟体在水中移动。河中舟的示意图和实物照片分别见图1和图2。

图1　河中舟示意图　　　　　　　　图2　河中舟实物照片

1.1.2 岸边舟

岸边舟用于浮桥的连岸，主要由尖舟搭板、方舟搭板、液压提升器、液压泵站、岸边尖舟、岸边方舟、尖舟跳板、方舟跳板等组成，总重约11.5t。展开后的岸边舟长10m、

图3　岸边舟示意图

宽7.24m。与河中舟相比，岸边舟不存在动力系统，其主要作用是连接河中舟和岸坡，方便运输机械设备。岸边舟的示意图和实物照片分别见图3和图4。

1.1.3 舟车

舟车选用的是8×8越野底盘车，舟车上装有翻转架、移动平台、稳定支腿，移动平台上装有吊架、液压绞盘。舟车用于折叠、装卸及运输舟体，其实物照片如图5所示。

图 4　岸边舟实物照片　　　　　　　　　图 5　舟车实物照片

1.2　动力舟桥的主要功能

1.2.1　水上救援

特大暴雨可能会引起堤坝决口、水库漫堤等自然灾害，直接导致村庄被淹。采用橡皮艇、冲锋舟等小型救援设备进行人员转移的效率较低，并且受风浪及暴雨影响，安全风险较大。此时，可以充分发挥动力舟桥的机动快、安全可靠等特点，先利用冲锋舟、救援艇将被困群众集中至动力舟桥，再转运至安全区域，达到安全、快速、高效的转移受灾群众的目的。

1.2.2　运送物资

洪涝灾害过会引起道路中断，导致救援物资无法及时送达。此时可以利用动力舟船进行物资运输，保障受灾群众的正常生活。此外，动力舟桥还可以用于运送抢险救援队员和挖掘机、起重机等大型救援设备，完成灾后开挖或者堤坝决口封堵等救援任务。

1.2.3　临时交通桥

洪涝灾害可能会引起桥梁坍塌、交通瘫痪，此时可将河中舟及岸边舟连接到一起，并将岸边舟与岸边固定物连接，锚固至岸边，作为临时交通桥使用，保障交通畅通。

1.2.4　应急救援平台

洪涝灾害会引起高压线塔基倾倒，导致电力中断，动力舟桥可以作为电力水上应急抢险平台，及时对电力设施进行恢复供电。此外，特大暴雨的风浪较大，运输船或客船可能会在江河中倾覆，可以利用动力舟桥运输起重设备至事发地点，建起水上救援平台，起吊倾覆船并转移船上受困人员。

2　动力舟桥抢险技术的应用案例

下面通过几个应用案例，介绍动力舟桥在重大洪涝灾害抢险救援中的应用成效。

2.1　鲁甸红石岩堰塞湖险情救援

2014 年 8 月 3 日，云南省昭通市鲁甸县发生 6.5 级地震，昭通市巧家县境内牛栏江右岸巧家县与鲁甸县交界处的龙头山体发生大规模山体滑坡，形成长约 70m、宽约 100m、6万～7 万 m³ 水量的红石岩堰塞湖[13]。当时正值雨季，若山体进一步滑坡会进一步加剧堰塞湖险情，影响下游居民的生命安全。受地震影响，道路全部中断，救援物资和设备无法顺利送达堰塞体。为了尽快打通救援通道，处理堰塞体，最后制订了两条道路的打通方案，其中一条道路即通过水路，利用动力舟桥将挖掘机、炸药等救援装备及物资运送至堰塞体（见图 6），及时排除了险情，确保了上下游人民群众生命财产安全。

2.2 安徽池州万子圩抗洪抢险救援

2016 年 7 月，安徽池州连日的暴雨导致贵池区、东至县出现 7 个溃口，大量民房、农田被淹。受连日暴雨影响，道路全部中断，救援物资和设备无法顺利到达溃口现场。为了尽快打通救援通道，利用动力舟桥能运送 2 台大型挖掘机或 3 台自卸车（见图 7），一次运送 20m³ 石料，大幅缩短封堵时间。

图 6 动力舟桥在红石岩堰塞湖险情中
运送救援装备

图 7 动力舟桥在万子圩抗洪抢险救援中
运送救援物资

2.3 湖北孝感府河溃口抢险救援

2016 年 7 月，受强降雨影响，孝感市孝南区东山头府河堤段出现漫堤、溃口等险情，导致东山头工业园区、东山头街等多处被淹，洪水淹没一楼平房屋檐，大量群众被困。利用应急动力舟桥迅速投入救援，构建水上运输通道，将大型机械装备和封堵原料源源不断地输送到溃口对面（见图 8），实现溃口封堵从单向推进到双向对进，大大加快决口封堵速度，为实施应急救援发挥了重要作用。

2.4 江西鄱阳中洲圩决口封堵

2020 年 7 月，鄱阳县出现持续强降雨，昌江流域水位迅速上涨，多个站点连续超警[14]。鄱阳县昌洲乡中洲圩在 9 日晚上发生溃堤，被洪水冲出了 180m 的决口，堤内 15 个行政村 3 万多人受灾，不少房屋和农田被淹。由于救援机械太重、车辆太多，引起了路面过度沉降，次生灾害频出，救援突击队在推进中一路受阻。最后借助动力舟桥，将数台挖掘机、装载机及重型装备，通过水路送入作业现场（见图 9），有效解决了道路狭窄、重压引发堤坝沉降等问题，同时也提升了抢险救援的效率。

图 8 动力舟桥在孝感府河溃口抢险救援中
运送救援装备

图 9 动力舟桥在鄱阳湖中洲圩决口封堵中
运送救援装备

2.5 河南特大暴雨救援

2021 年 7 月中下旬，河南中北部出现了持续时间长、降水范围广、降雨时段集中的暴雨或大暴雨，郑州、新乡、开封、周口、洛阳等地共有 10 个国家级气象观测站日雨量突破有气象记录以来历史极值。共有 16 个市 150 个县（市、区）受强降雨影响，出现严重的内涝以及山洪和地质灾害[15]。7 月 22 日，受暴雨影响，新乡卫辉顿坊店乡前稻香村、后稻香村出现了严重内涝，大量的群众被困，多个村的村民需紧急转移。中国安能接到紧急通知后，动用了两套动力舟桥，5.5h 转移群众 1491 人（见图 10）。

7 月 22 日晚，鹤壁卫河新镇镇彭村段出现决口，由于卫河水位暴涨，决口持续扩大，严重威胁人民群众生命财产安全。受地形限制，大型装备无法抵达救援现场，需紧急开辟水上通道进行抢险救援。中国安能救援队接到任务后，迅速拼组动力舟桥，运送大量的工程装备（见图 11）、封堵材料及救援人员到达现场，经过 70h 的奋战，圆满完成了封堵决口的任务。

图 10　动力舟桥转移卫辉顿坊店乡被困群众　　图 11　动力舟桥在浚县新镇镇卫河决口封堵中运送救援装备

3　动力舟桥抢险技术创新应用研究方向

动力舟桥抢险技术目前已得到了广泛的应用，但现有的救援技术仍有改进的空间。本文基于现有的应用经验，提出从以下 4 个方面开展技术创新研究，以期进一步完善动力舟桥抢险技术。

3.1　动力舟桥泛水技术

动力舟桥在泛水时，对泛水平台的要求较高，泛水平台与水面应相差不大，并且泛水平台应足够坚硬，以保证舟桥车在其上移动时不产生塌陷。一般土质的堤坝难以满足下水要求，常需铺设石块加固平台，延长泛水时间，影响救援。后续研究建议开展舟桥快速泛水技术研究，例如通过配置枕木的方法快速加固泛水平台，使舟桥快速泛水，以利用泛水后快速拼装，快速投入实战中。

3.2　快速拼装技术

在抢险救援过程中，时间就是生命，如何快速拼装舟桥、保持交通畅通成为救援的关键。现有舟桥拼装因水流和暴风雨等影响，一定程度影响了拼接速度，延误最佳救援时间。如何让应急救援更科学高效，一方面要重点加强动力舟桥技术创新提升技能，重点加强快速拼装方法的研究，实现快速且牢固的拼装；另一方面要定期和不定期组织联演联训，加强协同演练和人装结合演练。

3.3 舟桥固定技术

动力舟桥在装载和卸载自行式重型设备时，需将桥舟锚固至岸边，避免重型设备移动时舟桥产生晃动。现有做法是利用钢丝绳将舟桥连接至岸边的固定物上，当岸边没有固定物时便很难保证舟桥的稳定。后续建议开展舟桥固定技术研究，例如通过增设便携式锚桩等方法，使其在任何条件下均能实现舟桥固定，确保装备等安全快速登船。

3.4 安全保障技术

舟桥在复杂环境行进的时存在诸多安全隐患，例如在水下不明物体较多的水体中行进时，易造成螺旋桨被缴；在树木及障碍物较多的水体中行进时，船身易与障碍物发生碰撞。可以考虑在船上增设安全预警系统和水下探测系统，及时探明水下的不明物体。同时，配置螺旋桨防护罩，防止螺旋桨的损坏。此外，还应考虑增设夜间照明装备，解决夜间动力舟桥看不清前进方向和人员、机械设备登船等安全性问题；加设安全绳以及安全护栏，避免人掉入水中。因此，今后研究需逐步完善安全保障技术，建立舟桥安全保障体系。

4 结语

防汛救灾关系到粮食安全、经济安全、社会安全及国家安全，面对严峻的抢险救援形势，要充分发挥科技力量，利用先进的救援设备科学防汛救灾。本文详细介绍了洪涝灾害抢险中广泛应用的动力舟桥，基于 HZFQ80 应急动力舟桥详细介绍了动力舟桥的结构组成、主要功能、应用成效，并指出了后续的创新研究方向。

参考文献

［1］ 翟盘茂，刘静. 气候变暖背景下的极端天气气候事件与防灾减灾 [J]. 中国工程科学，2012，14 (9)：55-63，84.

［2］ 黄荣辉，杜振彩. 全球变暖背景下中国旱涝气候灾害的演变特征及趋势 [J]. 自然杂志，2010，32 (4)：187-195，184.

［3］ 张谦，张罡，赵会生. 基于应急救援管理体系下新装备的探索与应用 [J]. 四川水力发电，2016，35 (4)：46-49.

［4］ 刘祥恒，张利荣. 彭泽芳湖圩堤应急抢险的主要技术措施 [J]. 水利水电技术，2011，42 (9)：41-43.

［5］ 刘剑，王丹. 中小型堤防决口封堵抢险关键技术 [J]. 水利水电技术，2017，48 (S1)：8-11.

［6］ 张海英，徐昂昂. 唱凯堤决口封堵应急抢险施工技术 [J]. 水利水电技术，2011，42 (9)：46-49.

［7］ 谢明武. 工程机械应急救援管理技术研究 [D]. 西安：长安大学，2014.

［8］ 廖成栋，王永勤，吴爽，等. 履带式自行舟桥设计研究 [J]. 科技创新与应用，2020 (27)：84-87，90.

［9］ RUSSELL B R, THRALL A P. Portable and rapidly deployable bridges：Historical perspective and recent technology developments [J]. Journal of bridge engineering，2013，18 (10)：1074-1085.

［10］ 史宣琳，陈兴兰. 国外公路舟桥器材发展现状及展望 [J]. 国防交通工程与技术，2009，7 (4)：69-72.

［11］　林铸明，陈徐均. 移动载荷作用下弹性基础梁的计算［J］. 解放军理工大学学报（自然科学版），2004（1）：45－48.

［12］　卢康. 一种适合军民融合发展的动力舟桥［J］. 中国水运，2019（8）：58－61.

［13］　程兴军，王志. 云南鲁甸红石岩堰塞湖排险处置的思考与探索［J］. 人民长江，2015，46（20）：22－25.

［14］　周庆丰，何海声，陶维，等. 昌江河决口封堵的组织与管理［J］. 水利水电技术（中英文），2021，52（S1）：205－209.

［15］　刘昌军，吕娟，翟晓燕，等. 河南"21·7"暴雨洪水风险模拟及对比分析［J］. 水利水电快报，2021，42（9）：8－14.

五、同类险情
处置篇

昌江决口封堵的组织与管理

周庆丰[1]　何海声[2]　陶　维[2]　陈常高[2]

(1. 中国安能建设集团有限公司　北京　100055；

2. 中国安能集团第二工程局有限公司　江西南昌　330096)

【摘　要】 2020年7月江西鄱阳湖流域发生洪水，鄱阳县昌江问桂道圩堤、中洲圩、桂湖村圩堤、邓家村圩堤等发生决口，中国安能第二工程局奉命承担决口封堵任务。针对应急抢险工程时间紧、抢险条件差、社会关注度高等特点，在抢险过程中，建立精干的指挥机构、灵活运用"六个系统"，调整力量部署，优化决口处置方案，强化组织指挥与过程管控等环节，实现快速高效处置险情，可为类似自然灾害应急抢险工作提供借鉴。

【关键词】 决口；封堵；实施方案；组织管理

1　险情概况

2020年7月以来，受持续强降雨影响，江西省昌江水位陡涨，发生超20年一遇洪水，鄱阳湖水位暴涨"超警"，最大降雨量270.5mm，鄱阳县问桂道圩堤、中洲圩、桂湖村圩堤、邓家村圩堤等发生漫决（见图1），15000多亩耕地、15个村庄被淹，3.4万名群众被紧急转移。其中，鄱阳县昌洲乡桂湖靠下游位置问桂道圩右岸发生决口，堤顶宽度约5m，决口长度127.4m，河水流速6～8m/s。迎水面坡比为1:2.5，背水面坡比1:3，土方量约41000m³。昌洲南堤中洲圩出现长约188m（轴线长197m）、宽约8m的决口，决口处水流速度2.0～2.5m/s，截流落差约0.1m，堤顶宽度4m，迎水面、背水面坡比均为1:2.5，土方量约58000m³。桂湖村圩堤决口长80m，堤顶宽4m，截留落差约1m。邓家村圩堤决口长40m，堤顶宽度约5m，截留落差约1m。

此次决口封堵主要有4个特点：①决口水位深。因连日降雨，鄱阳湖水位连续多日超警戒；受上游来水和洪峰影响，堤坝水上高度较低。若按照原堤防结构体型进行封堵，戗堤顶宽难以满足现场机械化需求，需实施宽戗封堵；水下部位较深，水下抛填物料稳定性及体型难以控制，封堵复堤技术、质量控制要求高。②任务强度高。为尽快实现决口合龙，根据水文天气、现场道路、物料准备及水位变化预测，5天内需完成超过6万m³

图1　漫决位置示意图

的填筑量。按照农用车（最大运载量 5m³）24h 不间断运料，每小时需运输 150 车。时间紧、任务重、强度高，给现场抢险指挥、组织实施带来严峻考验。③交通压力大。原堤防顶宽 5m，无法满足双车道错车要求，容易引发交通堵塞，必须采取地方中小型自卸车；场外运输道路部分路段遭到水流损毁，需要及时修复打通，运输道路狭窄，且穿过多个人流密集村庄，交通压力极大。④物料储备难。石渣料、反滤料运输至现场，距离较远，供料持续性及强度难以满足高强度封堵要求，且现场需要协调多个中转料场，涉及地方政府协调工作[1-2]。

2 决口封堵的组织指挥

2.1 组织指挥体系

面对灾情突然、情况紧急、任务危险的特殊形势，中国安能第二工程局充分发挥水电铁军抢险救援管理体系的特色和优势，及时成立江西鄱阳县抢险救援指挥部，灵活运用"六个系统"，筑牢了防灾减灾救灾的人民防线，全面彰显军转央企的使命和担当。

2.1.1 指挥控制系统

需做到"指挥顺畅、信息主导、快速反应、专业高效"。险情发生后，灵活运用"一句话命令＋补充指示"，第一时间建立高效精干的指挥机构（见图 2），成立江西鄱阳县抢险救援指挥部，按照"启动应急响应、组织兵力投送、组织指挥处置行动"的流程，统一指挥抢险行动。根据现场实际，在鄱阳县鄱阳镇曹埝村和古县渡镇中心学校开辟两处前进指挥所，并利用工程局在建监管平台，在 3 个抢险区域安装监控点位，实现图像适时传输，便于指挥所领导辅助决策。

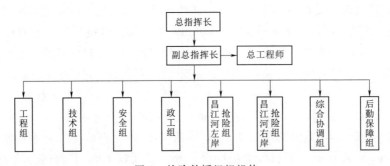

图 2 抢险救援组织机构

2.1.2 灾情侦测系统

需做到"查得清、测得准、传得快"。信息收集：与当地政府、应急、水利及友邻单位建立信息共享机制，及时了解雨情、水情；侦测分队通过观察侦测、调查询问、技术侦测等方法，实时对河流水位、流速、决口长宽等信息进行监测、记录。信息处理：按照信息重要性、准确程度及信息类别进行汇总、分类、筛选、分析、处理。信息发布：依据初步处理情报，经前指指挥员审核后，每日定时更新、发布水文监测、决口进占等数据。

2.1.3 技术保障系统

需做到"灾情研判准确、方案制订科学、资源配置合理、技术交底有力、动态指导实时、评估总结及时"。行动中，在充分现地勘察、研判灾情的基础上，制定了先"疏通道路、拓展会车平台、备足料源",再进行"戗堤裹头保护、石料填筑进占、水上分层碾压、黏土防渗闭气"的机械化单、双向进占战法进行封堵作业的方案,经指挥长审批、报请地方联指同意后予以实施,为领导指挥决策、高效推进抢险救援行动提供了可靠的智力支持。

2.1.4 装备保障系统

需做到"性能优良、结构合理、系统配套、特色突出、平战兼容"。行动中,从 3 个分公司抽组推挖装运装备 65 台(套)、协调地方装备 201 台(套);协调中船重工、地方渔政、海事等部门,抽调动力舟桥、快艇、冲锋舟等装备,开辟水上运输通道,加快救援力量投送速度;集中装备管理骨干组成"大机务组",建立调配、检修、统计、巡查等制度,保证装备的完好率和利用率,为抢险救援行动提供了强大的实力支撑。

2.1.5 政治工作系统

需做到"把握正确方向、坚持思想领先、搞好思想发动、主动密切配合、注重工作实效"。行动中,以习近平总书记防灾减灾救灾和应急管理体系及能力建设重要指示精神为指引,建立完善 30 多个党团组织,做到前指有党委、分队有支部、关键部位有先锋岗、难点区域有党团突击队,211 名党员、80 名领导干部、18 名副处以上领导终坚守一线,靠前指挥。注重挖掘典型人物和鲜活事例,将忠诚文化、红色传统、铁军精神熔铸其中,在省部级以上多家媒体进行了刊稿、报道、宣传,树立了中国安能良好形象。

2.1.6 后勤保障系统

需做到"跟进及时、措施有力、服务周到"。行动中,围绕"衣食住行医修",多渠道筹措抢险物资和器材,做好后勤综合物资、给养、运输油料、维修技术等保障;科学选定磨刀石中学、古县渡中学等宿营地,合理调剂伙食,强化卫生防疫和防暑措施;加强与地方有关保障部门联系,搞好协调配合;及时提出保障建议。

2.2 力量部署

应江西省防汛抗旱指挥部请求,7 月 8—9 日,中国安能从南昌、鹰潭、常州、厦门共抽组 409 名抢险人员、65 台(套)装备星夜驰援,并与 9 日 20 时全部抵达抢险一线。

人员按照两班制作业、每班工作 12h 进行配置,主要配备现场指挥、设备操作、测量、电工及管理等人员。施工设备配置了 236 台(套),其中推土机 5 台、挖掘机 14 台、装载机 6 台、冲锋舟 4 艇、动力舟桥 2 台、指挥车 16 台、保障车 36 台、自卸车 153 台、约为平时同类工程施工设备的 2~3 倍。

3 决口封堵实施方案

3.1 封堵方案

采用"单戗立堵、双向进占、机械协同、快速处置"的战法,按照"道路修筑、堤头稳固、戗堤进占、决口合龙、加高培厚、防渗闭气"的流程组织实施。

3.1.1 道路修筑

因堤基土质差、堤顶宽度窄,在雨水长期浸泡下无法满足大型设备施工要求,需进行修整和完善。龙口上下游堤顶现有宽度约 4m,堤顶可安全通行的宽度为 2~3m,仅能满足单车道通行,部分临时道路加宽填筑至 15m 用于自卸车转向。为保证填筑进度,结合现场条件每隔100～200m和转弯道路处修筑错车平台，每隔1km左右修筑一个会车处。

3.1.2 堤头稳固

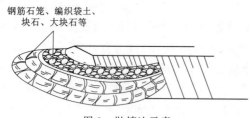

钢筋石笼、编织袋土、块石、大块石等

针对决口处地势平坦、土质松软、水流湍急的实际，在堤头迎河面抛投土装编织袋及大块石（见图3），抵挡水流对堤防正面冲刷，减缓堤头崩塌速度。为防止水流对堤头进一步冲刷和回流对堤背的淘刷破坏，在堤头迎河面至背河面沿决口堤头抛填大块石包裹，有效防止了决口扩大，减少了决口阻力，加快了封堵进程。

图3 抛填法示意

3.1.3 戗堤进占

采用水、陆两种方式双向进占（见图4）。水上采用船只向决口两侧运输投料；陆上采用大型挖掘机装土，自卸车运输，推土机铺料、推平，振动碾压实；推土机向堤轴线靠下游侧部分推填至水上部分50cm，双向进占至决口两侧相距3～5m，并及时对戗堤进行修整，确保戗堤稳固、装备通行顺畅，测量人员应跟进检查，确保戗堤进占形体、轴线满足封堵方案要求。

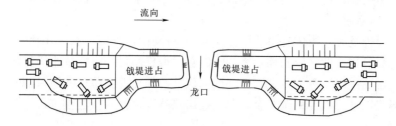

流向

戗堤进占　　戗堤进占

龙口

图4 单戗双向机械化立堵进占示意

3.1.4 决口合龙

待决口口门收缩到3～5m时，根据口门处流速选择适宜的石块粒径，一次性备好大块石、钢筋石笼等截流材料，堆放至龙口两侧，两端由推土机双向推填，实现合龙。必要时将两个以上钢筋石笼串推入口门中，以增加抗冲能力。合龙后对戗堤进行整平，整平标高高于水面50cm后，静压1遍、动压2～4遍、再静1压遍。碾压时，采用进退错距法，平行于堤轴线碾压，时速不超过4km/h。

3.1.5 加高培厚

加高培厚按照"先培厚再加高"的流程进行。自卸车将填料运至堤头，推土机配合将其推入上游侧，而后进行碾压，对决口上游侧进行培厚。培厚完成后进行加高，自卸车将填筑料运至堤头，推土机进行推平至设计标高，验收合格后进行压路机碾压。

3.1.6 防渗闭气

因戗堤进占通常采用石渣、块石、钢筋石笼等可透水材料，合龙后仍会渗水，堤防仍有可能因淘刷、渗水等因素引起崩塌、滑坡等，造成二次决口，应立即实施防渗闭气。作业时先填反滤料后填黏土料至戗堤迎水面，挖掘机进行修坡整形[3]。

3.2 保障措施

3.2.1 组织措施

明确任务目标：问桂道圩决口封堵总工期按照4天完成任务进行控制，中洲圩决口封堵总工期按照5天完成任务进行控制。

强化现场组织：每班由局以上领导干部现场值班，每个工作面由经验丰富的处级领导带班，配备现场指挥和质量、安全管理人员，确保各工作面能完成计划任务、质量满足要求、安全无事故。

加强关键环节协调：物料运输、堤顶道路修筑、堤头填筑指挥是此次抢险的三个关键环节，均安排处级领导专门负责组织协调，确保各环节问题能够及时解决。

加强现场统计分析：计算每米龙口填筑工程量，每小时统计龙口填筑车数及进占长度，分析任务完成情况及存在问题，为首长决策提供依据。

每天晚上召开现场协调会：讲评当天任务完成情况，安排部署次日工作，协调解决抢险中的问题，提出质量、安全等注意事项。

3.2.2 质量保障

戗堤进占时，挖掘机反铲操作规范，装料次序合理，不少装、不多装；临时道路需安排专人和装载机进行维护，发现撒料及时清理，道路不平处及时修平；自卸车运料时平稳驾驶，车速不超过20km/h，防止沿途抛洒填筑料；推土机进占操作规范，填筑料推进位置准确。

合龙作业时，现场堤头指挥员依据设定的水流流速合理选定合龙封堵块石。

戗堤合龙后，应按照设计断面尺寸进行加高培厚。加高培厚作业每层摊铺后碾压前，应及时报请验收，合格后方可碾压；轴线允许偏差±10cm，堤顶高程不得低于设计高程，堤顶宽度不得小于设计宽度；碾压时按照"由低至高、先轻后重、轮迹重叠"的原则实施作业，轮迹重叠宽度不得小于压路机后轮宽度；注意坡面应修平整实，坡比1∶1.5。

3.2.3 安全保障

针对道路狭窄、屋舍相连、水上抢险、夜间作业等情况，制定《危险源识别和控制措施》《应急处置预案》等制度措施，为抢险人员购买人身意外伤害险，紧急调拨照明设备20余台，配备反光服、荧光棒、手电筒等夜间安全装备，布设警戒线约6000m，设置安全警示标牌36处，为救援行动创造良好的安全环境。

3.2.4 交通保障

抢险车辆装备前往险情现场途中，面对装备多，多方向集结困难，积极与应急厅、交通厅、高速收费站积极协调装备快速同行，确保快速到位。抢险过程中，面对堤顶道路狭窄，积极协调鄱阳县交警部门加强交通安全管控，确保物料运输顺畅，安全快速通行。

3.2.5 装备保障

因决口封堵抢险作业强度高，所需设备数量大，在自有设备保障能力不足的情况，协调地方政府调用社会装备进行补充，确保抢险任务高效完成[4]。

3.3 加强决口封堵应急处置的建议措施

3.3.1 强化政治引领

作为军转央企，应急救援是义不容辞的责任。党委必须坚决贯彻落实习近平总书记关于防灾减灾救灾的系列指示精神，按照当地政府的决策部署，把抗洪抢险作为压倒一切的重大政治任务，转企不转本色，不畏艰难、迎难而上，才能确保抗洪抢险的最后胜利。

3.3.2 强化快速到位

"救援就是战场，时间就是生命"。决口封堵应急处置需要争分夺秒，稍有迟缓便会造成更大的生命财产损失，需要建立处置力量快速到位体系，具体应对措施有：①各抢险救援大队汛期至少保持50名以上的救援队伍在营区备勤，确保遇有情况能第一时间到位处置；②加强与航空、铁路、公路部门，以及区域运输公司、直升机力量、水上运输单位和舟桥单位的协调对接，建立快速投送机制；③研发配备特种运输装备，如全地形运输车、动力舟桥、打桩船、多功能救援挖机、水域抢险多用途组合平台，解决到达事发地的力量投送并能快速处置难题。

3.3.3 强化组织指挥

在救援中，要注意研究把握抢险作业特点规律，针对决口封堵"车多路堵、堤薄顶窄、料远温高、水位不降"等不利因素，坚持技术先行，修订完善各种实施方案，加强对地方配属资源的调配管理，形成作战整体合力。各级指挥员必须临危不乱，准确研判形势，科学组织排险，现场解决技术难题，协调展开行动，同时要引导全体抢险队员克服条件艰苦、环境复杂、多点作战等困难，以高度的政治自觉、强烈的使命担当和严明的组织纪律性实现抢险救援科学高效。

3.3.4 强化安全管理

决口抢险中，因雨水不断、水位上涨、夜间作业、临边作业、连续作业等因素，安全形势较为严峻，安全风险压力较大。各级指挥员必须保持清醒的认识，各个位置都要明确安全管理负责人，严格抓好各项管理措施落实，加大人员管理力度。尤其是注重加强现场安全监控、水上运输管理，细化防护措施，加强风险评估，科学组织抢险，防止次生灾害的发生，确保人员无一伤亡，车辆无一损毁，救援全程安全有序。

3.3.5 强化应急保障

"兵马未动，粮草先行"，为保证抢险工作及时展开和顺利进行，需要加强保障能力建设。①协调地方政府在救援基地建立物资装备保障中心，储备一些必要的抢险专业装备和应急救援物资，以备需要时可及时进行调拨。②遇有决口险情处置任务时，积极协调当地政府部门就近征用企业或建筑公司装备，确保抢险第一时间的需要。③平常与装备生产厂家或相关装备使用公司签订装备保障战略合作协议，将其相关装备纳入应急处置动态储备名录，抢险时及时为应急处置提供装备及维修服务。

4 结语

我国内地河、湖、水库堤防密布，如何针对其特点实现快速决口封堵，是堤防决口封堵抢险救援的重要研究方向。在此次决口封堵抢险实战中，通过快速修筑通道、搭建会车平台、加强道路封控等措施，解决了道路条件差的难题；采取修宽裹头、双戗进占、精准投送物料等措施，加快了封堵速度；严格质量标准，科学确定碾压及坡比参数，实现了复堤安全质量；弘扬"铁心向党、铁胆攻坚、铁肩担当、铁骨奋斗"的水电铁军精神，为抢险队员输入了源源不断的思想动力。上述相关措施，对处置类似的江河堤防决口险情，具有非常重要的现实意义。

参考文献

［1］ 刘剑，王丹. 中小型堤防决口封堵抢险关键技术［J］. 水利水电技术，2017，48（S1）：8-11.

［2］ 王正楠，张利荣，刘剑，等. 向阳圩决口封堵抢险方案及关键技术措施［J］. 水利水电技术，2017，48（S1）：16-20.

［3］ 张海英，徐昂昂. 唱凯堤决口封堵应急抢险施工技术［J］. 水利水电技术，2011，42（9）：46-49.

［4］ 杜巍，张利荣，刘剑，等. 黄梅县考田河决口封堵处置方案［J］. 水利水电技术，2017，48（S1）：21-24.

［原载于《水利水电技术（中英文）》2021年S1期］

水利水电设施险情处置研究与实践

由淑明

（中国安能集团第一工程局有限公司　广西南宁　530200）

【摘　要】 近年来，我国各类极端气候和自然灾害时有发生，水利水电设施受此影响出现渗水、翻沙鼓水、管涌、裂缝、漏洞、跌窝、漫溢、崩塌、滑动失稳、决口、堰塞湖、闸门受损、泥石流、风浪破坏等险情。为有效处置这些险情实现安全救援，本文首先分析研究各类险情的种类、破坏机理及形态，并提出针对性的处置措施，然后以唐家山、红石岩堰塞湖应急抢险和舟曲泥石流抢险为案例，简要介绍这两次抢险过程的险情特点、应急技术应用和处置成效，最后归纳总结应急处置方案研究应把握的重点，可为今后处置同类型水利水电设施险情提供借鉴。

【关键词】 水利水电设施；险情处置；处置重点；堰塞湖；泥石流

0　引言

2018 年 9 月，中国安能建设集团有限公司（以下简称"中国安能"）根据政策要求由武警水电部队集体转制为中央企业，转制后的中国安能以建设"非现役专业队伍"为基本方向和要求，以应急救援和工程建设两个领域为战略方向，以建设"自然灾害工程应急救援的拳头力量、以水利电力为主的工程建设的重要力量、中央企业应急救援的支撑平台、应急救援产业的骨干企业"为战略定位，致力成为在应急救援和工程建设两个主战场具有独特地位作用的现代化企业。面对影响因素多、情况瞬息万变的各类水利水电设施险情，只有把其种类、破坏机理及形态分析透、研究透，才能做到有的放矢，实现安全救援。

1　险情种类

常见的水利水电设施险情及其破坏机理、形态如下所述。

1.1　渗水险情

水库堤坝在汛期持续高水位下，堤坝断面不足、背水坡偏陡、堤坝内土质透水性强、防渗体单薄或其他有效地控制渗流的工程设施与坝体结合不实等均能引起渗水。渗水险情若不及时处置，极可能发展成管涌、滑坡或漏洞等，最后发生溃坝灾害[1]。

1.2　翻沙鼓水险情

堤坝基脚和保护带为砂卵石透水层，在水压力作用下，细颗粒被渗流冲动，发生翻沙鼓水。翻沙鼓水可发展成为管涌，易引发堤坝溃决。

1.3 管涌险情

堤坝内的细颗粒在外河高洪水位或水库高水位的水头作用下，被堤坝体内流水带至出口流失，贯穿成连续通道形成管涌，如不及时处置易引发决堤垮坝险情。

1.4 裂缝险情

裂缝产生机理大体有 4 种：①堤坝水位低或水位快速下降时，引起临水坡半月形滑动，容易产生裂缝；②高洪水位时，背水坡由于抗剪强度降低，引起滑坡裂缝，特别是背水坡脚有塘坑、堤脚软弱时更容易发生；③堤坝坡度较陡，暴雨渗入堤身，堤坡面下沉，引起裂缝；④受地震影响，堤坝产生滑动，也容易产生裂缝。裂缝是滑坡的先兆，有些裂缝可能发展为渗透变形，有些可能发展成为滑坡，因此应善于识别裂缝的性质，判明其发生原因，分而治之。

1.5 漏洞险情

漏洞的出现主要是堤坝内有隐患所形成。例如，堤内埋有阴沟、暗涵、屋基、棺木、蚁穴、兽洞等；或者涵洞周围填土不实，在高水位在外水作用下，渗水冲动带走泥土，就形成了漏洞，或者闸门穿孔。如不及时处置，容易形成溃坝危险。

1.6 跌窝险情

跌窝一般在汛期或暴雨后堤坝突然发生局部塌陷而形成，产生的主要原因：①堤坝内有鼠、蚁、防空洞等洞穴，堤坝两端山坡接头、两工段接头填土不实等人为洞隙；②堤坝内部涵管断裂，经渗透导致水土流失而形成跌窝。这种险情既破坏堤坝的完整性，又常缩短渗径，有时伴随涌水、管涌或漏洞同时发生，严重时可导致堤坝突然失事[2]。

1.7 漫溢险情

其形成原因：①上游发生超标准洪水，洪水位超过堤坝的设计防御标准；②车辆碾压造成堤坝上的交通码头沉落；③河道内的阻水障碍物，造成河道泄洪能力降低、水位抬高，壅高的水位漫过堤坝；④风浪、地震或风暴潮等造成水位壅高。漫溢险情如不及时迅速加高处置，水流即漫顶而过产生溃坝危险。

1.8 崩塌险情

堤防受环流淘刷影响，出现失稳而崩塌。水库紧急泄水，洪峰过后河道中水位涨急落，堤坝渗水外排不及时形成反向渗压，加之土体饱和后抗剪强度降低等影响，促使堤坝岸坡沿圆弧面滑塌[3] 形成"落水险"。

1.9 滑动失稳险情

坝体受洪水和地震影响，在顶部或边坡上发生裂缝，渗水进入裂缝，在渗水压力作用下，裂缝加剧发展，坝体抗剪强度降低，坝体发生错位或滑动，直至坝体渗漏，整体性受到破坏，造成堤坝结构失稳。在较高水位情况下，易产生溃坝险情。

1.10 决口险情

受洪水袭击影响，堤坝体长时间高水位浸泡，堤体松软，水流直接正面冲击堤脚堤身，造成水下岸脚淘空陡立，堤岸脚土坡浸软饱和，抗剪强度低引发决口。

1.11 堰塞湖险情

主要因山洪、地震等自然因素诱发，塌方体阻塞河道或水库形成，可分为滑坡型、崩塌型和泥石流型。破坏形态有 4 种：①阻塞原有河道水系，造成水位上涨，形成上游淹没区域；②具有不稳定性，一旦溃坝，倾泻而下，形成洪灾，对下游地区形成毁灭性破坏；③堰塞湖的泄流或溃决会造成下游河道淤积，河床抬高，影响其泄洪能力，同时也会强烈冲刷下游河道，甚至迫使河道改道；④堰塞湖泄洪后残留的堰塞体在强降雨的作用下发生泥石流次生灾害的风险较高[4]。

1.12 闸门损坏险情

受地震或其他因素影响，承担泄洪任务的堤坝闸门的机械和电气系统被破坏而无法开启，不能正常泄流，水位一旦上涨，将出现漫溢险情，危及堤坝安全。

1.13 泥石流险情

成因与降水关系密切，雨量越大，形成泥石流的概率越高。其具有暴发突然、成灾迅速、来势凶猛、灾情规模大、危害深、破坏力大等特征。

1.14 风浪破坏险情

破坏形态有4种：①浪峰直接冲击堤坝，其波谷产生的负压抽吸作用，带走护坡混凝土块，侵刨堤身，形成浪窝陡坎；②壅高水位造成水流漫顶；③扩大堤坝水上部分的饱和范围，降低土壤的抗剪强度造成崩塌破坏[5]；④直接将堤坝门机、控制室等结构建筑物吹倒。

2 处置措施

2.1 渗水险情处置

处置原则为"临水截渗、背水导渗"。若堤坝背水面出现散浸，应先查明渗水原因和严重程度；若浸水时间不长且渗出的是清水，应及时导渗，加强观察，注意险情变化；若渗水严重或已开始有浑水渗出，则须快速处置，防止发生滑坡、管涌等险情。

2.2 翻沙鼓水险情处置

处置原则为"减势抑沙"。主要采取反滤围井法、反滤铺盖法、透水压渗法、蓄水反压法等方法，即将渗水导出而降低渗水压力，鼓水而不带沙以稳定险情。

2.3 管涌险情处置

处置原则为"反滤导渗、控制涌水、留有出路"。先抛石筑围消刹水势，再做滤体导水抑沙，一般在背水面处置。管涌快速破坏堤身，必须急抛石（块石、混合粗卵石），速堆反滤体阻土粒带出。

2.4 裂缝险情处置

处置原则为"表面涂刷、凿槽嵌补、缝隙灌浆"。首先判明成因，若为滑动性或坍塌性裂缝，应按滑坡和坍塌处置，否则达不到预期效果；若为表面裂缝，应堵塞缝口，以免雨水侵入。横向裂缝多产生在堤端和堤段搭接处，如已横贯堤坝，水流易于穿越、冲刷扩宽，甚至形成决口；如部分横穿，也因缩短了浸径，浸润线抬高，使渗水加重造成堤坝破坏。对于横向裂缝，不论是否贯穿均应迅速处理，主要处置方法有灌堵裂缝、开挖回填、横墙隔断等。

2.5 漏洞险情处置

处置原则为"前堵后导、临背并举"。强调要抢早抢小，一气呵成。主要采取临水截堵、背水导滤、抽槽截洞等方法。在抢护时应首先在临水找到漏洞进水口，及时堵塞，截断水源；同时在背水漏洞出水口采取滤水的措施，制止土壤流失，防止险情扩大。切忌在背水用不透水材料强塞硬堵，以免造成更大灾情。

2.6　跌窝险情处置

处置原则为"抓紧翻筑抢护，防止险情扩大"。根据险情出现部位采取不同措施。如跌窝处伴有渗水、管涌、漏洞等险情，采用填筑反滤导渗材料的方法处理。主要方法有翻筑回填、外帮封堵、填筑滤料等。

2.7　漫溢险情处置

处置原则为"泄、蓄、挡为主，快速控制险情"。采取相应措施，提高泄洪蓄洪能力，确保堤坝安全。"泄"是采取临时性分洪、行洪措施将洪水泄流；"蓄"是利用上游水库或其他蓄洪区调蓄；"挡"是采取加高堤坝的工程措施提高堤坝防洪能力。

2.8　崩塌险情处置

处置原则为"抛石护脚，增强堤坝的稳定性"。主要采取缓流消浪、护石固基、提高坡面抗冲刷能力等方法。

2.9　滑动失稳险情处置

处置原则为"上部削坡减载、下部固脚阻滑"。阻止滑坡发展，恢复边坡稳定。一方面在背水面导渗还坡，另一方面在临水面同时采取帮戗措施，以减少渗流，进一步稳定堤身。如堤坝单薄、质量差，为补救削坡后造成的削弱，采取加筑后戗的措施予以加固；如基础不好或靠近背水坡脚有水塘，在采取固基或填塘措施后再行还坡。主要方法有滤水土撑法、滤水后戗法、滤水还坡法、前戗截渗法、护脚阻滑法等。

2.10　决口险情处置

处置原则为"快堵"。在堤坝尚未完全溃决或决口时间不长时，可用体积物料抢堵。若堤坝已经溃决，首先在口门两边抢做裹头，及时采取保护措施，防止口门扩大。封堵方法有多种，既有平堵、立堵、混合堵等传统方法，也有土木组合坝封堵、沉箱封堵、铁菱角封堵等新技术。采取哪种方法需根据口门过流量、水位差、地形、地质、材料供应等条件综合选定。封堵材料尽量做到就地取材，运输方便，供应充足。进占方式可根据现场地形，采取单向进占或双向进占方式，尽量采取双向进占方式，提高封堵效率。

2.11　堰塞湖险情处置

处置办法有两种，对于稳定型堰塞湖，坝体结构比较稳定和坚固，一般采取"自然留存、固堰成坝"的处置办法；对于高危型堰塞湖，坝体极不稳定，存在溃坝险情，可疏不可堵，主要采取"开槽泄流、降低水位"的处置办法。

2.12　闸门损坏险情处置

处置原则为"修拆并举，确保泄洪"。首要是对损坏闸门实施快速抢修，确保闸门正常开启，开闸泄流。在无法及时修复情况下，为保证大坝安全，可采取切割或爆破开启技术，确保正常泄流。

2.13　泥石流险情处置

处置原则为"抑制为主、疏导并重"。采取稳、拦、排、停、疏等措施，控制形成泥石流的水源和松散固体物的聚积和启动，从源头上抑制泥石流的发生，同时通过改造河道，调节泥石流的流向和流态，消减其龙头能量，加快其分流解体，降低其通过保护区河道的流量、流速，确保其安全过境。"稳"是用排水、截挡、护坡措施等稳住松散物质、滑塌体和坡面残积物；"拦"是利用谷坊或拦挡坝在河道中、上游截住泥石流中的固体物；"排"是在泥石流流通段清挖出排导渠（槽），确保其顺畅下排；"停"是在泥石流出口适当部位布置停淤场，避免堵塞河道；"疏"是疏浚溪沟河床，恢复行洪输沙能力。

2.14　风浪破坏险情处置

处置原则为削减风浪冲击力和加强堤坝抗冲能力。通常是利用漂浮物来削减风浪冲击力，或在堤坝迎水面受冲刷范围内采取防浪护坡措施，加强堤坝的抗冲能力。处置方法主要有挂柳防浪、挂枕防浪、木排防浪、大型编织袋防浪和土工膜袋防浪等。

3　险情处置实例

3.1　唐家山和红石岩堰塞湖应急抢险

唐家山和红石岩堰塞湖应急抢险是中国安能近年来处置"高危型"堰塞湖的成功案例，创造了大型堰塞湖抢险的奇迹。

3.1.1　险情特点

（1）皆因地震所引发，突发无序。

（2）堰塞湖集雨面积广、蓄水量大，加之暴雨不断，水位上涨快，应急期短。

（3）堰塞体本身工况极不稳定，被水利部定为"极高危险级"堰塞湖。

（4）地处高山峡谷，余震频发，滑坡不断，道路不通，环境复杂，各种保障难度大。

3.1.2　应急技术的运用

在处置方案选择上，采取"上蓄＋中引＋下泄"的综合方法处置。"上蓄"指协调上游水库关闸蓄水，有效滞洪，滞缓堰塞湖洪水上涨压力，为抢险赢得时间，如红石岩堰塞体抢险行动中，协调上游德泽水库关闸蓄水，拦蓄洪水近 2000 万 m³；"中引"指通过爆破、挖掘等方式形成泄流槽（见图1），降低水位，稳住险情，是堰塞湖排险的关键环节；"下泄"是利用堰塞湖下游各种泄洪设施，提闸放水，腾减库容，滞缓溃坝洪水对下游影响。

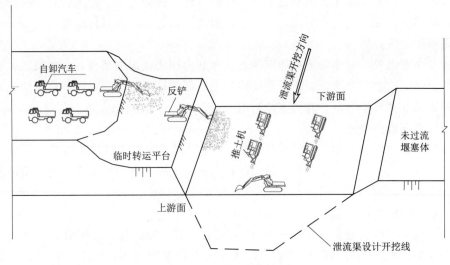

图 1　泄流槽开挖示意图

在抢险通道布置上，针对现场余震频发、滑坡不断、道路不通情况，打破陆地投送单一模式，协调开辟水上、空中运输通道，多维立体投送，确保了人员、装备、抢险物资快速到达。如唐家山堰塞湖抢险，协调利用米-26型、米-171型直升机开设了绵阳某机场到唐家山的空中通道，保障了整个唐家山堰塞湖抢险的人员、设备和物资运输供给（见图2）；红石岩堰塞湖抢险，既在堰塞体左岸下游侧打通陆上道路，也在堰塞体右岸上游侧协调利用某集团军大型渡船开辟水上通道（见图3）。

图 2　利用直升机打通空中通道

图 3　利用渡船打通水上通道

在泄流槽轴线位置选择上，基于堰塞体工况，按照利于开挖、缩短工期原则，尽量选择地质薄弱区域，据此充分利用水流自身的力量达到冲刷的目的。如唐家山堰塞湖泄流槽设计中，选择了相对松软的右侧天然垭口依势布置（见图4），并充分利用水流自身的力量，实现"保左刷右、溯源冲刷、以水攻土、促进泄流"；红石岩堰塞湖泄流槽设计中，突破常规，选择了右岸滑坡体坡脚附近的凹槽处，此方案安全风险大，但相比在左岸开挖减少了开挖工程量近 9 万 m³，保证了抢险进度。

（a）泄洪槽开挖前地形图

（b）泄洪槽开挖后过流图

图 4　堰塞湖泄流槽布置图

在开挖手段选择上，唐家山堰塞体的构成物为土石砾料，大块石较少，开挖以机械施工为主；而红石岩堰塞体地质构成多为喀斯特巨型岩石，在抢险时大胆采用了裸露药包爆破技术，减少了钻孔环节，加快了爆破进度。

在方案动态调整上，针对堰塞湖区域集雨面积广、蓄水量大、暴雨不断、水位上涨快、应急期短的情况，动态调整方案。如唐家山堰塞湖抢险，在泄流槽开挖方案设计上拟定了 3 个泄流槽底高程方案（高程分别为 747m、745m、742m），以应对上游洪水变化。抢险中优先选择高程 742m 方案，当水位上涨过快而无法实现泄流槽底高程 742m 方案时，适时启动槽底高程 745m 方案或 747m 方案，确保处置技术始终与水情态势变化相呼应。

3.1.3 处置成效

唐家山堰塞湖抢险中，经 7 天 6 夜连续奋战，开挖完成一条总长 475m、上游段深 12m、下游段深 13m 的泄流渠，开挖方量 13.6 万 m^3，悬湖之患被彻底排除。红石岩堰塞湖抢险中，连续鏖战 113h，提前 7h 完成泄流槽开挖任务，成功排除险情，确保了人民群众的生命财产安全，此次抢险共抢通道路 71.3km，开挖土石方 29.3 万 m^3，爆破岩石 15.6 万 m^3。

3.2 舟曲泥石流抢险

舟曲泥石流抢险是中国安能在河道疏浚治理的成功案例。

3.2.1 险情特点

（1）因特大山洪泥石流所引发，滑坡体阻塞了河道，形成堰塞湖，淹没了上游城镇，造成重大人员伤亡，破坏形态多样。

（2）时值汛期，暴雨不断，上游河道不断来水，水位上涨快，次生灾害不断发生。

（3）现场破坏严重，电力、交通、通信中断，作业条件差。

3.2.2 应急技术的运用

在处置方案选择上，采取"泄＋冲＋疏"等综合方法进行处置。"泄"是采用挖爆结合方式，开槽泄流，降低水位；"冲"和"疏"是运用水力学原理，计算泥石流淤积体束窄河床、冲刷流速及束窄宽度，因势利导，利用上游来水的动能进行冲刷，实现"束窄河床、水流归槽、动能冲刷"的快速疏通。

在淤积体稳定性评价上，根据泥石流淤积体大小、淤积河床状况及上游洪水情况进行初步的稳定性判断，采取无量纲堆积体指数法，计算评价其稳定性。

在疏通道路布置上，创新使用"路基箱铺垫、掏洗石渣换填"快速形成疏通道路。利用水流夹带冲刷解决混合石渣来源问题，达到就地取材的目的，同时利用铅丝石笼混合进占法和块石混合进占法，快速延伸疏通道路。

在疏通方式选择上，采取长短臂挖掘机配合法、台阶开挖法和左右岸交替进退法组织开挖。

在淤积体处理方式上，前期以掏挖淤积体排放堰体上游积水为主，后期以开挖外运淤积体为主，提高了抢险效率。

3.2.3 处置成效

经过 17 天的连续作战，顺利实现白龙江右岸河道疏浚合龙，开挖出一条长 1200m、宽 42m、深 7m 的泄流渠，将水位下降 3m。

4 应急处置方案研究应把握的重点

4.1 抓住应急处置的"应急期"

应急处置凸显的是"应急性"。"应急期"则是灾情发生后实施抢险的最佳时限。如果在应急期内险情得不到及时有效控制，损失也就不可避免地产生或扩大，所以研究应急处置方案时必须抓住险情的特点规律，把握好相应的应急期。

4.2 做好风险叠加情况下的技术应对

与常规工程相比，抢险现场环境复杂，应充分考虑各风险叠加的最不利因素，做好技术应对。如地震灾情发生后，裂缝、滑坡、渗漏等险情形态可能同步发生，现场往往余震不断，二次伤害随时会发生；泥石流灾情发生后，现场往往伴随暴雨，新的塌方时有发生。处置过程中，应严格实行"三工"制度（即工前教育，工中检查，工后讲评），把"三个每次"（即安全风险每次评，安全培训每次讲，安全监管每次查）、安全风险评估贯穿始终，做好复杂困难局面风险叠加时的安全风险评估、预测预警、隐患治理，落实技术应对措施，这些都是安全打胜仗的关键。

4.3 做好经济性评估分析

应急处置过程中由于抢工期的原因，常采取高强度、超负荷的技术措施，人员、材料和设备资源的投入也都是超常规的，因此在研究应急处置方案时就应对人、材、机和资金等经济指标进行评估分析和综合考量，确保处置方案既快速、合理、有效，也经济实用。

5 结语

应急救援是中国安能最靓丽的名片。转隶以来，中国安能先后出色完成金沙江堰塞湖排险，江西鄱阳、安徽怀宁堤防决口封堵，重庆市九龙坡山体滑坡抢险等 60 多次应急救援任务，发挥了国家队专业队不可替代的作用。但同时也要时刻保持能力危机意识，加强应急救援能力建设，突出专业技能训练、多工种协作训练和不同行动的技战术融合训练，提高遂行应急救援任务的能力。

参考文献

［1］ 聂永华. 浅析水利建设工程防洪抢险技术［J］. 湖南水利水电，2019（5）：31－33.
［2］ 焦爱萍，王慧英. 堤防加固及险情处理［J］. 黄河水利职业技术学院学报，2000（4）：22－23.
［3］ 伍鉴辉. 堤防、闸坝防洪抢险技术的应用［J］. 中国新技术新产品，2013（11）：185－186.
［4］ 邓宏艳，孔纪名，王成华. 不同成因类型堰塞湖的应急处置措施比较［J］. 山地学报，2011，29（4）：505－510.
［5］ 朱建强，欧光华，言鸽，等. 堤防决口机理及其防治［J］. 湖北农学院学报，2000，20（4）：369－373.

［原载于《水利水电技术（中英文）》2021 年 S2 期］

七里河堤坝填筑及河道扩宽抢修技术

张陶陶　王舜立　姜长录

（中国安能集团第一工程局有限公司唐山分公司　河北唐山　063000）

【摘　要】 在抢险现场环境复杂多变、任务调整频繁的情况下，原中国人民武装警察部队（现中国安能集团有限公司）水电第一支队圆满完成七里河大贤村段堤防应急抢修任务。本文详细介绍了各种技战法，阐述了抢险技术难点、主要技战法的应用，重点对左堤复堤、河道扩宽清淤以及大贤桥绕行便道、漫水桥抢建任务作了介绍，同时对抢险安全管理及主要收获进行了梳理。

【关键词】 邢台市大贤村；抢修抢建；堤坝填筑

1　灾情基本情况

2016 年 7 月 19 日晚，河北省邢台市东川口水库流域普降大雨，区间多条支流同时流入七里河；邢台市市区防洪分洪道承接市西部南石门流域洪水，南石门地区 7 月 19 日 8 时至 21 日 8 时累计降雨 427.8mm，两路洪水汇合流量达到 580m³/s，注入七里河，而七里河在大贤桥处迅速变窄，通过能力只有 40m³/s，造成洪水漫过河堤决口，最终导致经济开发区 12 个村进水，25 人死亡，13 人失踪，大量房屋损坏。

2　部队任务及战果

武警水电第一支队投入 217 名兵力、装备 39 台（套）于 2016 年 7 月 25 日 12 时 50 分抵达邢台市，13 时 5 分进入大贤村受灾现场，14 时 5 分受领堤防应急抢险任务，7 月 31 日 6 时，圆满完成左堤 490m 复堤和 260m 河道扩宽清淤。7 月 30 日 20 时担负大贤桥绕行便道及漫水桥抢建任务，8 月 2 日 19 时完成 150m 绕行路和 30m 漫水桥抢建。

完成土石方填筑 38743m³，河道清淤 19685m³，倒运土方 61957m³，掺拌水泥 850t，清理树木 150 棵，装填沙袋 4800 个，场地清理 4800m²，挖掘机削坡 15429m²，涵管铺设 40 节（80m），土工膜铺设 630m²。

3　抢险技术难点分析

（1）外运土方供应不及时，河道扩宽倒运土方含水率大，影响填筑进度。七里河大贤村段左堤 490m 的复堤任务是此次抢险任务的重点，总回填量约 2.7 万 m³，军地联指协调的土场距现场 7km 以上，受开采、交通等因素影响，供料断断续续，河道扩宽倒运土料含水率大，摊铺碾压后形成弹簧土。经与军地联指技术组研究，决定采用"掺拌水泥、固化改良"的措施，经实战检验，效果良好，加快了填筑进度。

（2）受洪水冲刷、浸泡，现场道路和作业面本身含水率大，或堆积大量淤泥，作业难度大。河道扩宽宽度10～20m，长度近200m，淤泥分布范围广，深度不明。经技术人员研判，采用"石渣换填、接力翻渣、挖运配合"的战法；左堤复堤根据实际先后分为3个作业面，下游段作业面道路堆积大量的淤泥，采取"快速挖除、换填石渣"的措施，保证作业面开启。

（3）抢建漫水桥涉及水中作业，不确定性因素多。后期担负的漫水桥任务是在河道中铺设40根涵管，河底淤泥1～2m厚，涵管要求1/2过水，底部必须平整，各种不确定性因素多，作业难度大。

4　主要技战法的应用

此次抢险行动总体分为两个阶段。

4.1　大贤村段河道扩宽及复堤任务

4.1.1　河道扩宽

根据军地联指意图，经多次同设计人员沟通，决定对大贤桥上下游阻碍行洪的狭窄河段进行扩宽，对淤泥较严重的河段进行疏浚。双方技术人员多次细化方案，优化和调整局部河道线形，以期达到平顺美观的效果。

按照"清障疏淤、裁弯取直"的原则，采取"石渣换填、接力翻渣、挖运配合"的战法。对挖掘机易陷区域采取了石渣换填的技术措施，挖掘机沿作业面横向布置，采取开挖、翻渣、甩渣的方式，自卸车运输。开挖底高程以接近河道水面高程为准，开挖边线现场确定，任务完成后，挖掘机平底、修坡。

4.1.2　堤坝填筑

根据军地联指提供的设计方案，要求修复大贤村桥上下游的溃口堤坝，即复堤。新填筑堤坝长度490m，堤顶宽度5m，内外边坡1∶3，堤顶高程58.8m。根据作业面提供情况，在实际抢修作业中，将复堤任务划分为3段，按照上游段、下游段、中间段的顺序作业，并采取"分层填筑、固化改良、逐层碾压、堤头帮戗"的战法。

先对填筑范围内的建筑垃圾、淤泥、坑洼部位进行处理。填筑采用自卸车卸料（外运土料）和挖掘机甩料（河道开挖土料）相结合的方式，推土机平料，碾压机碾压，填筑分层厚度0.35m，静碾4遍，振碾2遍，进退错距法碾压。

受料源、运距、交通等因素影响，军地联指协调的外运土料供应断断续续。立足于自身解决问题，决定采用河道扩宽开挖土料。但由于洪水浸泡，土料含水率偏高，填筑易形成弹簧土，综合考虑，提出了"掺拌水泥，固化改良"的措施，改善土料含水率，提高填筑作业进度。掺拌水泥比例为5%～10%（重量比），根据土料重量，换算成填筑面上掺拌50～100kg/m² 袋装水泥，经实战检验，填筑压实效果好。

原堤受洪水冲刷影响，内坡缺失严重，采用挖掘机甩料、推土机平料的方式对原堤进行帮戗处理，帮戗厚度3m。

填筑面穿过326省道，经同设计人员沟通，对堤防穿沥青混凝土路面进行防渗处理，采用破碎锤凿除沥青混凝土路面；挖掘机沿坡脚开挖 3.5m 宽、2m 深截渗槽；在迎水面铺设 0.5mm 厚土工膜防渗，土工膜搭接 0.1m，焊接连接；最后在坡面压盖袋装土防冲刷。填筑到设计断面后，挖掘机进行削坡、修坡处理。七里河大贤村段河道扩宽及复堤作业投入装备见表 1。

表 1　　　　　　　　　七里河大贤村段河道扩宽及复堤作业投入装备

装备名称	自 有 装 备		当地租赁数量/台	联指协调数量/台
	数量/台	型号		
挖掘机	4	日立 PC360	4	—
推土机	1	SD32	2	—
装载机	1	ZL50C	—	—
碾压机	—	—	1	—
平地机	—	—	2	—
自卸车	7	豪沃 20t	—	15
破碎锤	—	—	—	2
土工膜焊接机	—	—	—	2

4.2　大贤桥下游绕行便道及漫水桥抢建任务

根据军地联指设计人员提供的方案，需在大贤桥下游修筑过七里河漫水桥及绕行便道。

绕行便道采用黏性土回填，含水率高时掺拌 5%～10% 水泥，主要作业工序及方法同复堤。绕行便道表层填筑 15cm 碎石土和 10cm 碎石。碎石土按照 3：7（体积比）比例现场掺拌。漫水桥由涵管过流，宽 10m，由 5 根 2m 长涵管对接形成，长 8m，即 8 排涵管，涵管直径 1m，高出水面 0.5m，桥面铺筑 0.5m 厚砂卵石；漫水路采用块石、碎石进占填筑，高出水面 1m。

采取"抢筑道路、分层回填"的战法修筑绕行便道，采取"抛石挤淤、反铲找平、涵管跟进"的战法修筑漫水桥。

漫水桥部位的河道堆积厚 1～2m 的淤泥，由于挖除淤泥作业量大，不如抛石挤淤效果好，综合考量，采用挖掘机抛填 50～80cm 的大块石挤淤，10cm 左右的卵石、级配碎石填至水下 0.5m 找平，挖掘机吊装、人工配合埋设涵管，涵管接缝处包裹土工布，涵管两端堆放沙袋。

漫水路填筑采用自卸车后退法卸块石、碎石料，挖掘机摊铺，履带行走碾压，水面以上，碾压机碾压。大贤村下游绕行便道及漫水桥作业投入装备见表 2。

表 2　　　　　　　　大贤村下游绕行便道及漫水桥作业投入装备

装备名称	自 有 装 备		联指协调数量/台
	数量/台	型号	
挖掘机	4	日立 PC360	—
推土机	1	SD32	

装备名称	自 有 装 备		联指协调数量 /台
	数量/台	型号	
装载机	1	ZL50C	—
碾压机	—	—	—
自卸车	7	豪沃 20t	5

5 抢险安全管理

（1）加强现场安全管控。抢险现场工作面狭小，紧邻 326 省道，来往车辆、行人频繁，救援装备交叉作业，现场交通压力大，易发生机械伤人、车辆交通事故。通过现场封闭警戒，专人指挥交通等消除安全隐患。

（2）加强夜间作业管理。做好现场照明布置，指挥员和作业人员进入现场必须配备口哨、反光背心、荧光棒，无关人员严禁进入作业面。

（3）做好个人卫生防护。进入现场人员一律戴草帽、佩戴口罩，定时对个人降温消暑，定期对现场进行消杀，严防疾病和疫情发生。

6 抢险主要经验

6.1 技术先行，科学抢险

（1）把握特点，技术工作主导。此次抢险任务重点是堤坝填筑，难点是河道清淤和扩卡。基于这一任务特点，以"道路保通，土方平衡，分段作业，提高进度"为基本原则。打通了进入下游段作业面的道路，确保前期有两个工作面同时作业；向军地联指提出了"掺拌水泥，固化改良"的措施，解决了土料含水率高导致填筑作业缓慢的问题；任务调整、展开之前和每日交接班时，组织人员进行技术交底，轮流安排 8 名技术干部 24h 不间断盯在作业一线，发挥了技术工作主导优势。

（2）适应任务变化，灵活调整技战法。此次抢险，支队担负任务多次调整和增加，不但任务量增加，工作重心也频繁变化，如 7 月 27 日前以上下游段堤坝填筑任务为主，28 日扩卡工作量比原先增加了近 2 倍，工作中心随之调整；30 日凌晨，中间连接段提供工作面，集中力量突击；31 日，受领大贤桥下游绕行路及漫水路任务，回填量大，铺设涵管涉及水中作业；接力翻渣、推土、碾压、削坡、破碎、吊运相互穿插进行，任务的频繁变化，不断给技战法的调整以及排兵布阵提出新的要求，每次任务调整后，支队前指第一时间组织技术人员和大队以上领导召开战地协调会，及时更新战术战法，协调解决难点问题，坚持技术服务到一线，灵活采取"分层填筑、固化改良、逐层碾压、堤头帮戗"的战法填筑堤坝，采取"接力翻渣、挖运配合"的战法进行河道扩宽，采取"抢筑道路、分层回填、抛石护底、涵管跟进"的战法修筑绕行路及漫水桥。

（3）突出装备优势。此次抢险，推挖清运工程量大，共投入推、挖、装、运、碾、破碎等大中型装备 40 余台（套），打的是一场装备仗。填筑土料含水率大，影响作业进度，经联指协调两处借土场，投入 17 台自卸车不间断供土，确保土料供应；河道扩宽涉及河道清淤、开挖，综合衡量时间、成本等因素，最终采取 3～4 台挖掘机接力翻渣、倒运的方法；联指协调的破碎锤在混凝土路面破碎、岩石凿除方面发挥了重要作用。

6.2 未雨绸缪，超前谋划

根据上级命令，在河北省委省政府和属地总队的统一领导下，25 日 12 时 50 分，支队 217 名兵力携带重装备抵达现场，火速建立前进指挥所，安排抢险救援工作，工程技术人员立即开展协调联指进行测量放样、计算工程量、设备选型等工作，为首长决策研判提供技术支撑。提前抽调邢台指挥所、穿漳指挥所 7 名技术人员充实到抢险一线；根据土方平衡、任务变化及实际条件，提前 1 天向联指提出协调接土场、弃渣场、破碎锤等，提前 2 天向联指提出协调土工膜、焊接机、编织袋等；并随着任务、救援重心等因素的不断变化而调整战法运用。此次抢险历时 8 天，是各项工作推进正常，抢险高效。

6.3 军民融合，协同作战

此次抢险行动，有武警水电、交通部队，地方公安、城管、卫生等部门，是地方政府主导下的党、政、军、警、民五位一体的大体系联合行动，现场成立由邢台市军分区政委任指挥长的军地联合指挥部。任务区域位于 326 省道上，来往车辆、行人频繁，主动协调地方交警部门，实施交通管制；中间连接段迟迟无法提供工作面，多次向军地联指强调时间紧迫，最终在 30 日 1 时开始填筑作业；在任务不断变化的情况下，坚持以我为主、为我所用的原则，协调军地联指供应装备和租赁地方装备，做好抢险资源融合保障，为夺取战斗的最后胜利奠定了坚实的基础。

（原载于《水利水电快报》2018 年第 6 期）

北京地区自然灾害救援中的道路抢通施工

康进辉[1]　王洪新[2]

（1. 中国安能集团第一工程局有限公司南宁分公司　广西南宁　530200；

2. 中国安能建设集团有限公司　北京　100055）

【摘　要】　北京地区遭受自然灾害后，易发生道路堵塞、路基塌陷、隧道塌方、桥梁损毁等险情，如不及时排除，将迟滞救灾工作，加重城市灾害次生效应。本文结合灾情引发险情特点，介绍了低点掘进、改道填筑、分层清理、加固回填、围堵排水等施工方法，同时结合多渠道获取灾情信息、多方式投送增援一线等方式，有效排除或遏止险情，恢复道路功能。科学合理的施工方法和强大的保障支援是灾害救援中道路抢通的关键。

【关键词】　自然灾害；应急救援；道路抢通；北京

2012 年"7·21"北京特大暴雨，造成京港澳高速断通，历时 6 天才得以抢通，严重影响了首都的正常秩序，产生了不良的社会影响。深入研究北京地区常见自然灾害特点规律和道路保通救援方法，对于灾害发生时迅速抢救生命财产、降低灾害损失、维护首都社会稳定具有重要的现实意义。

1　北京地区自然灾害种类、特点及影响

1.1　灾害种类

北京地区属典型的北温带半湿润大陆性气候，地处华北平原地震带，由于地形复杂，历史上发生的自然灾害种类繁多。例如：地质灾害有地震、泥石流、地面塌陷、崩（滑）塌、滑坡、土地沙化等；气象灾害有洪灾、旱灾、大风、沙尘暴、冰雹、雷电、凌汛等；生物灾害有虫害、鼠害、病害、草害等。这些灾害中，尤以洪涝和地震最为常见，给北京造成的破坏最大、损失最重[1]。新中国成立后，发生大的水患 20 余次，尤以 2012 年"7·21"特大洪水灾害为历史所罕见。地震对北京的威胁也十分严重，1976 年唐山 7.8 级地震对北京造成的影响烈度也达到Ⅵ～Ⅶ度[2]。

1.2　灾害特点

北京地区水灾多发生于夏秋两季，50％以上与强降雨有关，而暴雨引发的洪水还可能伴生泥石流、山体滑坡等灾害，造成道路被淹、路基被冲毁、桥梁损毁和隧道渗水内涝，导致交通阻断。虽然北京地区较长时间未发生强烈地震，但潜在危险仍不可忽视。城市的现代化水平愈高，其抵御灾害的能力愈薄弱。研究表明，北京地区地震一般震源较浅，即便是 5 级中强地震，也会造成一定的破坏，容易引起道路路基垮塌、路面开

裂、桥梁损毁、隧道坍塌等次生危害。北京作为城镇化发展水平很高的超大型城市，人员集中、高楼林立，地下基础设施多元，其发生的洪灾和震灾具有广泛性、区域性、极大破坏性，且难恢复，一旦突发洪涝或地震很可能造成惨重损失，在短时间难以控制与恢复。

1.3　灾害影响

重大洪涝或地震灾害发生后，城市主要道路往往出现拥堵，造成不断攀升的庞大运量与交通使用率下降之间的严重矛盾，致使物资与伤病员的运送等工作难于实施；大量物资和人员的滞留，造成交通拥挤或者中断，有可能引发城市局部社会矛盾；救援行动可能推进困难甚至停滞，进一步加重城市灾害次生效应，造成巨大的间接经济损失。例如，2012年7月21—22日，北京及其周边地区遭遇61年来最强暴雨及洪涝灾害。根据北京市政府灾情通报会的数据，降雨导致北京受灾面积16000km²，受灾人口190万人，全市95处道路因积水断路，房山区12个乡镇道路中断，妙峰山路、G111国道发生山体塌方，经济损失达数百亿元。

2　道路抢通对策和思路

2.1　洪涝次生灾害救援

2.1.1　低点掘进法疏通淤泥堵塞道路

洪涝灾害后，通常会造成淤泥堵塞道路。发生大的洪灾时，一些区域的淤泥堆积很可能超过2m，由于淤泥太软承载力太低，挖掘机无法直接通过和开挖，利用自卸车拉运又缺乏有效工作面。面对这种情况，主要采取低点掘进方法进行处置。低点掘进方法主要适用承载力过低的堵塞物疏通，淤泥具有流动的物理属性，堆积能力差，必须弃置于低洼地带。疏通此类堵塞物体，首先要找到堵塞区域的最低点，从最低点开始清除或弃置。当堆积物体较少时，可利用推土机、装载机配合挖掘机提高清除效率；当道路堵塞较长时，采用两台挖机相互倒运，淤泥清除至较少时，再配合装载机推加快清理速度，直至最终将所有淤泥全部清除至低洼地带。

2.1.2　改道填筑法修复被掏空路基

洪水灾害中经常会出现道路路基被掏空现象，路面水泥板失去路基支撑而损毁，大型机车设备无法通过，对此可采用改道填筑法进行处置。改道是指将水流冲刷方向改变方向，避免在同一位置扩大掏空面；填筑是指用沙袋或石料等坚实物体对掏空区域进行填筑。具体作业时，应沿水流方向的上游填筑堆积物，促使水流改道，避开掏空面，开辟工作面；在掏空路面下方打木桩支撑路面，避免路面突然坍塌；利用人工填充沙袋，逐步将掏空区域全部填实；最后在外围填筑石料作为锥坡，放置外层沙袋防止失稳滑落。如遇高山道路路基被掏空，因山体下方高差大，即使填筑也很难稳固应采取挖掘甩渣的方法向山体内侧拓宽，在被掏空段设置警示标志，避免事故发生。

2.1.3　分层多点掘进清理高山道路塌方

北京北部多山区，道路纵坡和转角均较大，如遇道路塌方，通常工作面狭窄，应采用分层多点掘进的方法进行清理。分层推进是相对于整体推进来讲的，整体推进是将道路堵塞面全部清除后再继续推进，而分层次推进是将道路堵塞面划分为多个层次。第一台挖掘机先开挖堵塞体的最上层，然后直接向前推进；第二台挖机开挖中间层堵塞体，向前推进；随后第三台挖机清理最底层堵塞体，向前推进；3 台挖机可以拉开距离，相互策应。有条件的路段，可以利用推土机、装载机配合作业以提高清理效率。

2.1.4 筑坝围堵、截流导流排除内涝险情

北京城市规模大，道路密布、低洼点多，在暴雨中极易遭受内涝灾害。2012 年"7·21"暴雨中城区 95 处道路因积水断路，南北双向主路因为积水无法通行，多处重要节点道路枢纽中断。全市主要积水道路 63 处，积水 30cm 以上路段 30 处。针对重要路段内涝险情，排除积水是关键，一般采取封堵与抽排相结合的方式。封堵主要采用沙袋在来水方向筑堤，"阻断"来水通路；排水一般采用地下管网排水与开槽引流、机械抽排相结合的方式进行，达到减少积水量，降低水位的目的。因北京地区 2016 年 7 月 19 日普降暴雨，局部地区 24h 最大降雨量达 400mm，京港澳高速丰台区南岗洼段（K16＋450～K16＋900）发生严重路面积水，与京广铁路交汇处积水达 3.5m 以上，积水量超过 4 万 m^3，造成京西南大动脉中断，大量人员车辆受困。抢险过程中，上边坡外侧的排水渠水满外溢，不断向积水区汇集，距积水区 7km 处的小清河水位猛涨，倒灌至公路低洼积水带，导致积水区水位快速上涨。抢险力量在积水区上游垒筑长 20m、高 6m 的沙袋堤，截流小清河倒灌水。同时，在护坡顶部垒筑长 80m、高 2m 的沙袋堤，导流排水渠积水。排水方面，由于积水路段为凹形曲线路堑，纵坡较大，路面与护坡顶高差达 10m，自身排水设施远不能应对强降雨，且地势低洼，四面汇水，唯一的排水方式就是低水高排。为此，利用排水装备由浅水区向深水区逐步推进，将低洼积水向上边坡之外 180m 处抽排。出动吸水排水抢险车持续排水，截至 7 月 21 日 13 时 30 分，累计抽排积水 42800m^3，垒筑沙袋 3000 余个，抢通道路 450m，疏通车辆百余台。

2.2 地震次生灾害救援

2.2.1 多措并举疏通堆积物堵塞道路

根据堆积物的体积、类型、范围及现场地形特点，采取不同抢通方法开辟通道。当山体滑坡坍塌于路基上的堆积物较少时，可采取"单向突入，一线平推"的方法，沿道路曲线直接清障疏通，通常按照"1 机 3 人"编组，即 1 台机械配 1 名指挥员、1 名操作手和 1 名安全员。指挥员伴随机械指挥作业，安全员在适当位置观察预警。当堆积物较多、坍塌段落较长、短期不宜清理时，采用"划区分片，分段掘进"的方法，遵循"自上而下、调坡疏通，以通为主"的原则，科学编组灾害现场各类救援机械。一般采用挖、装机械配合，对向突进作业方式，先清理出简易通行车道，待疏通受阻车辆后，再组织机械对道路堆积物进行彻底清理，恢复原路貌。当道路被巨石阻塞，或边坡危石造成安全威胁时，可采用"爆破解小、快速除障"的方法进行排险、清理。

2.2.2 加固回填处理路基塌陷险情

当路基边坡塌陷较严重、车辆无法通行时，通常采用"钢笼挡护、层级回填"的方法实施抢通。该方法主要适用于路基边坡部分沉陷、基础仍较稳固等情况，采取先钢筋石笼对路基边坡加固防护、后回填砂砾土平整路基的方法实施。钢筋石笼吊装放置时，采用逐层、错位、顺坡的放置方式，按照先坡脚、后坡身，上层钢筋石笼与下层钢筋石笼横向错位、竖向顺边分层放置，达到整体稳固、边坡防护有效的目的，必要时可灌注混凝土提高

防护强度。路基回填时，采取就近取方、层级回填、逐层碾压的方法，按照层铺厚度不大于 30cm、直线段由两侧向中央、曲线段由内侧向外侧的要求进行碾压平实。

2.2.3 修复与重建结合处置桥梁损毁险情

根据桥梁受损情况，通常采用"原点修缮、复桥通行"和"精准选位、钢桥跨越"的方法实施抢通。"原点修缮、复桥通行"适用于桥梁上部结构损毁、下部结构完好的情况，利用原桥墩台架设钢架桥实施抢通。架设钢桥时，先对原墩台表面进行处理，再按照测量定位、平（摇）滚定点、架设引桥、架设主桥、推桥、拆除引桥、落桥、铺设桥面板、搭设桥头搭板的顺序实施。"精准选位、钢桥跨越"的方法适用于桥梁整体损毁，需重新选位架桥的情况。按照"桥径跨度最小、架桥最便捷、基础最稳固、接线最短"的原则，根据行车荷载需求，在原桥附近适当位置确定桥位、开挖基坑、搭建桥台、架设钢桥，恢复通行。

3 道路抢通中应把握的重点问题

3.1 多渠道获取灾情信息

（1）信息共享。积极与当地气象部门、公安、交警部门建立信息共享机制，实时获取沿线气象、道路通行等信息，为准确研判灾情、制订方案、遂行任务提供依据。

（2）实地踏勘。到达受灾地域后，迅即派出勘察人员进行实地踏勘，运用先进的高科技装备准确获取数据，研判灾情。

（3）积极向当地居民了解灾情。通过走访群众、借助当地村镇基层政府组织等方式，了解周边道路交通、物料分布、河流水运等信息，拓宽信息获取渠道。

3.2 多方式投送增援一线

力量投送中应按照"就近派遣、梯次投送、突出重点"的增援投送方式。首先派出技术人员对灾害现场进行勘察，其次及时抽调灾害地附近救援队伍、机械装备进行先期处置，防止灾害进一步扩大；而后根据灾害特点及发展趋势，组织后续力量、物资分梯次实施一线增援，防止因现场作业空间狭窄，人员、装备、物资过多，抢险作业难以有效全面展开，影响道路抢通工作进展。

3.3 多手段保障通信畅通

受通信波段、频率、信号覆盖等因素影响，在道路抢通中难以做到实时联通。因此，在抢险保通中要认识到通信保障的重要性，大力加强信息化条件下通信能力建设，突出以无线通信为基础、以有线通信为支撑、以卫星通信为延伸，确保道路抢通中通信联络实时畅通、沟通高效。

3.4 多方面落实安全措施

抢通保通作业前，要结合担负不同任务、不同环境的安全工作实际，搞好针对性教育，切实增强一线人员的安全常识和安全意识，提高自身安全防范能力。作业中，一线指挥员要提前勘察施工现场环境，加强作业现场安全检查，根据作业现场实际预设 1～2 个紧急避险点，并组织演练，确保遇有险情，能及时有效规避。作业后，要组织搞好总结，及时发现存在的问题、归纳好的经验做法。

参考文献

［1］ 罗保平. 北京历史上的自然灾害 ［J］. 前线，2009 (3)：61 - 62.

［2］ 任振起. 北京地区的历史地震 ［J］. 国际地震动态，1996 (9)：34 - 35.

（原载于《水利水电快报》2018 年第 6 期）

中洲圩决口封堵抢险方案及关键技术措施

范思坚　　汪熙平

（中国安能集团第二工程局有限公司厦门分公司　福建厦门　361021）

【摘　要】 2020 年 7 月 9 日，江西省鄱阳县中洲圩堤因持续强降雨而发生了宽度 188m 的重大决口。中国安能临危受命承担决口封堵任务，确定了机械化、双向立堵的抢险方案，并采用抢通抢修道路、抛填法抢筑裹头和双向戗堤进占等重要技术措施，实现了快速封堵的目标；同时总结出有效可行的技术措施，可为类似险情处置提供有益的借鉴参考。

【关键词】 决口；抢险；施工技术

0　概况

中洲圩为万亩大型圩堤，辖有 15 个行政村，堤防岸线设计总长 33.72km、圩堤设计的保护区域达 23.80km²，保护现有耕地 2.21 万亩、人口 3.4 万，设计洪水标准是 10 年一遇。受到汛期持续降雨影响，2020 年 7 月 9 日晚 21 时 35 分许，鄱阳县中洲圩堤发生了决口灾情，决口长度达 197m，决口底面至堤顶垂直距离平均 9m、最深处 11m，堤岸附近房屋全部被淹，周边百姓受灾严重。应江西省防汛抗旱指挥部的要求，中国安能第二工程局有限公司临危受领了鄱阳县昌洲乡中洲圩封堵决口复堤的任务，并迅速响应，从福建厦门、江西南昌各方向调集了 176 名抢险专业人员投入到封堵作战中，经过各级连夜奋战，决口于 7 月 13 日晚顺利合龙，安全顺利完成鄱阳县抢险工作。

1　应急封堵设计方案

发生决口的主要原因是决口堤段断面处未达到设计要求，且堤身存在生物洞穴（如白蚁巢、鼠洞等）及其他大量隐患，在超标准洪水影响下，堤身形成渗漏通道并发生涌水，而后堤防溃决。决口封堵较常采用的方式有三种，即平堵、立堵和混合堵。其中，平堵、混合堵通常需要在龙口搭建临时桥梁设施，适用于流速流量小、水流条件佳、拥有充裕准备时间的决口。立堵法作业更为简便，无须搭建浮桥或栈桥，适应性更强、效率更高，有利于节约准备时间，除对河床地质条件有要求外，是极其有效的快速封堵方法[1]。中洲圩决口处的流速为 2.0～2.5m/s，堤顶宽度 4m，迎、背水面的坡比为 1∶2.5，决口长度约为 188m，并且可能有继续扩大的趋势。本着迅速封堵中洲圩决口的基本原则，结合中国安能技术设备的优势，综上分析，决定采用"双向进占，水上抛填"的立堵方案。先在决口和料场之间抢通临时道路；然后用自卸车将封堵填料卸运至决口两侧的堤头，随后采用推土机进行推填;与此同时决口两侧的机械装备同步作业,采用立堵法快速封堵;最后分别抛填黏土及反滤料至迎水面,压实以防渗闭气。

2 应急封堵作业方案

2.1 作业特点

决口封堵作业时间紧、任务重,涉及工序较多,机械装备协同要求高,现场安全风险大,按照"统一指挥、科学调度、安全高效、迅速封堵"的原则进行处置。

2.2 作业准备

根据抢险作业的特点,作业平面依据现场条件因地制宜地进行布置。

(1)指挥所:按构成要素设置齐全,布置于场地西南角,在现场临时搭设帐篷。

(2)料场:料场按料场开采规划原则就近选择;临时堆放的石料、反滤料、黏土布置于场地西侧。

(3)作业道路:如前所述,左、右两侧堤头至料场开通的临时道路宽度7m,封堵作业前,先将临时道路与左、右两侧上堤道路相连处加宽填筑至12m,为机械、车辆调头提供场地;北侧乡道每间隔100~200m及道路转弯处修筑错车平台。

(4)用电用水保障:指挥所及钢筋笼加工厂的临时用电保障由配备的应急电力车(154kW)提供,现场作业面的临时用电由配备的移动发电机(20kW)提供;临时用水保障由配备的净水车提供。

(5)通信保障:通信以对讲机为主,设专人进行保障。

2.3 作业步骤

决口封堵的部署按照灾情侦察、场道修整、堤头稳固、戗堤进占、决口合龙、加高培厚、防渗闭气的工序进行。

2.3.1 灾情侦察

(1)指派专人与当地气象和水利相关部门进行联系,及时了解当地的雨情、水况。

(2)定期对决口口门水位、水深、流速、宽度以及流量等进行测量,绘制口门的纵、横断面图,施测频次一般为1~2h1次,口门合龙期间应增大监测频率,并密切注意水位和流速[2]。

2.3.2 道路修整

2020年7月9日晚正式受领中洲圩决口封堵任务后,当晚立即对现场的道路进行了修整完善,结合现场条件每间隔100~200m处和道路交叉口修筑错车平台,在每间隔1km左右的地方设置会车点,为抢险施工创造了良好的道路条件。

2.3.3 堤头稳固

经过勘察,两端的堤头出现了裂痕且堤头底部被持续冲淘,堤头极不稳定,决口区域有逐渐扩大的趋势,为防止灾情恶化,首先应当采用抛填法对堤头进行抢筑。按照快捷方便的原则就地取材,通过推土机、自卸车将大块石、编织袋装土石等抛填材料运输至现场,再使用推土机进行推填、反铲修整稳固[3]。堤头稳固作业时,抛填应首先向堤头迎水面抛投,以挡住水流的正面冲刷,保持堤头稳固,然后由迎水面向堤头处直至背水面包裹,挡住水流对堤头的冲刷和回流对堤背的淘刷[4]。抛填法示意图如图1所示。

2.3.4　戗堤进占

为加快戗堤进占速度，采用双向进占，作业从决口两侧进占，利用大型挖掘机装土，自卸汽车运土，再使用推土机逐次铺开土料、压平，振动碾压实。至于水下部分则采用推土机一次性推填到位，水上部分采用分层填筑。利用自卸汽车运输，推土机推填至下游侧水上 50cm，双向进占直到决口两侧距离为 3～5m，并及时修整戗堤，维持稳固，行车无阻碍。同时测量人员检查工作应同步展开，确保封堵方案要求得到满足。

2.3.5　决口合龙

此步骤为封堵口门的关键步骤，待决口口门收缩至 3～5m 时，采用石块或钢筋笼进行合龙。根据测量结果得到口门处流速，挑选对应的石块粒径，将截流材料备好，于龙口两侧堆放，使用推土机从两侧协同向内推填，完成合龙。若口门流速过大、块石粒径不足以满足封堵条件，将至少两个钢筋石笼用同根钢丝绳串在一起组成钢筋笼串后，推入口门，以抗冲刷，然后继续抛块石、石碴、土料等开展合龙作业。图 2 为决口合龙作业现场照片。

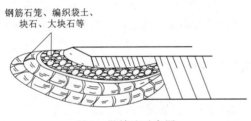

钢筋石笼、编织袋土、块石、大块石等

图 1　抛填法示意图

图 2　决口合龙作业现场照片

合龙后，平整戗堤至水上 50cm，随后按照静压 1 遍、动压 2～4 遍、静压 1 遍进行作业。作业过程中采用错距进退法进行碾压。作业的压路机时速不高于 4km/h 且要平行于堤轴线碾压。

2.3.6　加高培厚

封堵完成后，按照设计断面及时戗堤合龙后进行加宽培厚，设计断面如图 3 所示，作业时先培厚再加高。采用自卸车将土石料运至堤头，卸下填料后，推土机配合推入上游一侧，而后进行碾压（碾压方法及要求与决口合龙相同），培厚决口上游侧。以上流程完成后加高，推土机推平自卸汽车送至堤头的填筑料，直至要求标高，验收合格后进行压路机碾压，参数同 2.3.5 决口合龙，然后进行水上部分第二层填筑。

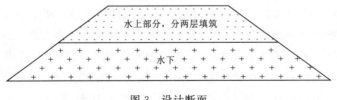

水上部分，分两层填筑

水下

图 3　设计断面

2.3.7 防渗闭气

因戗堤进占采用的材料通常仍可透水，合龙后局部渗水量仍然很大，堤防有可能产生二次决口，故应立刻进行防渗闭气。作业时先填反滤料后填黏土料，按顺序推填至戗堤迎水面，反铲进行修坡整形。根据设计要求，反滤料300cm、黏土700cm厚填筑，应尽可能向水中延伸，为加快防渗闭气效率，两台挖掘机分两段同时实施。

3 应急封堵关键技术措施

3.1 抢通抢修道路

中洲圩堤身堤基土质情况不佳，顶部道路狭窄，雨水长时间浸润后无法满足大型设备施工的要求，需修缮。现场情况显示，运输左侧堤头填筑料主要依靠连接料场的条件相对优越的堤顶临时道路；右侧堤头填筑料的运输则需要经由北侧村道和与其相连的临时道路，运输条件相对恶劣[5]。龙口堤顶宽度约为4m，堤顶可以安全通行的宽度为2～3m，只能满足单车道通车，大型车辆装备难以调头，因此将同左右上堤道路连接的少数临时道路加宽填筑到12m便于自卸车转向。右侧堤头填筑料的运输要经过北侧的南陈村村道，但其因受灾只能单车道通行，为保证填筑进度，结合现场条件，在转弯道路处每间隔100～200m修筑错车平台，每隔1km左右设置一个会车点。由于抢险道路土质差，路基被掏空，随时有崩溃的风险，为保障抢险道路的运输条件，沿线重要部位布置挖掘机、推土机进行道路抢修。挖掘机、推土机等大型装备进场时间久、震动大且极易压坏道路，为保证抢险速度，部分大型装备采用动力舟桥运输进场。

3.2 抢筑裹头

裹头是用抗冲材料将决口口门两侧的断堤头裹护起来的一项措施。其主要作用是防止断堤头持续性、无限制崩塌，不致使口门进一步扩大；次要作用是为随后的堵口提供安全稳固的阵地[6]。实施决口封堵必须先抢筑裹头，同时必须在大流量、高水位下进行。因此，堵口的裹头技术非常重要。抢筑裹头要依据不同决口处的水位差、流速及决口处的地形、地质条件，制定合理高效的办法。这里重要的是满足抗冲稳定性需求，因此需要着重物色合适尺寸的抛填物；为满足施工要求，在裹头形式的选择上，通常在水流和土质条件好的区域，可在堤头的周围进行打桩作业，桩后进行抛石裹护或填柳、柴料厢护。在水流和土质条件不佳的区域，则要采用石笼等来进行裹护，以增加抗冲能力。除了传统的桩基方法，还可以采用螺旋锚方法进行施工。螺旋锚杆首部附带特殊锚针，能迅速铺设入土，并且具有较好的竖向承载能力和侧向抗冲能力[7]。为挡住急流的正面冲刷，减缓堤头的崩塌速度，首先在堤坝迎水面安装两排固定根数的螺旋锚，再下抛沙石袋；而后，从堤头处包裹向背水一面安装螺旋锚各两排，利用下抛的沙石袋减少急速水流对堤头的冲刷和对堤背的淘刷。同时还有一种采用橡胶布裹护或土工合成材料的施工方案，将以上材料铺开，在其四角固定锚或其他低浮力高质量的物体使其下沉定位，与此同时采用抛石等方法将其压实。等待裹头初步稳定后，再进一步加固，一般可以通过打桩等方法加固。现场决口最大水流流速2.5m/s，对照不同粒径块石与其抗水流冲刷流速对应关系（见表1），宜抛投粒径为0.3m以上块石，同时抛投碎石、土渣料等抛填材料进行裹护，稳固堤头，防止决口进一步扩大。

表1 不同粒径块石与其抗水流冲刷流速的对应关系

序 号	块石粒径/m	水流流速/(m/s)	序 号	块石粒径/m	水流流速/(m/s)
1	0.10	1.62	8	0.80	4.58
2	0.20	2.29	9	0.90	4.86
3	0.30	2.80	10	1.00	5.12
4	0.40	3.24	11	1.10	5.37
5	0.50	3.62	12	1.20	5.61
6	0.60	3.96	13	1.30	5.84
7	0.70	4.28	14	1.40	6.06

3.3 进占堵口

封堵进占时先形成封堵抢险施工平台，此平台主要用于装备布置、卸料、掉头等。为防止水流冲刷，施工平台迎水面采用大中块石保护。在平台处自卸汽车排成两路纵队的队形，其中靠下游侧设一路，上游侧留一条空车返回道。以不同标识标志不同材料车队，堤头指挥人员根据标志按要求指挥编队、卸料。封堵采用反铲挖掘机挖装，自卸汽车运输，推土机配合施工。抛投方法采用集中推运抛投、直接抛投等方式。采用自卸汽车进行直接抛填，控制自卸汽车与堤头距离，应在不少于2.5m处进行卸料作业；采用堤头集料、推土机赶料填筑，自卸汽车与堤头前沿边线距离应控制在6～8m处进行卸料作业。堤坝侧边2.5m属于安全警戒距离，此范围内不允许任何机械设备及指挥人员滞留[8]。流速较小段，主要采用中石及石渣混合料全断面进占的方法[9]。进占中堤头流失抛投材料时，则在堤头进占前沿的上游挑角抛投部分大中块石，在这些大中块石的保护下，堤头水流在下游侧形成回流缓流区，随后在堤坝轴线的下游侧和上游侧抛填中小石。流速较大段，采用大块石料抛入上挑角上游侧，以形成较大滞流区，通过其保护，再抛填石渣料在下游侧。抛投进占时，根据堤头边坡稳定情况，尽量直接将大石抛入水中，同时，前沿上的大块石串、特大石，用大马力推土机推入水中。封堵抢险时，抛投料高于水面水平线时，应当及时采用石渣加高，碎石铺筑堤坝顶，并对路面进行专门养护，确保阴雨天大型车辆能在封堵抢险施工道路通行无阻。决口封堵后，为减小决口渗流量，在决口迎水面抛填黏土料防渗，空隙较大的部位，先抛填中石及石渣料，形成反滤过渡区之后，再抛填黏土料防渗。中洲圩进占堵口推进过程中，为稳步快速推进戗堤进占，减缓水流冲刷的影响，提高戗堤端头稳定性，同时减少抛投料流失，戗堤进占水下部分抛填粒径50～100cm块石、碎石、土渣料，由推土机进行水上部分铺料，按照0.6～0.8m分层填筑、压实。单侧进占最快速度50车/h，平均每车用时约72s，抛投强度约为300m³/h，日最快进占速度1000车/天，共抛填土石料2.3万 m³。

4 应急封堵质量控制要点

（1）戗堤进占。挖掘机反铲操作规范，装料次序合理，装料量控制得当；临时道路需安排专人和装载机进行维护，及时清理因运输颠簸撒出的抛投料，及时平整道路；自卸车运料时车速不超过20km/h，防止填筑料被沿途抛洒；推土机进占操作规范，填筑料推进位置准确。

（2）合龙作业。合龙作业时，工程师依据设定的水流流速合理选定合龙封堵块石。

（3）加高培厚。戗堤合龙后，加高培厚应当按照设计断面尺寸严格执行。加高培厚作业每层摊铺后碾压，在及时报请验收并验收合格后方可进行；轴线允许偏差±10cm，堤顶高程不得小于设计高程，堤顶宽度不得短于设计宽度；碾压时轮迹重叠宽度不得小于压路机后轮宽度；注意坡面应修平整实，坡比1∶1.5。

5 应急封堵安全措施

坚持把安全工作作为基础和保底工程，安排经验丰富、责任心强的人员，对各作业面的安全工作负责，逐级落实安全责任到各岗位，形成了责任人覆盖各作业面的安全网络体系。制定下发抢险期间重点工作管理规范，加强作业过程中安全教育，组织安全技术交底，开展现场安全巡查，确保现场作业安全有序。在安全投入方面加大力度，采购警戒带、提示牌、夜间反光服、荧光棒、手电筒等安全设施，有力保障夜间作业安全。规范临时营区设置，设立临时岗亭哨位，规范工作生活秩序，实现了抢险现场规范有序。由于封堵抢险期间车辆装备行动多，属于事故多发时段，务必做好安全防范工作，包括路标、警戒牌、安全标语、安全巡逻车、警戒人员。尤其是转弯处，必须有专人警戒、看守值班，配备安全旗、安全哨。施工现场道路要求坚实平整，保持畅通，危险区域需设标识牌，在车流量大和公路交叉口的地方设专人指挥。持续做好疫情防控，重点抓好个人防护、营区消杀等，确保人员身体健康和安全稳定。

6 结语

快速高效地实现堤防决口封堵是中国安能抢险救援队伍的一个重要课题，堤防决口抢险时间紧、任务重、抢险施工环境险恶，需要根据不同的险情环境选择不同的抢险方案。中洲圩决口应急封堵抢险根据抢险施工环境条件，制定了机械化双向立堵的抢险方案，并采用抢通抢修道路、抛填法抢筑裹头、双向戗堤进占等关键技术措施，为成功封堵提供了有利的技术保障。中洲圩决口应急封堵抢险是非常成功的堤防决口封堵案例，也对今后的堤防决口封堵起到参考借鉴的作用。

参考文献

[1] 王正楠，张利荣，刘剑. 向阳圩决口封堵抢险方案及施工关键技术 [J]. 水利水电技术，2017，48（S1）：16-20.

[2] 周磊，李丽，王蒙. 侦测工作在水利灾害应急救援中的应用 [J]. 水利水电快报，2018，39（6）：35-39.

[3] 郭俊波，李彬，陈涛. 雅鲁藏布江扎西热念防洪堤决口封堵设计 [J]. 中国水运，2016，16（10）：159-161.

[4] 张海英，徐昂昂. 唱凯堤决口封堵应急抢险施工技术 [J]. 水利水电技术，2011，42（9）：46-49.

[5] 吴国如. 唱凯堤决口应急封堵抢险施工技术与组织管理 [J]. 水利水电技术，2011，42（9）：2-5.

[6] 李希宁，孟祥文，李莉. 黄河堤防堵口裹头技术研究 [J]. 人民黄河，2003（3）：28-29.

［7］ 满卫东，孙英文，王亮. 堤防决口抢险的实施方法［J］. 黑龙江水利科技，2005（3）：127.

［8］ 宋洋，郭俊波，李彬. 拉洛水利枢纽高落差截流技术措施［J］. 中国水利，2016（20）：54－55.

［9］ 韩春影，李茜，李高正. 观音岩水电站三期截流设计与施工［J］. 水利水电技术，2013，44（5）：4－6.

［原载于《水利水电技术（中英文）》2021 年第 S2 期］

福建闽清抢险装备汛期驻防技法综述

秦　宇

（中国安能第二工程局有限公司厦门分公司　福建厦门　361021）

【摘　要】　鉴于近年福建洪涝灾害频发，大型抢险救援装备机动时间较长严重影响救援效果，如何采取有效措施变被动为主动从而缩短救援准备时间值得探索研究。针对以往灾情特点和发生规律，推行主动驻守防御，主要通过采取汛期提前派遣装备力量驻防的方式主动防御灾害发生，降低风险隐患和灾害程度。本文结合装备分队驻防闽清的实例，以河道整治为主要内容，综合阐述相关战技法，并结合具体方案做初步总结和探索。将总结经验和探索技术方法推广运用后，5 年来闽清当地及周边地区未发生类似自然灾害。

【关键词】　汛期；救援装备；驻防；技法

0　引言

近年来福建省气候异常，发生多次受洪涝灾害。尤其是 2016 年 7 月，台风"尼伯特"造成福州市闽清、永泰等县区突现暴雨、特大暴雨天气，灾情严重，造成大量人员伤亡、房屋损毁，全县约 30％人口受灾，直接经济损失 52.3 亿元。灾害发生后，原武警水电六支队迅速从厦门派遣救援力量前往抢险救援，并开展灾后重建行动。

事后分析灾情原因[1]，其中包含：天气异常恶劣，县区内救援力量相对不足，支援力量距离较远且交通不便，救援装备机动时间较长[2]。为防止灾情再次发生，受当地政府委托、经上级审批，在第二年汛期来临前，武警水电六支队于 2017 年 4 月主动抽组机械装备分队进驻县区防范，以便在汛期恶劣天气出现后第一时间做好应对处置[3-4]。

武警水电六支队进驻后并未将机械装备放置驻停场地消极等待突发事件发生，而是利用预判灾害来临前的宝贵时间迅速组织备战活动；充分勘察、侦测，细致部署，多方协同；制定了战法并采取了相关技术措施提前开展一系列行动；减少或消除了灾害风险隐患，降低了可能造成危害的程度，提高了应急处置能力，为装备分队打赢抢险救援战役打下良好基础。

1　驻防基本概况

1.1　装备分队

原武警水电部队专业中队主要分为挖装中队、钻爆中队、浇筑中队、钻灌中队、电网中队、安装中队 6 类[5]。其中挖装中队是抢险装备主力，当时标准配置有：挖掘机、推土机，装载机、振动碾、自卸车、挖装综合作业车。挖掘机、推土机每台装备配置 3 名操作手，抢险救援时可 24h 作业，其他装备配置 1～2 人。执行任务前，根据预判险情具体情况，成建制抽调相应专业中队或从中抽组部分装备和人员临时成立应急救援装备分队。汛期应急装备主要抽调挖装中队。在上述闽清灾害抢险和汛期驻训中，应急分队的装备主要由六支队所辖的两个挖装中队抽组。

1.2 汛期驻防

以洪涝为主的灾害事件随降雨有很强的季节性、地域性规律，可以将灾害发生后从被动调运抢险转变为主动布控预防。在主汛期根据掌握的水文气象资料和动态，按照水利部的部署安排，部队结合贴近实战的训练，前线指挥所带专业中队预先驻扎在有可能发生灾情的区域，边训练边待命[10]。应急救援装备预先驻防的模式在防汛实践探索中逐渐形成[6]。

2 技法综述

2.1 现场勘察，提前铺垫

装备分队进驻后技术人员首先细致掌握当地水文资料和水务、气象部门提供的信息，同时全面和细致地做好实地勘察，详细记录，相互结合，形成自身系统的数据库，分析各隐患危害程度以及处置重点区域，有的放矢做好筹备和预案[7]。

之后为装备应急救援行动进一步做相关铺垫工作，具体有：①在河道转弯处预估急流拥堵范围，选定装备进入阵地的路线和通道，清除装备挺近通道中的障碍；②开辟临时道路或提高现有交通运送能力；③发掘材料来源，现场记录若干取石点，采砂点；④根据灾害隐患点选取若干前沿指挥所布置点（学校、社区会议室、庙堂等），甚至做了简单设施布置；⑤充分利用现有资源拟订了处置现场临时用水用电方案；⑥根据想定处置方案选定了安全的线塔、建筑基础等固定救援绳索的设施。这些铺垫工作对应急处置行动十分重要，可进一步节约救援时间。

2.2 实地训练，准备应战

进驻防御区域后，装备分队选取合适场地停放机械、设备、材料，安顿人员。结合实地情况展开有针对性的训练，提升自身技能水平。训练主要分为场地操练和实地演练。

2.2.1 场地操练

主要提升操作手掌握装备操控能力和配套装备联合处置水平。根据现场勘查情况想定灾害发生的种类和规模，利用现有土石方材料，操作手有针对性地操练单机。将驻停场地做适当改造，建设简易训练场进行多机联合装卸训练，从而实现最快效率铺筑围堵、打通泄水道、清理滑坡土方、局部抽排水、搭设救援通道等任务能力目标。同时测量、照明、供给装备设备也可以做配合训练。工程技术人员负责专项技术培训，对操作手及现场指挥、安全员做好技能培训和方案交底[7]。

2.2.2 实地演练

场地操练成熟后就近选取河道某段做前置模拟演练，演练紧密结合实际情况制定预案。初期进行装备运输、涉水、渡河等尝试性训练，后有序组织了引流排水、清除障碍、加固堤岸、运输装卸、人员转移、后勤补给等模拟演练。演练过程要把握程度，务必在政府划定范围内开展，既要尽最大提高其真实性，又要保证不损坏现有水利、交通、防汛等工程设施，减小对当地农田和植被的影响。

2.3 联合防控，军民融合

灾情发生后需要救援和处置力量做好沟通交流，成立临时指挥部统一指挥，从而充分、快速发挥各方面设备优势。分队进驻后迅速联合当地水利局、河道管理局、气象部门、乡镇政府、武装部、消防中队、派出所、村委会、地方防汛应急队伍、当地医护卫生队等共同制定应对汛期紧急情况的对策，形成联合指挥部对应急处置力量统一领导，从分控区域和任务上对各单位做了细致分工。从而对各方面装备力量也做了统一筹划和部署。

各单位装备设备充分联合互补。当地村委会、河道管理机构提供大量的应急发电、照明等设备以及后勤补给装备。医疗卫生机构的医护车辆和当地驻军的运输车辆协助转移救治受灾民众。在应对决堤、漫堤、河道拥堵、居住区内涝、泥石流、塌方等洪涝及次生灾害处置中：六支队驻防分队负责主战救援装备；消防部队负责人员搜救装备以及部分抽水设备；政府协调签约的地方施工队可协助提供大量的工程机械和土料运输车；当地驻军的冲锋舟、浮桥可补充承担涉水、渡河等任务的装备。

各单位驾驶员、操作手应做好细致对接交流。河道管理机构可通过上游水库适时调控水位，便于装备各阶段处置。各单位、各专业装备在做联合演练过程中，相互磨合、充分融合，形成有机防控系统，有效提升灾情处置能力。

2.4 扩大范围，机动救援

2.4.1 决策分析

救援装备的防控重点是在进驻点区域内，一切驻防准备工作都围绕当地实际情况开展。然而，预判灾害影响范围还是会存在一定误差，如果汛期来临时驻防范围以外的临近区域突然发生灾情而防区内暂时稳定，在这种特殊情况下，必然运用机动灵活的战略战术，遵循"先急先应"的原则，迅速驰援灾情发生地，决不能死守驻防阵地按兵不动。

此策略有利有弊。弊端是在汛期来临时减少了本防范区域的装备实力，消耗了部分应急力量，冒了防区灾害发生时来不及回防的风险。益处有：①与我军"保卫人民生命财产安全"的宗旨一致，不能对已发灾害置之不理；②为其他调集、增援部队打下前战基础，赢得宝贵时间，提高所属上级部队整体防控区域的处置效果，或为更大范围应急防汛部署作出应有贡献；③可以在相似气候相似地貌的实战环境中更进一步锻炼队伍，提高装备合成单元的处置本区域灾情的战斗力。综合利弊，决心执行决策，落实范围外机动救援方案。

为减小负面影响，行动中必须注意：①第一时间向上级报告，同时经批准后边行动边汇报情况；②提高装备的机动能力，能够在短时间拉得出，收得回；③充分掌握突发情况，分析是否需要拆分驻守装备单元，科学部署留守装备和调动救援装备的种类和数量，合理重组临时作战单元；④离开驻防区域前确保灾害隐患暂时稳定；⑤待其他增员力量达到后或事态有所缓和时迅速撤离回原部署地点。

2.4.2 战例阐述

汛期驻防闽清的装备分队，防范重点在以闽清县梅溪流域为重心的闽清县辖区。在6月一次连降暴雨后，由于提前采取充分防控措施（如前所述），防区内未发现灾害萌芽，而与闽清县同属福州地区的福清县夜间突发滑坡裂缝和错台，初步预估 6000 m³ 山体随时会突然下滑，山体旁一段高架桥极有可能受到冲击而垮塌，山脚下民房、工地和公路也受到极大威胁，山下河道还可能受阻形成堰塞湖等新的隐患。灾情发生后当地水利局当晚向水电六支队请求支援，支队多方了解情况后当机立断命令驻防闽清的装备分队紧急驰援福清事故现场。分队在凌晨接到命令后一边火速集结已部署装备，一边紧急研究调动方案。之后立刻组成临时应急驰援编队冒雨在两个小时内机动至事发现场，第一时间开始着手处置。会同各方赶来支援的力量采取"削坡固底"的战法初步消除了滑坡隐患。当后续各支援力量均赶到现场，政府和水利机构已开始有序组织后续工作，事态得到基本控制时，驰援编队有序撤出现场，迅速返回驻训地继续执行原防御任务。

2.5 河道整治，减小隐患

灾害来临前预先着手，充分运用驻训备勤装备减少或消除已发现的隐患，可以极大减小灾害发生的概率，也可以为灾害发生后的处置行动打下基础，减小装备应急救援处置的工作量。

2.5.1 情况概述

进驻闽清后，结合现有水文资料，经现场勘察，发现梅溪流域主要灾害隐患为：大量泥沙碎石及漂浮物被急流带至河道转弯、狭窄处堆积，致使作为主要泄洪河道的梅溪部分流域阻塞严重，给行洪能力带来严重阻碍。尤其在河道转弯、束窄处，是汛期灾害极大的危险源。经上级和当地水务部门审批同意，进驻的装备分队分阶段实施了闽清县梅溪流域（省璜镇—坂东镇、坂东镇—白樟镇）河道预防性应急整治处置活动。开展了清障、疏浚、岸堤修整加固等作业。至 2017 年 7 月上旬降雨高峰来临前完成预定的河道整治处置任务，为之后消除闽清境内汛期灾害提供了主要保证。

2.5.2 处置范围

根据河道淤积情况和地方部署，原定坂东镇需进行河道清障共 4 处，1 处位于梅溪干流的墘上村范围，3 处分别位于文定溪的湖头村、仁溪村及文定村范围内。后经当地政府根据实际情况调整，湖头村处取消，增加坂中村段。白樟镇需进行河道清障共 2 处，均在梅溪干流上，1 处位于溪南村，1 处位于云渡村，相距较近。

2.5.3 处置战法

不同河段有其特有的地形地貌、水文、交通、社会环境，制定战法前应细致勘察深入研究，充分利用各机械装备性能和配套组合优势，分别采用不同的战法因地制宜地处置。下面列举两处典型段。

（1）文定村段。根据现场河道形态、淤积体特征及调配机械装备情况，经指挥所研究决定按照"分组作业，同步进行，利用现有交通"的战法实施。即：利用两台挖机分两组分别于淤积体一端和中间部位向外收方，六台车辆共同配合外运弃渣，运送路线交通利用现有跨河桥梁和沿河省道实施（见图 1）。

（2）墘上村段。处置现场位于梅溪干流坂东镇墘上村墘上大桥下游右岸。河道淤积体面积 11841m²，高程 79.0～81.0m，比原河床高 1～3m。此段处置难点在于受有限的交通状况影响，装备就位及渣土外运存在困难。经实地考察，根据现场地形、河道形态及淤积体特征，制定了"机械跨河就位，逐块处理运输，利用小型车辆"的战法。即：使用拖车机动至左岸村中道路，挖装机械利用灌溉滚水坝及河床浅水区，行进至对岸从上游至下游

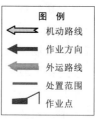

图 1   文定村段处置示意图

分块作业。受村路狭小限制，同时为减小对当地农田破坏，协调地方小型自卸车进行渣土外运。经田间临时道路至村道再至干道运至弃渣场（见图 2）。

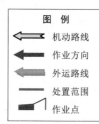

图 2   墘上村段处置示意图

2.5.4   技术要点

（1）合理配套。通常一个处置点配备 2 台挖掘机，1 台装载机，1 台推土机，6 辆自卸车。装备配置数量不多，在紧迫情况下怎样提高效率成为探讨的课题。以文定村段为例（见图 1），最初 2 台挖掘机从一处接力装车。随着处置作业进行，运输条件转好，发现车辆逐渐可直接到达机械装填半径以内，无须另置挖掘机接力配合装填。为提高效率，当即决定调整装填方案为 2 台挖掘机各自开挖装渣，车辆分组弃渣。此时如何布置机械成为了研究的主题。要避免或减少交叉作业影响、车辆进出路线冲突、车辆快速调转方向，还要考虑配合推送机械的最佳位置等。经研究，最终制订调整方案为：250 型挖掘机在最前端开始作业（暂称 A 点），360 型挖掘机在处置区沿岸中点位置（暂称 B 点）开始。作业都不饱和时以满足 360 型为主。车辆在过桥后 20m 处从土丘右侧进场，再前行 20m 后于开阔处调转车头倒行至 B 点，或再前行 50m 后在开阔处调头倒行至 A 点。车辆配属不固定，驾驶员在过桥后根据观察在装车辆情况自行决定去处。进至 A 点车辆要注意避让 B 点外运车辆。等待前车装运时，后车应留够出车位置。车辆均靠右行驶。推土机、装载机配合挖掘机推送渣料时应避让车辆，堆土应构成阶梯式以节约空间。整个场地只有一处交汇点，经实践验证影响很小。

（2）科学进出。受现场地形地貌、村落农田限制，机械进场成为一大难题。以墩上村段为例（见图 2），根据以往交通习惯，在最初制订的方案中，机械由桥头处河岸同侧进场。经实地侦测勘察，发现困难极大。首先是落差大，虽然桥头交通便利，但近河滩某处地势陡峭不平（与河滩高差近 10m，坡角大于 75°），跨越操作难度很大。另外，此路线要经过临时村路和部分菜地，很容易造成履带损坏。故分队技术组果断舍弃此方案，打破常规，大胆设想从河对岸入场，选择水位相对较低的河床渡河而到达处置现场这一新方案。经过在对岸附近细致勘察，终于找到一处既低洼平坦又便于运输装卸托车，河床相对较浅的合适地带进场。此时，机械渡河成为新课题。首先制订了挖掘机自行试探性过河的简单方法，但当时正逢雨季，水流较急，危险性较高。后补充措施：调装载机和推土机配合挖掘机修筑临时进占道路渡河，到达河中央处两台挖掘机循环倒土前移占道，保证水路畅通。此措施虽更稳妥，但工作量较大。之后，技术人员发现下游 50m 处存有原灌溉用滚水坝，在水中已被埋没，隐约可见。经初步勘测，其坝顶高程相对河床底部高出约 2m，其材料为块石砌筑，外裹混凝土保护层。根据初步评估，坝体可承受机械重量。最终，确定了机械进场的首选、备选路线方案。经试行，验证进场首选方案完全可行，创造了墩上村段清障处置的良好开端。废渣外运主要使用自卸车完成。考虑到轮胎不会对村道造成破坏，综合弃渣场位置，初定沿桥头同岸行进的外运路线。为避开村舍、菜地，原定外运点向下游移动超过 100m。调推土机、装载机开辟荒草地、乱石滩，并修整车道。实践验证外运路线效果良好。

2.5.5 处置效果

每个处置点完成后均符合设计要求，得到当地政府和水利主管部门的肯定，并顺利通过验收。处置比计划提前 20 天完成，圆满完成了暴雨季节来临前梅溪主要河道的疏浚、清障、固堤等任务，避免了当地汛期灾害的再次发生。同时，提升了装备操作手、驾驶员、安全员、机修员、指挥员的实战水平，提高了装备分队汛期应急处置的战斗力。

3 探索总结

3.1 训演备战相互结合

场地训练不会破坏现有河道、堤岸，装备便于管理，布置场地更科学更容易，不需要过多恢复环境设施，更便于集中讲授。实地演练更贴近实战，布置场地更有针对性，难度更大，容易快速提升装备联合处置训练水平。基础单机训练以场地为主，有规模的联合演练以实地为主。河道整治处置备战既是应急任务的准备工作，又是很好的训练平台。疏通、清障、固堤过程装备运用与抢险救援行动有很大的相似性。要充分利用整治作业对较为年轻的装备操作、管理和保障人员加强训练，提升能力，最终做到依战训、以训战[6-7]。

3.2 适时调整驻防地点

防御区域本身根据预报制定，难免存在误差进行调整，驻防方案也不能一成不变，而应根据气象信息和实际的隐患萌芽随时调整。这就要求装备分队具有较高机动能力，可以随时快速转移。重点应加强装卸大型机械装备和拖车运输训练，以及物资保障和人员快速反应水平[8]。同时应注意，虽然应急装备有较强的适应性，但是选择驻停地点也要评估环境，确保人员、装备的安全，尤其在汛期应充分考虑地形地势，并制定警戒保卫措施，从而能够避免雷击、山洪、地质灾害等的威胁。

3.3 整治措施优化

3.3.1 关于弃渣污染

为减少河中挖出渣土淋水对路面的污染，当地村委会最初设计挖掘机装车前应增加翻渣晾晒的措施步骤。经实践观察摸索，发现此步骤完全可以省略。原因：①弃渣被直接装车后，包含水分迅速从车厢后板缝隙流出，等车辆上路后，滴水已很少；②河道中挖掘渣土以砂卵石为主，比较清洁，滴水基本没有泥浆和污染物，对路面无影响，还能起到除尘作用。后经沟通，确定取消该措施，进一步提高了处置效率。

3.3.2 关于作业和训练时间

按计划和日常制度，每日 8：00 开始，18：00 结束，然而随着夏季来临，下午作业时人员要忍受极大高温和暴晒，虽磨炼了意志，但也降低了效率。雨季来临后又经常出现上游水库下午时间开闸泄洪，造成河道水位急剧上涨的不利情况。技术组随即建议将作业时间调整为 8：00—12：30，18：00—22：00，避开了不利因素，同时提高了分队夜间处置能力。

参考文献

[1] 何佳，苏筠. 极端气候事件及重大灾害事件演化研究进展 [J]. 灾害学，2018，33 (4)：223 - 228.

[2] 张跃年，张利荣. 应急救援实用教程（一）[M]. 长沙：国防科技大学出版社，2013.

[3] 谢明武. 工程机械应急救援管理技术研究 [D]. 西安：长安大学，2014.

[4] 张利荣，刘祥恒. 基于突发事件爆发时间特性的应急救援策略研究 [J]. 水利水电技术，2011，42 (9)：20 - 23.

[5] 李国生，赵秀玲. 武警水电部队工程抢险装备配置及保障措施思考 [J]. 水利水电技术，2013，44 (3)：41 - 43.

[6] 赵秀玲. 武警水电部队应急抢险任务形势分析与应对探讨 [J]. 水利水电技术，2013，44 (3)：2 - 3，7.

[7] 王永兴，李高正. 水电部队遂行应急救援任务专业技术保障探讨 [J]. 人民长江，2015，46 (20)：1 - 3，10.

[8] 卢瑶，蒋琪，胡春涛. 水电部队应急救援物资保障 [J]. 水利水电技术，2015，46 (5)：12 - 14.

［原载于《水利水电技术（中英文）》2021 年第 S2 期］

城市内涝灾害应急救援策略分析

程占化

（中国安能集团第二工程局有限公司　江西南昌　330096）

【摘　要】　制定城市内涝灾害应急救援策略，目的在于减少事故损失，保证城市安全。本文通过分析当前城市内涝灾害应急救援的特点与存在的问题，提出应急救援的具体措施，确保有效应对城市内涝灾害频发局面，保护人民群众生命财产安全。只有从城市内涝灾害应急救援中存在的问题出发，提前制定应对预案，积极开展各种实践演练活动，并结合救援任务要求配置专业设备，培养更多专业人才，才能在城市内涝灾害出现后及时应对，最大限度降低灾害引起的损失。

【关键词】　城市内涝；灾害；应急救援

0　引言

城市内涝灾害主要因强降水、连续性降水超过城市排水能力所致。在我国城市化建设过程中，由于极端气候频发，很多城市在 24h 内降雨量达到 50mm 时，容易遭遇内涝灾害。城市内涝灾害严重威胁着城市居民生命财产安全，若是应对与处置不到位，将不利于社会秩序的稳定。因此要充分考虑城市内涝特点，有针对性地采取应急救援处理方案，提前做足准备，最大限度减少灾害引起的损失。

1　城市内涝灾害应急救援的特点

1.1　需要投入大量人员装备

城市内涝灾害是突然发生的，会在很短时间内导致城市多个地方出现洪涝，若是应急救援与处理不到位，将造成城市混乱。在遇到险情以后，必须第一时间投入大量的人力、物力和财力，需要对分散在城市各区域的受灾点安排人员和设备。但是现有救援人员严重不足，装备实力也有限，无法有效解决应急救援中遇到的问题。

1.2　救援现场环境条件复杂

在出现城市内涝灾害后，消防部队必须奔赴多个现场，采取不一样的应急救援措施。具体应急救援任务，主要涉及居民区与重点区域的排涝，解救处于险境的普通群众，做好人员安全疏散工作，加大关键物资保护力度，尤其是消除房屋、电力设施等倒塌隐患。针对受灾严重的地方，还需要进行水下搜救工作，而高压设备、电缆等在雨水浸泡后极易引发火灾，也需要及时进行火灾扑救。针对工业危险品、化学污染品，也要第一时间进行转移，避免环境受到污染，引起更严重的问题。由于应急救援任务各有侧重点，需要结合现场实际地理条件与现场环境情况，充分考虑到灾害特点与变化趋势，有针对性地制订战术方案，才能提高应急救援效果。

1.3　容易出现多种安全隐患

暴雨会在路面产生洪流，该洪流与江河洪峰相比虽然破坏力不大，但其中蕴含的能量不能忽视，产生的水流冲击力也能将数十吨的消防车冲倒，容易对消防官兵造成巨大危害。此外，还存在较多水下杂物和水中漂浮物的阻碍、雷击、触电、空中坠物砸伤、撞伤、水流漩涡和水下坑洞等不安全性因素。

1.4　应急救援难度较大

（1）出警难度大。受到城市内涝灾害的影响，暴雨条件下会导致低地势路面产生过多的积水，部分道路被淹没，一些树木、电线杆被狂风吹断，行人和车辆不能正常通过。且水中带有大量的泥沙、垃圾等杂物，在城市多个地方产生淤泥，导致交通被堵塞，不利于应急救援车辆、人员、装备和物资第一时间抵达现场，也大大增加了被困群众转移的难度。

（2）通信容易受阻。在狂风、暴雨以及部分电力设备被破坏等影响下，城市内通信无法保持通畅。在应急救援过程中，需要配置专业的通信器材，包括无限对讲设备、图传设备等，但是这些器材设备在城市内涝灾害中被水浸泡与侵蚀，可能无法顺利启动，通信也由此中断，难以发挥在应急救援中的作用。

（3）应急救援难以有效展开。应急救援中由于无法准确把握地势方面的信息，也不清楚建筑内部结构与布局，存在触电的风险。水中含有大量杂物，水下能见度不高，现场救援环境复杂，缺乏必要的紧急避险条件，导致应急救援工作难以正常开展。通常需要先调查掌握现场状况，方可制定相应的救援措施。这样就降低了救援的效率，且应急救援时间较长，消防官兵在战斗中体力透支严重，后续救援工作也很难高效进行。

2　城市内涝灾害应急救援中存在的问题

2.1　缺乏足够的专业器材

（1）缺乏一定数量的器材。器材在城市内涝灾害应急救援工作中发挥着重要作用，但是部分救援器材长时间被闲置、使用频率不高、维护保养措施不到位，在使用中经常出现故障。

（2）器材配备不均衡。部分城市消防部门在装备配备中未进行合理规划，装备使用需求掌握不到位，经常因为器材设备配置不合理增加了城市内涝灾害救援工作难度。城市内涝灾害的出现有着突发性、不确定性等特点，并分散在城市的各个区域，要求消防部队用最短时间投入足够的人员与装备。若是过于依赖消防特勤力量，则救援力量明显不够。

2.2　未深入开展专业训练

（1）缺乏足够的专业理论知识。很多参与应急救援的人员不清楚城市内涝灾害具体成因，对工作任务特性缺乏清晰的了解，不明白各种情况下救援处置防范、战术要点等，也未牢固掌握安全防范事故措施，遇到特殊突发情况后不能从容应对、有效处理。

（2）不熟悉各种救援器材设备的操作方法。因为训练场地不足，且部分城市缺少天然湖泊河流、人工水域救援训练场地，以及相关基础训练与专业器材操作训练较少，无法针对城市内涝灾害现场情况进行水下救援工作。特别是无法根据救援设备情况进行合成训练等，使消防官兵不能充分把握各种器材设备的性能、功能和操作技巧等，在进入内涝救援战场后不能将专业装备作战效能体现出来[1]。

（3）很少组织开展实战演练。为了保证消防官兵的安全，且训练场地、设备设施等不足，城市内涝应急救援实战演练开展较少，消防官兵合成训练能力不强，经验不足，战斗力长时间得不到提升。

2.3　未建立完善的联动机制

在城市内涝应急救援过程中，缺乏专门的联动响应机制，导致各部门不清楚实际职责，尤其是对公安、民政、应急专业队伍、驻军、城建和水利部门来说，在应急救援指挥中沟通不及时，协调不到位，存在各自为战的情况。指挥不统一，导致发生问题容易推诿扯皮，无法有效整合救援力量，使整个救援行为难以高效、有序开展。

3　城市内涝灾害应急救援的策略

3.1　发挥地方政府主导作用

城市内涝灾害出现后，为了有序、高效开展应急救援工作，需要充分发挥政府的主导作用，结合《中华人民共和国防洪法》中相关规定，落实各级人民政府行政首长负责制，在指挥上保持统一，确保分级分部门负责[2]。要想顺利开展应急救援工作，需要应急办、公安、驻军、武警、消防、城建、水利、水务、交通、民政、财政、气象、卫生、广电、安监、人防、国土资源、通信和供电等单位参与进来，密切配合。要做到各部门职责明确，建立完善的应急救援体系，在领导、指挥和调度上统一进行。各社会应急救援联动部门也要从大局出发，做好本职工作，在应急救援行动中积极配合，形成合力，共同保护群众生命财产安全。

3.2　明确救援任务

对消防部门来说，在发生城市内涝灾害后，需要承担应急救援的主要职责，必须圆满完成救援任务。对此需要从消防部队人员配置、装备技术等出发，对应急救援工作作出科学合理的安排，保证各自专长得到有效发挥，体现救援骨干力量的作用。一方面，要将群众生命放在首位。在遇到城市内涝灾害后，群众的生命往往受到了巨大的威胁，在抢险救援中需要以保护群众生命安全为主，这是最首要的任务。在《中华人民共和国消防法》中也赋予了消防部门这一职责，整个应急救援工作都要围绕这个中心任务展开。针对被困群众数量较多的情况，在选择应急救援方案的时候，需要先开辟一个安全的疏散通道，让群众获得安全、可靠的逃生自救环境，为被困群众逃离险境提供保障。另一方面，在保证群众生命安全的前提下，需要重点抢救面临威胁的贵重物资。发生城市内涝灾害后，针对容易引起人员伤亡、财产损失的物资，应该尽力抢救，避免对环境造成污染，也避免群众基本生活受到影响，维持社会秩序的稳定。具体来说，在城市内涝灾害中优先抢救通信、电力、发电、供气和供水等设施，这些设施若是长时间浸泡在水中，则极易引起人员伤亡等现象[3]。此外，危险化学品、图书馆、档案馆和博物馆等，以及保密等级较高的单位设施，包括军事设备、国防设施等，都是在应急救援的重点。

3.3 配置专业的救援器材装备

对各级消防部队来说，应该充分考虑到辖区城市特征，并结合以往城市内涝灾害处置经验，在应急救援专业器材装备等方面作出合理评估，尽快配置完善，确保出现城市内涝灾害后能够结合实际险情，以"抢大险、救大灾"为原则，将准备工作提前做到位。要转变传统被动工作的思想理念，将组织、装备物质等准备好，要有足够的器材装备，具体来说涉及水上水下救助、洪水内涝救援等方面，如照明、通信、破拆、救生、防护、牵引、发电等设备。如此一来，在发生城市内涝灾害后可以第一时间投入使用，保证应急救援任务顺利完成，且器材设备要有足够储备，才能结合险情有针对性地作出调配。

3.4 加强城市内涝应急救援专业训练

为了在出现城市内涝灾害后提高应急救援水平，需要在日常加强训练，掌握专业知识与技能。具体来说需要做到下面几点。

（1）应定期开展基础技能训练，为消防官兵创造更多的训练机会，主要内容包括游泳、潜水和水下救助等，确保在出现城市内涝灾害后有能力完成应急救援任务。

（2）应该从已有器材设备出发，通过专门的训练让消防官兵熟练操作，能够懂各种器材设备的构造、技术参数、具体用途、操作方法、保养措施，能够在有任务的情况下正确使用[4]。

（3）要充分考虑到各项器材设备的使用状况，科学合理设计多种共同使用的合成操法，通过大量的训练让消防官兵掌握扎实的基础知识。

（4）积极组织各种城市内涝模拟实战演练，提高消防官兵的专业训练水平，确保在接到任务后可以从容应对，轻松胜任。

4 结语

近年来城市建设规模逐步扩大，面临全球极端气候频发的情况，做好城市内涝防控工作以及在出现灾害后及时开展应急救援工作意义重大。要高度重视城市内涝救援工作，引入先进的技术与设备，定期开展专业训练，提高消防官兵的能力，将城市内涝救援准备工作做到位，最大限度地降低灾害引起的损失。

参考文献

[1] 张永森. 武汉市内涝灾害成因和对策研究 [J]. 住宅与房地产，2020 (30)：247-249.

[2] 王多平. 关于兰州市城市内涝成因的调查分析研究 [J]. 中国建材科技，2020，29 (4)：126-127.

[3] 张永伟. 以控制城市内涝为导向的道路设计方案 [J]. 城市建筑，2019，16 (30)：160-161.

[4] 张玉华，蔡甜. 城市暴雨内涝灾害风险模糊综合评价体系构建研究 [J]. 水利规划与设计，2019 (11)：103-107.

［原载于《水利水电技术（中英文）》2021年第S2期］